种猪的重要疫病

李继良　周双海　主编

中国农业出版社

编 写 人 员

主　编　李继良　周双海
副主编　梁智选　李焕荣　宋勤叶　鄢明华
编　者　（以姓氏笔画为序）

于红欣　北京农学院
王　园　北京市大兴区畜牧技术推广站
王建舫　北京农学院
王保有　天津市宁河原种猪场
李秋明　北京农学院
李继良　天津市宁河原种猪场
李焕荣　北京农学院
李　满　北京市大兴区动物疫病预防控制中心
杨　宁　北京农学院
杨红杰　北京市顺义区动物疫病预防控制中心
杨　倩　北京农学院
宋勤叶　河北农业大学
张　雪　北京市怀柔区动物疫病预防控制中心
武子涵　北京农学院
周双海　北京农学院
贾超伟　北京市门头沟区动物疫病预防控制中心
梁智选　天津市动物疫病预防控制中心
鄢明华　天津市畜牧兽医研究所

前　言

　　猪是我国极其重要的经济动物，集约化、规模化饲养逐渐成为我国主要的养猪方式。疫病，包括传染病与寄生虫病两类，是当前危害我国养猪业的最主要因素，尤其是传染病的危害更甚。养猪业是京津冀地区主要农业产业之一，尤其是京津地区的种猪业具有重要的行业影响力。随着京津冀一体化的发展，该地区猪疫病的防控也有必要从整个京津冀地区的视角来采取有效措施。

　　本书介绍了动物疫病基本知识、猪传染病的发生与流行的规律和预防与控制及扑灭措施、"一、二、三类动物疫病病种名录"中与猪密切相关的疫病。主要介绍了危害京津冀地区规模化猪场，尤其是种猪场的重要疫病，包括 5 种一类疫病、16 种二类疫病、5 种三类疫病，其中有病毒性传染病 12 种、细菌性传染病 11 种、寄生虫病 3 种。另外，还介绍了近年来流行的造成严重损失的猪流行性腹泻，鉴于其临床特征与猪传染性胃肠炎极其相似，故将其附在猪传染性胃肠炎后面。在具体的猪疫病的内容上，重点介绍了其实用的诊断方法与防控措施，尤其是在诊断方法方面着重介绍了当前非常重要的具有高度特异性、敏感性、可进行早期快速诊断的 PCR 技术。

　　本书可供规模化猪场的兽医专业人员、管理人员和养猪行业相关科技人员参考。由于编者水平有限，书中难免有不足或错误之处，敬请专家、同行、读者批评指正。

编　者

2016 年 6 月

目　　录

第一章

1

动物疫病基本知识

第一节　动物疫病概述

一、动物疫病

动物疫病，主要是指由生物性病原引起的动物群发性疾病，包括动物传染病和动物寄生虫病。动物传染病系由病原微生物引起，动物寄生虫病由寄生虫引起。动物疫病能够在动物中相互传染而引起流行，属于群发性疾病，可造成动物群体发病或群体死亡，对养殖业危害极大，有的甚至危害人类。

二、动物疫病的分类

根据动物疫病对养殖业生产和人体健康的危害程度，2009 年 1 月 1 日起施行的《中华人民共和国动物防疫法》将动物疫病分为以下三类。

1. 一类动物疫病

一类动物疫病是指对人与动物危害严重，需要采取紧急、严厉的强制预防、控制、扑灭等措施的动物疫病。目前，我国有 17 种一类动物疫病，其中严重危害养猪业的有口蹄疫、猪水疱病、猪瘟、非洲猪瘟、高致病性猪蓝耳病等 5 种。

2. 二类动物疫病

二类动物疫病是指可能造成重大经济损失，需要采取严格控制、扑灭等措施，防止扩散的动物疫病。目前，我国有 77 种二类动物疫病，包括 12 种猪病，分别是猪繁殖与呼吸综合征（经典猪蓝耳病）、猪乙型脑炎、猪细小病毒病、猪丹毒、猪肺疫、猪链球菌病、猪传染性萎缩性鼻炎、猪支原体肺炎、旋毛虫病、猪囊尾蚴病、猪圆环病毒病、副猪嗜血杆菌病；另有 9 种多种动物共患病，分别是狂犬病、布鲁菌病、炭疽、伪狂犬病、魏氏梭菌病、副结核病、弓形虫病、棘球蚴病、钩端螺旋体病，这些疫病多数对养猪业构成比较严重的危害。

3. 三类动物疫病

三类动物疫病是指常见多发、可能造成重大经济损失，需要控制或净化的动物疫病。目前，我国有 63 种三类动物疫病，包括 4 种猪病，分别是猪传染性胃肠炎、猪流行性感冒、猪副伤寒、猪密螺旋体痢疾；另有 8 种多种动物共患病，分别是大肠杆菌病、李氏杆菌病、类鼻疽、放线菌病、肝片吸虫病、丝虫病、附红细胞体病、Q 热，这些疫病不少可能会对养猪业造成比较严重的危害。

第二节　感染与传染病

一、感染与传染病的概念

1. 感染

感染，又称为传染（infection），是指病原微生物经各种途径侵入动物机体，在一定的部位定居、生长繁殖，并引起动物机体的一系列病理反应的过程。这一过程是在个体中发生的、一种纯生物学现象。可见感染就是病原微生物（寄主）和动物机体（宿主）双方相互作用、相互斗争的综合表现。病原微生物在长期的进化过程中，形成了对某种或某些动物的适应性，此即病原微生物的感染谱，其反映出某种病原微生物对其宿主的依存关系。另一方面，动物机体在长期的进化过程中，也形成了一系列复杂的免疫机制，包括非特异性免疫和特异性免疫，来防御病原微生物的侵袭与感染。因此，病原微生物侵入动物机体后可能会出现以下几种结果：一是入侵的大部分病原微生物在到达机体的组织或体液之前就被免疫系统迅速消灭并清除，机体无任何症状甚至无病理反应；二是病原微生物能够在机体内生长增殖并通过分泌物、排泄物散播到外界环境中，机体出现病理反应，可能无症状，也可能有症状甚至有严重的症状乃至死亡。这样，动物被病原体感染后出现的不同临诊表现，从无任何症状到有明显症状、甚至死亡的不同表现结果称为感染梯度。感染梯度与病原致病性（侵袭力与毒力）和宿主抵抗力或免疫力（遗传易感性、特异免疫状态、环境因素）等密切相关，是病原微生物与动物机体相互斗争、相互作用的结果。当机体抵抗力强时，即使有病原微生物的侵入，一般也不会引起机体明显的临诊症状，即不发病，因为动物机体能迅速调动全身的特异性和非特异性免疫力，将入侵的病原体清除或消灭掉，与此同时，机体也获得了抗传染的免疫力。但当机体抵抗力较弱时，入侵的病原微生物可以突破机体的免疫防线，从入侵门户到血液循环、淋巴循环、神经系统等扩散到全身或嗜好部位，引起动物不同程度的疾病，即发生了传染病，严重发病者可能死亡。

2. 传染病

传染病是指由病原微生物引起、有一定的潜伏期和临诊表现、并具有传染性的疾病。在临诊上，不同传染病的表现可能千差万别，如同一种传染病在不同动物、不同品种、不同年龄、不同性别、不同生理阶段等方面也表现各异，但与非传染性疾病相比，传染病具有以下共同特征，据此可将其与非传染病相区别。

（1）由特定病原微生物引起　每一种传染病都是由特定的病原体所引起。

例如，口蹄疫是由口蹄疫病毒引起的，没有口蹄疫病毒就不会发生口蹄疫；猪瘟是由猪瘟病毒引起的，没有猪瘟病毒就不会发生猪瘟；猪气喘病是由猪肺炎支原体引起的，没有猪肺炎支原体就不会发生猪气喘病。

（2）具有传染性和流行性　病原体在一个患病个体内增殖后能不断排出、经一定的途径感染另一个有易感性的个体，并且引起相同症状的疾病，这种特性称为传染性。因为传染性，可以使疾病不断向周围扩散，即从一个个体传向周围多个个体（群体）。在一定的条件下，这种传染可以从一个地区传染至一个或多个地区，形成流行，这种特性称为传染病的流行性。传染性和流行性是传染病区分于非传染性疾病的一个最明显、最重要的特征，就是这种特性，容易使疾病迅速散播、蔓延与扩散，造成重大损失，并容易引起恐慌。

（3）受感染动物出现特异性免疫学反应　在感染过程中，由于病原微生物的抗原刺激作用，引起受感染动物发生免疫生物学的改变，如产生特异性抗体和/或变态反应等，这些改变可以通过免疫学方法检测出来，从而利于机体感染状态的确定。这是血清学检查的基础。需要指出的是，养殖生产中常采用疫苗免疫接种，也会出现这种反应，并与自然感染相混淆。因而，有必要研发区分自然感染与疫苗接种的诊断试剂盒，以进行血清学甄别。

（4）耐过动物可产生特异性免疫力　大多数传染病发生后，耐过动物能获得不同程度的免疫力，使机体在一定时期内甚至终生不再发生此种传染病。因此，大多数传染病可通过免疫接种来进行预防。生产实践中采用疫苗免疫接种，就是通过模拟感染或模拟病原体保护性抗原刺激，促使动物机体产生特异性免疫力并持续一段时间。除少数传染病如乙型脑炎可获得持久免疫外，多数传染病在临诊上可能表现为复发、再感染、重复感染等情形，这些传染病的疫苗免疫接种就需要进行多次。

（5）具有明显的阶段性和流行规律　大多数传染病都有一定的潜伏期、一定的病程经过、特征性的症状与病理变化。此外，有些传染病还表现有一定的流行规律，如出现季节性和周期性。

这些特点既是传染病区分于非传染性疾病的重要特征，构成认识传染病的前提基础，也为科学防控传染病提供了依据。

二、感染的类型

病原微生物的侵犯与动物机体抵抗侵犯的相互斗争与相互作用是错综复杂的，受到多种因素的影响，包括病原微生物的毒力、数量、入侵门户、外界环境因素及动物机体的健康和免疫状态等，因此，感染过程表现出多种形式或类型。了解和认识这些感染形式和类型，有助于传染病的诊断及防控。根据感染的本质、特点、表现形式及后果等，可从不同角度将感染分为以下不同类型。

1. 显性感染与隐性感染

根据动物感染病原微生物后是否出现临诊症状分为显性感染、隐性感染。感染后出现明显临诊症状的属于显性感染；感染后无任何临诊症状而呈隐蔽经过的属于隐性感染，也称为亚临诊型感染，其一般有病理学变化、免疫学反应，有的携带病原，这些需要通过免疫学方法、微生物学方法、分子生物学方法才能检出。

有的隐性感染者携带病原，能够排放病原体污染环境并散播，需要引起注意，如母猪携带猪瘟病毒低毒力毒株而成为重要的猪瘟病毒来源。另外，在机体抵抗力下降时，有些隐性感染可转化为显性感染。

2. 局部感染与全身感染

根据感染后病原体在动物机体内的分布及引起的后果可分为局部感染、全身感染。当机体抵抗力较强，侵入的病原体毒力较弱或数量较少，病原体生长繁殖局限在一定部位（如扁桃体、局部淋巴结），称为局部感染，如给仔猪免疫接种后因消毒不严而感染猪链球菌后在接种部位出现的化脓疮。当机体抵抗力较弱，病原体的毒力增强，病原体突破机体的防卫屏障，经血液循环或淋巴循环扩散而全身化，引起机体明显的全身症状，称为全身感染，其表现形式有菌血症、病毒血症、毒血症、脓毒血症、败血症和脓毒败血症等。

3. 内源性感染与外源性感染

根据感染的病原微生物来源可分为内源性感染、外源性感染。由来自外界的病原体引起的感染称为外源性感染，如某种动物易感个体由于接触患病动物而引起的感染发病，大多数感染属于外源性感染。一些条件致病性病原微生物寄生在动物机体，在机体抵抗力正常的情况下并不引起发病，但当机体抵抗力下降时则表现出致病性，造成机体发病，称之为内源性感染，如巴氏杆菌、链球菌、支原体等引起的感染往往属于内源性感染。

4. 单独感染与混合感染、原发感染与继发感染、协同感染

根据感染病原体的种类数量、先后次序及相互作用关系可分为单纯感染与多重感染、协同感染、原发感染与继发感染。由一种病原体所引起的感染称为单独感染，也叫单纯感染或单一感染，许多重大动物疫病由单独感染所致。由两种及以上病原体引起的感染称为混合感染，也叫多重感染，多种病毒之间、多种细菌之间、多种病毒与细菌之间都可发生混合感染，如临床上存在猪瘟病毒与猪繁殖与呼吸综合征病毒、猪传染性胃肠炎病毒与猪流行性腹泻病毒、大肠杆菌与沙门菌、巴氏杆菌与链球菌、猪瘟病毒与沙门菌、猪流行性腹泻病毒与大肠杆菌等混合感染。

动物感染了一种病原微生物后，在机体抵抗力下降的情况下，又感染另外的病原微生物（可能是外部新侵入的，也可能是原来存在于体内的），这时，前一种感染成为原发性感染，后一种感染则称为继发性感染，如猪圆环病毒2型感染引起断奶后多系统衰竭综合征的过程中，往往伴随发生副猪嗜血杆菌病，这里，猪圆环病毒2型感染属于原发性感染，副猪嗜血杆菌感染属于继发性感染。

协同感染是指在同一感染过程中有2种或2种以上病原微生物共同参与，相互作用而增强其致病性，而参与的病原体单独感染时则不能引起相应的症状。例如，猪圆环病毒2型，单独感染时难以猪断奶后多系统衰竭综合征，但与猪细小病毒或猪繁殖与呼吸综合征病毒混合感染时则容易引起典型的猪断奶后多系统衰竭综合征，这就属于猪圆环病毒2型与猪细小病毒或猪繁殖与呼吸综合征病毒的协同感染。

目前，临床上存在多种猪病病原的混合感染、协同感染现象，导致传染病的症状和病变复杂，给其诊断和防制都增添了难度。

5. 最急性、急性、亚急性、慢性感染

按照感染后病程缓急与长短分为最急性、急性、亚急性、慢性感染。最急性感染时，病程短促，动物通常在数小时或一天内突然死亡，症状或病变均不明显，如猪肺疫、猪丹毒、猪传染性胸膜肺炎等流行初期可见到此种情况。急性感染时，病程较短，数天至3周不等，其临诊症状表现较为典型和明显，易于在临诊上发现和诊断，如猪瘟、猪丹毒、猪副伤寒、猪传染性胸膜肺炎等比较多见急性型感染。亚急性感染，病程比急性感染稍长，但一般不超过一个月，临诊症状不如急性感染那么明显，病情比急性感染要相对缓和，如亚急性型猪瘟、疹块型猪丹毒，猪副伤寒与猪传染性胸膜肺炎等也存在亚急性感染。慢性感染的病情发展缓慢，病程长，常超过一个月，临诊症状不明显或时有时无，如猪气喘病、猪密螺旋体痢疾多以慢性感染存在。

需要指出的是，一种传染病的病程并不是固定不变的，它取决于病原体的致病力和机体的抵抗力之间的较量，也受环境、条件等因素的影响。在一定的条件下，急性型可以转为亚急性或慢性，慢性也可转化为亚急性或急性。

6. 典型感染与非典型感染

根据症状典型与否来可划分为典型、非典型感染。感染后出现该病特征性症状称为典型感染，典型感染者比较容易做出临床初步诊断或大幅缩小临床疑似疾病范围，如典型猪瘟具有发热、便秘或拉稀、皮下出血、公猪包皮积尿的症状及高死亡率等。感染后不出现该病的特征性症状的成为非典型感染，如在疫苗免疫后部分仔猪出现的非典型猪瘟，很难见到典型猪瘟的特征性症状，造成临床诊断比较困难。

典型感染与非典型感染都属于显性感染。当前，不少猪病实施疫苗免疫预防措施，其典型感染已少见，但其非典型感染仍然不时存在，需要注意这种变化。

7. 良性感染与恶性感染

根据感染后果严重程度分为良性、恶性感染，常以感染动物的病死率作为主要判定指标。不引起患病动物大批死亡的称为良性感染，相反，引起患病动物大批死亡的称为恶性感染。例如，猪口蹄疫的病死率不超过 3% 时，为良性口蹄疫；当猪口蹄疫的病死率大大超过 3%、达到 20% 甚至 50% 以上时，则属恶性口蹄疫。仔猪发生口蹄疫时，若不出现急性心肌炎、急性胃肠炎，则病死率低，难以成为恶性口蹄疫。

8. 病毒的持续感染

持续感染是指动物长期持续的感染状态，这是因为入侵的病毒不能杀死宿主细胞，两者之间形成一种动态平衡。感染动物在一定时期内带毒或长期带毒，且经常或间歇性地向外排毒，但并不出现临诊症状或仅出现与免疫病理反应相关的临诊症状。这种平衡一旦打破，往往会引起病毒的复活和增殖，并引起临诊疾病。猪的持续感染可呈潜伏性感染、隐性感染、慢性感染。疱疹病毒常能引起持续性感染。例如，伪狂犬病毒，病毒最初感染猪后可在三叉神经节内造成潜伏感染，当机体体液免疫或细胞免疫低下，猪在受到外界环境的刺激或给予免疫抑制剂时，病毒就会被激活而致病，并通过排毒而扩大传染。因此，在猪群伪狂犬病的预防与净化过程中，特别需要注意控制伪狂犬病病毒的持续性感染。

此外，根据病原微生物的类型可分为病毒性、细菌性感染，根据感染性质分为化脓性、非化脓性感染，等等。

总的来说，以上各种感染类型的划分是相对而言的，它们之间往往互相联系或重叠交叉，有时候可以相互转化，当然有时候可以混合使用。

三、传染病发生的要素

动物传染病的流行过程是从个体感染发病到群体感染发病的过程，亦即传染病在畜群中发生和发展的过程，这个过程的发生和完成受到病原体、机体抵抗力及环境因素等三个重要因素的影响。当病原体致病性强且数量多、机体抵抗力较低及环境因素不利时，就会引起传染病的发生或流行；反之，则不会发生传染病的蔓延或流行。

1. 病原体

不同病原体感染动物并引起疾病的能力有很大差异，致病性是指致病力有无或强弱，更强调致病的质量，体现了病原体的侵袭力、传染性和增殖性等综合性质。毒力通常用来描述同一种病原体的不同毒株致病力。毒力强弱影响到疾病的频率和严重程度。毒素通常是致病菌的重要毒力因子，是病原体的内在特性，受基因型和表现型的制约。基因型可以通过突变、重组、转导、接合和转化等而发生变化，突变是病原体的一项基本特性。基因组成上的变化，可引起毒力和致病性的改变。在免疫压力下通过突变可以使病原体逃逸免疫的作用，产生持续性感染。基因型的变化可以遗传，也往往会引起毒力和致病性的改变。病原体的数量也是必须考虑的重要因素。病原体的数量通常是与致病力呈正比。侵袭力是病原体突破机体防卫系统向四周扩散的能力。

2. 机体抵抗力

病原体侵入机体后，能否引起传染病的发生，取决于机体的免疫力。在长期进化过程中，机体对病原体形成了一系列防卫机能和免疫机制，包括非特异性免疫和特异性免疫。与机体抗传染免疫力有关的非特异性因素主要有动物的种、品种、年龄、性别、生理阶段，此外有时还有动物的大小和体型、皮肤和被毛色泽等，主要由皮肤、黏膜、吞噬细胞、淋巴组织、正常体液因素和血脑屏障等执行这些非特异性免疫功能。这些免疫力是与生俱来的，并不针对某一特定的病原体。特异性免疫是病原体侵入后，机体针对特定性外来抗原刺激产生的免疫应答反应，因此它具有抗原的特异性。感染后或疫苗免疫后产生的免疫力也属于这种特异性免疫，分为细胞免疫和体液免疫。

3. 环境因素

环境因素可以对病原体和动物机体产生多种影响。自然环境因素主要包括地理位置、气候条件、植被、地质水文等。环境因素包括饲养管理、防疫卫生、营养水平、环境污染等。此外，各种药物、疫苗接种也对感染过程起着很大的干预作用。

四、传染病的分类

由于动物传染病的种类很多，不同情况下对传染病考察的角度和重点也不相同，因此传染病的分类方法很多。但无论哪种分类方法，都是为了反应疾病的不同特征，以便于对传染病的统计和分析，了解和掌握疾病的流行规律，从而制定有效的防制措施。下面是一些常用的传染病分类方法。

1. 按病原体分类

按病原体可把传染病分为病毒病、细菌病、支原体病、衣原体病、螺旋体病、放线菌病、立克次体病和真菌病等。在生产实践中，除病毒病外，由其他病原体引起的传染病统称为细菌病，这主要是因为细菌病多吧可使用抗生素、抗菌药物进行防治。

2. 按动物种类分类

按患病动物的种类不同可把传染病分为猪传染病、家禽传染病、反刍动物传染病、马传染病、兔传染病、宠物传染病、多种动物共患传染病、人畜共患传染病，等等。家禽传染病又可分为鸡传染病、鸭传染病、鹅传染病等，反刍动物传染病又可分为牛传染病、羊传染病等，宠物传染病又可分为犬传染病、猫传染病等。其中人畜共患传染病是指人与脊椎动物共同罹患的传染病，如狂犬病、炭疽、乙型脑炎等。

3. 按受侵害的主要器官或组织系统分类

按照这种分类方法可把传染病分为全身败血性传染病和以侵害消化系统、呼吸系统、神经系统、生殖系统、免疫系统、皮肤或运动系统等为主的传染病等。

4. 按病程长短分类

根据病程长短与症状轻重缓急可把传染病分为最急性、急性、亚急性、慢性传染病，这一分类方法与把感染分为最急性、急性、亚急性、慢性感染十分相似。

5. 按疾病的危害程度分类

按照疾病对人和动物危害的严重程度、造成损失的严重程度、造成损失的大小和国家扑灭疫病的需要等，可将它们分成几种类型，但不同国家或组织对疾病的这种分类方法各有差异。目前，我国政府将动物疫病分为三大类。

（1）一类疫病　是指对人与动物危害严重，需要采取紧急、严厉的强制预防、控制、扑灭等措施的动物疫病。目前，我国法律规定有 17 种一类动物疫病，大多为发病急、死亡快、流行广、危害大的急性、烈性传染病、或人畜共患传染病、或外来病。按照法律规定，一类疫病一旦暴发，应采取以疫区封锁、扑杀和销毁动物为主的扑灭措施。其中涉及的猪传染病有口蹄疫、猪水疱病、猪瘟、非洲猪瘟、高致病性猪蓝耳病 5 种，而严重危害当前京津冀地区养猪业的主要是口蹄疫、猪瘟、高致病性猪蓝耳病 3 种。

（2）二类疫病　是指可能造成重大经济损失，需要采取严格控制、扑灭等措施，防止扩散的动物疫病。二类疫病的危害性、暴发强度、传播能力以及控制和扑灭的难度比一类疫病小，但当出现暴发流行时，也可采取与一类疫病相同的强制措施。目前，我国法律规定有 77 种二类动物疫病，包括 12 种猪病，分别是猪繁殖与呼吸综合征（经典猪蓝耳病）、猪乙型脑炎、猪细小病毒病、猪丹毒、猪肺疫、猪链球菌病、猪传染性萎缩性鼻炎、猪支原体肺炎、旋毛虫病、猪囊尾蚴病、猪圆环病毒病、副猪嗜血杆菌病，其中有传染病 10 种、寄生虫病 2 种，不少对当前京津冀地区养猪业构成了比较严重的威胁。另外，还包括 9 种多种动物共患病，涉及猪的疫病有狂犬病、布鲁菌病、炭疽、伪狂犬病、魏氏梭菌病、弓形虫病、棘球蚴病、钩端螺旋体病等 8 种，其中有传染病 6 种、寄生虫病 2 种，而比较严重危害当前京津冀地区养猪业的主要是布鲁菌病、伪狂犬病、魏氏梭菌病、弓形虫病、棘球蚴病 5 种。

（3）三类疫病　是指常见多发、可能造成重大经济损失，需要控制或净化的动物疫病。三类疫病多呈慢性发展状态，可通过改善环境条件和饲养管理等措施加以控制，但也有的三类疫病可能出现暴发流行而造成严重经济损失，如猪传染性胃肠炎，在必要时候不排除采取与一类疫病相似的强制措施。目前，我国法律规定有 63 种三类动物疫病，包括 4 种猪病，分别是猪传染性胃肠炎、猪流行性感冒、猪副伤寒、猪密螺旋体痢疾，对当前京津冀地区养猪业构成威胁的主要是猪传染性胃肠炎。尤其需要注意的是，猪流行性腹泻在临床上与猪传染性胃肠炎极其相似，虽然尚未列入三类动物疫病，但其近年来造成的损失巨大，需要高度重视与防控。另外，还有 8 种多种动物共患病，包括大肠杆菌病、李氏杆菌病、类鼻疽、放线菌病、肝片吸虫病、丝虫病、附红细胞体病、Q 热 8 种，都可引起猪发病，其中有传染病 6 种、寄生虫病 2 种，而对当前京津冀地区养猪业构成一定危害的主要有大肠杆菌病与附红细胞体病。

这种疫病分类的主要意义是根据疫病的发生特点、传播媒介、危害程度、危害范围和危害对象，对纷杂众多的动物传染病、寄生虫病排定主次，明确疫病防治工作重点，便于组织实施疫病的扑灭计划。

6. OIE 分类

世界动物卫生组织（以前叫国际兽疫局，OIE）曾将动物疫病分成 A、B 两大类。A 类疫病（list A）是指超越国界、具有快速的传播能力、能引起严重的社会经济或公共卫生后果，并对动物和动物产品的国际贸易具有重大影响的传染病，共 15 种。按照《OIE 陆生动物卫生法典》规定，应将这类疫病的流行状况经常或及时向 OIE 报告。B 类疫病（list B）是指在国内对社会经济或公共卫生具有明显的影响，并对动物和动物产品国际贸易具有很大影响的传染病或寄生虫病，共 86 种。按规定每年向 OIE 呈报一次疫情，但必要时也需要多次报告。我国的一类病大致相当于国际 A 类病，二、三类疫病约相当于 B 类疾病，但均有一定差别。

从 2015 年 5 月起，OIE 采用新的动物疾病申报体系，对原来的通报性疾病名录进行修订，取消了原来的 A 类与 B 类动物疾病的分类方法，采用单一的动物疾病申报名录，即 OIE 法定通报性疾病名录（OIE listed diseases）。2012 年更新后的 OIE 法定通报性疾病名录包括猪病 7 种，分别是非洲猪瘟、古典猪瘟（猪瘟）、尼帕病毒性脑炎、猪繁殖与呼吸综合征、猪水疱病、猪传染性胃肠炎、猪囊尾蚴病，都能够对比养猪业造成严重损失，而严重危害当前京津冀地区养猪业的主要是古典猪瘟（猪瘟）、猪繁殖与呼吸综合征。另外，还包括25种多种动物共患传染病，其中严重危害当前京津冀地区养猪业的主要是口蹄疫、伪狂犬病、布鲁菌病。

7. 按传染病的来源分类

按传染病的来源可将传染病分为外来病、地方病、自然疫源性疾病。

（1）外来病　是指国内没有而从国外输入的疫病，如非洲猪瘟。

（2）地方病　是指仅在一些地区中长期存在或流行，而在其他地区基本不发生或很少发生的传染病，如钩端螺旋体病和类鼻疽。

（3）自然疫源性疾病　是指在自然条件下，即使没有人类或动物的参与，也可以周而复始流行并长期存在下去的传染病，如口蹄疫、狂犬病、伪狂犬病、流行性乙型脑炎、布鲁菌病。

8. 其他分类

在实际工作中，为了满足某些方面的需要，对有些类型的传染病还有特定的叫法。这些叫法虽然不是严格意义上的分类，但却含有分类的成分，现举例如下。

（1）法定传染病　是指由国际或国家兽医行政管理部门公布、一旦发现或怀疑发生时必须立即报告给相应级别兽医当局的疾病，如 OIE 的法定通报性疾病名录，我国的一类、二类、三类动物疫病。

（2）烈性传染病　是指发病急、病程短、病性恶劣、病死率高、危害大、难控制的传染病，如口蹄疫、猪瘟、高致病性猪蓝耳病。

（3）虫媒传染病　是指其病原体主要靠吸血昆虫在动物间来传播的传染病，如乙型脑炎。

（4）新发传染病　是指先前未知的、新确定的传染病。

（5）重新出现的传染病　是指那些已经被人类熟知的、并且已经不再成为严重问题的、但又重新回复到具有流行程度传播状态、形成严重问题的传染病。

第三节　动物寄生虫与寄生虫病

一、寄生虫与宿主

1. 寄生

自然界中生物种类繁多，其生活方式及生物间相互关系十分复杂，其中两种生物生活在一起的现象较为常见。这种关系是生物在长期进化过程中形成的，我们将其称为共生生活。根据共生双方相互间的利害关系不同，又分为三种类型：互利共生、偏利共生和寄生。互利共生指的是共生生活的双方互相利用，彼此受益，缺一不可的关系，如牛瘤胃内的纤毛虫以植物纤维为食，供给自己营养，同时纤毛虫对植物纤维的分解又有利于反刍兽的消化。偏利共生指的是共生生活的双方中的一方受益，另一方无损益的关系，又称为共栖，如人与其口腔内生活的齿龈阿米巴原虫，人在进食过程中为齿龈阿米巴原虫提供了营养，但该原虫并不侵入人的口腔组织，也不造成伤害，对人类来说，其存在与否都没有关系。寄生（parasitism），即寄生生活，是一种一方得益、一方受害的伙伴关系，在这个关系中，一方暂时或永久地生活在另一方的体内或体表，以其组织或体液作为自己的营养，并给其造成不同程度的伤害，甚至是死亡。在寄生生活中，得到利益的是寄生虫（parasite），受到损害的是宿主（host）。

2. 寄生虫概念与类型

寄生虫是指暂时或永久性在宿主体内或体表营寄生生活的动物。为研究和应用方便，采用不同标准划分寄生虫的类型。

根据寄生部位可分为内、外寄生虫。内寄生虫是指寄生在宿主体内的寄生虫，如线虫、绦虫和吸虫。外寄生虫是指寄生在宿主体表的寄生虫，多指昆虫和蜱、螨。

根据寄生时间长短可分为暂时、定期、永久寄生虫。暂时寄生虫是只有在采食时才与宿主接触的寄生虫，如蚊子。永久性寄生虫是指在宿主体内或体表度过一生的寄生虫，如旋毛虫、疥螨、血虱等。定期寄生虫是指在生活史中一定发育阶段营寄生生活的寄生虫，如牛皮蝇，其幼虫阶段寄生在宿主体内，蛹和成虫在体外。实际上绝大多数寄生虫属于定期寄生虫，因为至少它们的卵和到达感染期之前的幼虫阶段都是在体外生活的。

根据对寄生生活的依赖程度可分为专性、兼性寄生虫。专性寄生虫，是指寄生虫一生中至少有部分时间必须营寄生生活的寄生虫，如蛔虫、牛皮蝇、旋毛虫等等都属于专性寄生虫。兼性寄生虫，指那些正常情况下自由生活，进入动物体内也能营寄生生活的种类，如类圆线虫，外界条件良好时营自由生活，外界条件不良时则侵入动物体内营寄生生活。

根据生活史中有无中间宿主可分为土源性、生物源性寄生虫。土源性寄生虫（单宿主寄生虫），指生活史中不需要中间宿主的寄生虫，如猪蛔虫。生物源性寄生虫（异宿主寄生虫），指生活中必须有中间宿主的寄生虫，如华支睾吸虫。

根据宿主种类的多寡可分为专一、多宿主寄生虫。专一宿主寄生虫只严格寄生在一种特定宿主的寄生虫，如猪带绦虫，人是唯一终末宿主，这种现象称为宿主特异性。多宿主寄生虫是可以寄生于多种宿主的寄生虫，如弓形虫，可以寄生于 200 多种哺乳动物和鸟类。对宿主缺乏选择性的寄生虫往往流行比较广泛，防治难度大。

3. 宿主概念与类型

宿主是指在体内或体表有寄生虫暂时或长期寄居的动物。根据寄生虫在体内发育阶段和适应程度，以及在流行病学方面的作用将宿主分成以下几种类型。

终末宿主，是指寄生虫成虫或有性阶段所寄生的宿主，如人是猪带绦虫的终末宿主。

中间宿主，是指寄生虫幼虫或无性阶段所寄生的宿主，如猪是猪带绦虫的中间宿主。

贮藏宿主，感染性虫卵或幼虫偶然进入某些动物体内，没有任何发育过程，但是保持对终末宿主的感染力，这样的动物叫做贮藏宿主，又称为转运宿主或携带宿主，如蚯蚓是鸡异刺线虫的贮藏宿主。贮藏宿主从寄生生活的本质上来说并不是"宿主"，只是寄生虫感染性阶段的贮藏之地，或携带者，在流行病学上具有重要意义。

保虫宿主，多宿主寄生虫之不习惯、不经常寄生的宿主，比如肝片吸虫惯常寄生的宿主是牛、羊等，但是也可以感染猪、马和某些野生动物如松鼠，水獭等，只是不经常、不习惯而已，那么猪、马、松鼠和水獭就是肝片吸虫的保虫宿主。当把防治的重点放在牛、羊身上时，不要忘记这些动物可能成为寄生虫的"保虫场所"。不控制保虫宿主，这种寄生虫病随时会卷土重来。在医学上，通常把人畜共患的寄生虫病中的动物宿主看作保虫宿主。保虫宿主从本质上就是宿主，提出这个概念旨在强调它们是不能忽视的重要的传染源。

传播媒介，指的是在脊椎动物宿主之间传播寄生虫病的低等动物，主要是指传播血液原虫的吸血节肢动物。如蜱是梨形虫病的传播媒介。传播媒介又有两种类型。一类只是在动物之间机械地传播寄生虫，寄生虫在传播媒介体内没有任何生长、发育或繁殖的过程，如虻在马、牛等动物之间传播伊氏锥虫，这种传播方式又称为机械性传播。另一类，寄生虫在其体内具有生长、发育或繁殖的过程，传播媒介本身就是宿主之一，如蜱是梨形虫的终末宿主，因为有性阶段是在蜱体内进行的，这种传播方式又称为生物性传播。

带虫现象和带虫者，一种寄生虫病在自行康复或治愈之后，或处于隐性感染之时，宿主对寄生虫保持着一定的免疫力，临床上没有症状，但也保留着一定量的虫体感染，这种现象称为带虫现象，这种宿主称为带虫者。带虫现象普遍存在。带虫者表面上没有什么症状，却可能到处散播病原，是寄生虫病综合防治的重要防控对象。

二、寄生虫生活史

寄生虫的生长，发育和繁殖的全过程称为寄生虫的生活史。根据生活史中是否需要中间宿主，可分成以下两种类型。

直接发育，寄生虫的感染阶段侵入宿主后可继续发育并完成生活史的发育方式，称为直接发育。换言之，生活史中不需要中间宿主的发育方式叫做直接发育。例如蛔虫和绝大多数动物消化道线虫的生活史都属于这种类型。

间接发育，寄生虫必须在中间宿主或媒介体内发育至感染阶段，再到达终末宿主体内完成生活史的发育类型，称为间接发育。换言之，生活史中需要中间宿主的发育类型叫做间接发育。例如寄生的吸虫和绦虫的生活史都属于这种类型。

生活史一般可分为虫卵、幼虫和成虫等若干阶段，各阶段的形态和生活条件都不相同。单细胞的原虫比较特殊，如锥虫、梨形虫可通过简单的二分裂或从母体上出芽的方式繁殖或增殖，孢子虫虽然存在有性生殖阶段，但它们是无性阶段的虫体直接分化而来，因此原虫没有幼虫和成虫的称谓。

1. 寄生生活史完成的必要条件

寄生虫的虫卵、感染阶段之前的幼虫多在宿主体外，它们的生存和发育都受到环境的影响，其中温度和湿度的影响最为重要。如果是间接发育，幼虫还需要进入中间宿主体内。中间宿主本身有独特的生活习性和特殊的栖息地，其分布也受到环境的影响，因此间接影响了寄生虫的流行。

寄生虫种类繁多，各有其特定的寄生部位，称为组织特异性。但是欲到达这些部位，入侵的幼虫往往需要经过移行才能实现，例如猪蛔虫的幼虫在肠壁进入血流、经肝、肺移行，通过气管向上逆行到咽，吞咽后才能到达小肠。很多情况下，幼虫移行对宿主的损害通常比成虫阶段更大。

可见寄生虫的生活史实际上涉及自然环境、感染阶段侵入宿主的方式、在宿主体内的移行、特定的寄生部位、离开宿主的方式，以及所需要的终末宿主、中间宿主和传播媒介等。简言之，寄生虫生活史的完成不是一帆风顺的，必须具备一系列条件，包括：遇到适宜的宿主；在适宜条件下发育至感染性（侵袭性）阶段；经适宜的感染途径与宿主接触；进入宿主后，还需要战胜宿主的抵抗，经历一定的移行，到达寄生部位，最终完成其全部生活史。因此，掌握寄生虫的生活史规律，是理解其致病机理、流行特点、建立诊断和制定防治措施的基础。

2. 寄生虫对寄生生活的适应

寄生生活是在漫长的进化过程中逐步建立起来的，在形态结构和生理机能上都发生了很大的适应性变化，用进废退。其中最突出的就是附着器官、繁殖器官和繁殖能力强大，消化功能退化。

为了停留在宿主体内或体表，寄生虫一般都产生了特殊的附着器官。例如吸虫和绦虫的吸盘、小钩，线虫的口囊、齿，原虫的纤毛和伪足，节肢动物的爪和吸盘。寄生虫从宿主直接摄取现成的营养物质，因此消化器官或者退化，或者变得简单，例如绦虫根本就没有消化器官，仅靠体被吸收营养。

寄生虫虽然是侵害宿主的动物，但是本身弱小，虫卵排到外界或者环境恶劣，或者再感染宿主的机会微小，如果数量少的话就难以生存，因此其繁殖器官一般都很发达。例如雌性蛔虫的卵巢和子宫长度为体长的 15～20 倍，每日产卵达 20 万之多，这样在大多数虫卵或幼虫死亡后，总有个别的遇到感染机会，得以保存种群、繁衍后代。

3. 宿主对寄生虫生活史的影响

对宿主来说，寄生虫是一种病原，宿主会调动一切防御机制，通过阻止入侵、抑制其生长、发育和繁殖来抵抗其危害。这种影响主要包括下述几个方面。

遗传因素，某些动物对某些寄生虫具有先天不感染性，如牛不感染猪蛔虫，反之猪也不感染牛蛔虫。

年龄因素，不同年龄的个体对寄生虫的易感性有差别，一般来说幼龄动物对寄生虫易感，可能和免疫功能尚未健全有关。

营养和体质，营养全面，体质健壮的动物对寄生虫的抵抗力强。

组织屏障，宿主皮肤、黏膜、血脑屏障以及胎盘等都可有效地阻止一些寄生虫的侵袭。

免疫作用，和对病毒、细菌感染后发生的免疫反应一样，宿主对寄生虫也产生细胞免疫或体液免疫反应，表现形式为阻止入侵、抑制发育、缩短寿命、降低繁殖力、减少卵和幼虫的生活能力等。

三、寄生虫病的流行与危害

1. 寄生虫病的流行

寄生虫病的流行是指寄生虫完成生活史，从已寄居的宿主传播到新宿主的过程。某种寄生虫病在一个地区流行必须具备三个基本环节：传染源、传播途径、易感动物。寄生虫病的流行过程始于带有传染源的动物个体向外界排出寄生虫新生后代，经过适宜的外界环境中发育至感染阶段，再通过适宜的感染途径侵入新的易感动物完成。这三个环节在某一地区同时存在并相互关联时，就会构成寄生虫病的流行。流行过程在数量上可表现为散发、地方性流行或大流行，在地域上可表现为地方性，在时间上可表现为季节性。如果切断流行过程中的任何环节，寄生虫的繁衍会受到严重打击，甚至遭到毁灭，寄生虫病的传播、流行也随之被控制或阻断。总的来说，寄生虫病的流行，除与寄生虫和易感动物（生物学因素）密切相关外，还与自然因素与社会因素相关，不同的寄生虫病和这些因素关系的密切程度不同，各有侧重。

生物学因素，主要指寄生虫和宿主等。如，寄生虫从感染到成熟排卵所需要的时间，在宿主体内的寿命，排出到体外的形式和阶段、耐受力，发育条件和发育到具有感染力的时间等；中间宿主、贮藏宿主和传播媒介等生物学和生态学特性；保虫宿主和终末宿主等的品种、年龄、性别、营养状况和管理状况等。

自然因素，包括地理、气候、土壤和生物种群的分布等。自然界的状况及各种环境因素关系着自宿主体排出的寄生虫能否继续发育，完成宿主交替，延续寄生虫种属的存在。这些因素必然对于寄生虫病的存在、分布、发生和发展产生不同的影响，有些环境适于某些寄生虫的生存，而另一些环境条件则可能抑制其生命活动，甚至将其杀死。

社会因素，又称人为环境因素，如社会制度、经济状况，人类的行为习惯、生活方式，科学文化素养、风俗习惯、法律法规的制定与执行等。如人的粪便管理不当时容易造成猪、牛囊尾蚴病的流行；肉品的检验和管理制度不严格时，容易造成人绦虫病和犬绦虫病的流行，随之可能引起家畜囊虫病、多头蚴病和棘球蚴病的流行。牧民、饲养管理人员、兽医卫生人员、屠宰及畜产品加工、销售人员等，因其接触畜禽寄生虫病感染源的机会多，他们的不当行为不仅会增加人体感染人畜共患寄生虫病的机会，而且还会给病原体进入畜（禽）群提供了条件。

生物学因素、社会因素和自然因素常常相互作用，共同影响寄生虫病的流行。由于生物学因素一般是相对稳定的，而社会因素往往是可变的。因此，社会稳定、经济发展、科技进步和法律法规的健全对控制寄生虫病的流行有关键作用。

总之，在诊断群体寄生虫病和制定群体寄生虫病的防治措施时，调查分析有关流行病学资料是十分必要的，它有助于对寄生虫病的正确诊断，有助于有的放矢地制定和采取措施，达到控制寄生虫病的目的。

2. 寄生虫病的感染来源和感染途径

感染来源是指携带有寄生虫的患病动物、带虫者（动物和人）或被寄生虫感染的中间宿主、补充宿主、贮藏宿主、保虫宿主和传播媒介等。

感染途径是指寄生虫感染宿主的门户。广义地讲，是指寄生虫从侵入易感宿主到定居的全部过程。寄生虫只有到达感染阶段，才能感染动物，如华支睾吸虫的感染阶段是囊蚴，终末宿主只有食入含有活囊蚴的淡水鱼才被感染，其他阶段即使进入动物体，也不能存活和引起感染。寄生虫常见的感染途径可概括为以下几种：①经口感染：在外界环境或中间宿主体内发育到感染阶段的寄生虫，污染了水、土和饲料，经由宿主采食、饮水等进入体内而感染。②经皮肤感染：有两种感染方式。一种，是感染期幼虫从宿主皮肤钻入而感染，如日本分体吸虫、仰口线虫、皮蝇幼虫、类圆线虫等的感染性幼虫都是直接从皮肤钻入宿主体内的。另一种，是生物媒介即吸血的节肢动物叮咬宿主皮肤而造成的感染。③接触感染：患病或带虫动物与健康动物的皮肤或黏膜直接或间接接触而发生感染，如蜱、螨、虱等即可由皮肤的直接接触感染，也可通过饲喂器具、挽具、鞍具等间接接触感染。马媾疫、牛胎毛滴虫等可以通过性行为经黏膜接触传播。④经胎盘感染：不太普遍。有些寄生虫或幼虫在母体内移行时，通过胎盘进入胎儿体内引起感染，如弓形虫等。⑤自体感染：有时，某些寄生虫产生的虫卵或幼虫并不排出宿主体外或不脱离宿主，即可使原宿主再次感染，这种感染方式称为自体感染。例如猪带绦虫患者呕吐时由于肠管逆蠕动，使孕卵节片进入胃中，卵中的六钩蚴脱壳逸出又回到肠道而再次感染宿主。⑥医源性感染：指由被污染的医疗器械或人工授精器械引起的寄生虫感染。如采血用的注射器污染后可间接感染血液寄生虫，如锥虫、梨形虫等。⑦经天然孔感染：如羊狂蝇幼虫从鼻孔或其他天然孔（包括眼结膜囊）侵入，吸吮线虫经眼结膜侵入。还有随尘土飞扬的感染性蛔虫卵、感染性蛲虫卵等被吸入到易感动物的鼻腔，又被咽下而引起感染。

上述感染途径中较常见的是经口感染、经皮肤感染、接触感染和胎盘感染，其他几种较少发生。有些寄生虫只限于一种感染途径，而另一些寄生虫则有多种感染途径。如钩虫即可经皮肤感染，也可经口感染。

3. 猪寄生虫病的危害

猪寄生虫病不仅会对养殖业造成严重危害，有的还会对人体健康造成一定危害。猪寄生虫病的危害主要有，掠夺宿主营养、机械性损伤、毒素作用和免疫损伤，继发感染等几方面。大部分猪寄生虫不会直接导致猪的死亡，却可能长期消耗猪的营养，降低猪对饲料的利用效率，这种慢性过程带来的经济损失更大，甚至高于很多其他疾病造成的经济损失。猪寄生虫病的主要危害如下。

（1）阻碍仔猪的生长发育　仔猪生长发育受阻，引起猪的生长变慢，延长饲养时间与出栏时间，造成设备设施周转利用率下降，导致经济效益下降。

（2）降低饲料的转化效率　饲料转化效率的降低会导致饲料的严重浪费，降低生产性能，影响猪肉的质量和数量。养猪业是以饲料来换取猪肉，以达到最高的经济效益；而寄生虫是从宿主（猪）体内夺取营养物质（组织液、血液等）维持其生存与繁殖，使猪消瘦、衰弱、贫血，甚至死亡，造成了人养猪而猪养虫、猪吃料而虫吃猪的恶性循环。有资料显示，集约化猪场由猪疥螨病所造成的经济损失可达其产值的 10%，甚至有些重症的囊虫病和旋毛虫病猪的胴体大部或全部废弃。

（3）降低猪的抗病能力　抗病能力下降会诱发各种疾病，如严重感染蛔虫的仔猪有 40%发生蛔虫性肺炎，30%发生呼吸困难，有时导致仔猪死亡。仔猪蛔虫病还可加重气喘病的病势，增加患猪死亡率。

（4）增加猪的死亡、淘汰率　当猪寄生虫病出现地区性流行时，必然会引起部分猪只的死亡率、淘汰率增加，并造成治疗费用增加，明显降低经济效益。

（5）影响公共卫生　目前，猪囊虫病、棘球蚴病、旋毛虫病、弓形虫病、隐孢子虫病和肉孢子虫病等人猪共患寄生虫病在一些地区呈地方性流行，因此具有重要的公共卫生学影响。

猪传染病发生和流行的规律

第一节 猪传染病的病程

大多数情况下猪传染病的病程发展过程具有一定的规律性，也就是说，猪传染病从发生到结束的整个过程可以划分为一定的阶段，大致可以分为潜伏期、前驱期、明显期和转归期等四个阶段。

一、潜伏期

潜伏期一般是指病原体在体内繁殖、转移、定位，并引起组织损伤和功能改变，出现临床症状之前的整个过程。不同传染病潜伏期的长短常常是不相同的，即使同一种传染病，其潜伏期长短有时也不一，主要是由于不同动物种属、品种或个体的易感性差异，以及病原体的种类、数量、毒力、侵入途径、侵入部位等情况的不同，但相对来说还是有一定的规律性。例如细菌性毒素性食物中毒，毒素在食物中已预先生成，则潜伏期可短至数小时；狂犬病的潜伏期取决于病毒进入体内部位（伤口），以及伤口至中枢神经系统的距离，距离越近，潜伏期越短；炭疽的潜伏期一般为 $1\sim5d$，最长可达 $14d$。一般来说，急性传染病的潜伏期差异范围较小；慢性和症状不典型的传染病潜伏期差异较大，无规律可循。对于同一种传染病，潜伏期短促，疾病经过就严重；反之，潜伏期延长，病程则轻缓。而处于潜伏期的动物，不少排菌或排毒，是危险的传染源，一定要注意。

了解潜伏期的长短，在流行病学上有重要实践意义。

1. 潜伏期与传染病的传播速率有关

潜伏期短的传染病，其传播快，多呈暴发型，如口蹄疫、猪流行性感冒、猪流行性腹泻、猪传染性胃肠炎。潜伏期较长的传染病，其传播慢，流行过程也较长，如布鲁氏菌病、猪气喘病。这些说明传染病的潜伏期长短与其传播速率有关。

2. 追索传染源和传播方式

在进行流行病学分析时，从潜伏期可以看到几个不同病例是否通过共同传播媒介而发病，如猪群中发生某种病的许多病例，其首末病例发病日期的间距，在该病的最长潜伏期内，则所有病例的感染可能来自同一种传播媒介；否则，所有病例的感染可能来自不同的传播媒介或已发生第二代病例。

3. 帮助确定疫区范围

根据潜伏期可以推算出感染日期，从而可以帮助确定需要处置的疫区范围。从出现临床症状向前推一个潜伏期，即为感染日期。

4. 预测疾病的严重程度

对于一些存在较大范围潜伏期的传染病，如果潜伏期短促，病情往往比较严重；反之，如果潜伏期较长，则病情往往比较轻缓。

5. 帮助确定免疫接种类型

暴发某种传染病时，如处于潜伏期内的猪群需要被动免疫接种或药物预防，而不在潜伏期内的猪群和周围猪群则需要进行疫苗的紧急接种。例如猪瘟，潜伏期短的为 2～4d，长的达 21d，猪瘟弱毒疫苗接种后只需要 3～5d 便可产生免疫力；因此，在暴发猪瘟时，需要对同群假定健康猪紧急接种猪瘟疫苗以尽快平息猪瘟疫情。当然，对于已处于潜伏期的猪，接种猪瘟疫苗后，仍可能发病；所以，紧急接种后要密切观察。

6. 帮助评估防控措施效果

对一种传染病实施某种防控措施后，一方面可根据其潜伏期长短的变化来评估防控措施的临床效果，如果潜伏期明显变长，则说明具有一定效果；另一方面可通过比较该病经过一个潜伏期之前之后的病例数变化来评估防控措施的临床效果，如果经过一个潜伏期后病例数明显减少，则说明防控措施有效。

7. 帮助确定检疫和传染病处置的时间

一方面，根据潜伏期长短来确定检疫期限，如从国外引进种猪，引进时当然需要保证健康和符合引种防疫要求，即使这样，从国外运入后仍然需要先在某个边境口岸进行隔离、检疫，这个隔离检疫的时间长短就是根据需要检疫的多种传染病的潜伏期长短来确定的，自然是选取需要检疫的传染病的潜伏期里面最长的时间。另一方面，在猪场发生传染病时，根据传染病的种类与危害程度，可能需要采取隔离、甚至是封锁等处置措施，这个时候对动物的隔离观察时间、对疫区的封锁和接触封锁的时间的确定，潜伏期长短是一个重要依据。如炭疽的最长潜伏期为 14d，所以，在疫区，当最后一头病畜死亡或治愈，疫区经终末消毒后，经过 14d 再未发现病畜即可宣布解除封锁。

二、前驱期

前驱期是指疾病的最初症状出现之后到该病的主要症状出现的一段时间，是传染病的征兆阶段。前驱期特点为临诊症状开始表现，但出现的是一般性症状，但其特征性症状仍不明显。从多数传染病来说，这个时期临诊症状是非特异性的，仅可察觉出一般的症状，如体温升高、食欲减退、精神异常等，根据这些症状很难确诊。各种传染病和各个病例的前驱期长短不一，通常只有数小时至一两天，发病急骤者则无前驱期。前驱期有助于发现和观察疾病，以便及早采取相应隔离、防控措施

三、明显期

前驱期之后，传染病的特征性症状逐步明显地表现出来，即为明显期，这是传染病发展到高峰的阶段。这个阶段由于代表性、典型性的特征性症状相继出现，在诊断上比较容易识别，因此，要抓住这一时机对传染病进行全面诊断和正确处置。

四、转归期

传染病进一步发展即为转归期。转归期主要有两种结果，一是动物死亡，二是动物逐渐康复。如果病原体的致病性能增强，或动物体的抵抗力减退，传染过程则以动物死亡为转归。如果动物体的抵抗力得到改进和增强，机体则逐步恢复健康，表现为临诊症状逐渐消退，体内的病理变化逐渐减弱，正常生理机能逐步恢复，传染过程以动物康复为转归。康复后机体在一定时期保留免疫学特性，如特异性抗体水平较发病前明显升高，因此，一些传染病可通过采集发病初期及之后十多天的血清来检测抗体滴度变化来帮助诊断，如升高 4 倍以上即可确诊。需要注意的是，不少发病动物在病后一定时间内仍存在带菌（毒）、排菌（毒）现象，仍然构成一种传染来源，但最后绝大部分病原体可被消灭消除，只有极少部分可终生带菌（毒）。

第二节　猪传染病的流行过程

猪传染病的基本特征之一是能在猪群之间通过直接接触或间接接触互相传染，形成流行。病原体由传染源排出，通过各种传播途径，侵入易感动物体内，形成新的传染，并继续传播形成群体感染发病的过程称为传染病的流行过程。传染病流行必须具备三个条件，也就是传染病流行过程的三个基本环节，即传染源、传播途径、易感动物。只有这三个条件同时存在，并相互联系时才会造成传染病流行的发生。

一、传染源

传染源，是指体内有病原体寄居、生长、繁殖，并能将其排到体外的动物机体，亦称传染来源，具体来说传染源就是受感染的动物或人。根据传染源所起的作用和动物感染后的表现，可将传染源分为患病动物、病原携带者、患人畜共患病的病人三种类型。

1. 患病动物

是指患有传染病的动物，多数在发病期能排出大量致病力强的病原体，传染性很强，是主要的传染源。但是，传染病病程的不同阶段，其作为传染源的意义不尽相同。多数传染病在发病期排出的病原体数量大、毒力强，传染性强，是重要传染源。潜伏期和恢复期的患病动物是否具有传染源的作用，则随病原体种类不同而异。

患病动物能排出病原体的整个时期称为传染期。不同传染病的传染期长短不同，了解传染期的长短有助于制订各种传染病的隔离期。在防疫工作中，为了防止疫情扩散，常常需要对患病动物进行隔离，其隔离时间需要根据传染期和潜伏期来共同确定，而不是仅靠潜伏期，这与检疫时对健康动物的隔离观察期限不同。

2. 病原携带者

病原携带者是指体内有病原体寄居、生长和繁殖并有可能排出体外，但不表现临床症状的动物或人。病原携带者一般又分为潜伏期病原携带者、恢复期病原携带者和健康病原携带者三类。

（1）潜伏期病原携带者　是指在感染后至症状出现前即能排出病原体的动物或人。在这一时期，大多数传染病的病原体数量还很少，一般没有具备排出条件，不能起传染源的作用。只有少数传染病，如狂犬病、口蹄疫、猪瘟等，在潜伏期后期可以排除病原体，这时就有传染性了，因此对这些传染病，在平时需要倍加重视。

（2）恢复期病原携带者　是指在临诊症状消失后仍能排出病原体的动物或人。一般来说，这个时期的传染性已逐渐减少或无传染性。但一些慢性传染病，如猪气喘病、布鲁菌病，在临诊痊愈的恢复期仍能排出病原体。

（3）健康病原携带者　是指过去没有患过某种传染病却能排出该病原体的动物或人。一般认为这是隐性感染的结果，只能靠实验室方法检出。这种携带状态一般有的时间短暂，作为传染源的意义有限；有的时间较长，如猪圆环病毒2型感染、疫苗免疫后仍然存在的伪狂犬病病毒感染、猪繁殖与呼吸综合征病毒感染等，仍然是一种重要的甚至是主要的传染源；还有一些感染，如巴氏杆菌、链球菌等病原微生物的健康病原携带者为数众多，可成为重要的传染源。病原携带者存在着间歇排出病原体的现象，仅凭一次病原学检查的阴性结果不能得出正确的结论，需要反复多次的检查均为阴性时才能排除病原携带状态。消灭和防止引入病原携带者是传染病防控中艰巨的任务之一。

3. 患人畜共患病的病人

一些人畜共患传染病，如炭疽、布鲁菌病、结核及钩端螺旋体病等，可以由病人的排泄物、分泌物来感染动物，因此也是一种传染源。

在实践中，需要注意传染源与传播媒介的区分。病原微生物能够在特定的动物机体的特定部位寄居、生产、繁殖、并能够排出体外，并且再侵入另一个易感动物机体，循环往复，持续不断地进行繁衍，这是其作为一个物种得以维持存在的一种本能。因此，易感动物机体可说是病原体生存最适宜的天然环境，病原体在其中得以栖居繁殖、持续排出，并污染外界环境。被病原体污染的各种外界环境因素，如动物圈舍、饲料、饮水、土壤、空气等，由于缺乏恒定的适宜的温度、湿度、酸碱度、营养条件等，并不适于病原体的生存和繁殖，故一般被视为传播媒介。简而言之，传染源是某种活的动物机体，而传播媒介是各种外界环境因素。

明确传染源的概念对传染病防控工作具有重要实践价值。如发生猪口蹄疫疫情时封锁疫区，扑杀动物是为了消灭传染源，进行消毒是为了净化传播媒介，切断病原到动物的传播途径。消灭传染源快，净化传播媒介需要的时间较长，而消灭病原体所需要的时间就更长。

二、传播途径

传播途径是指病原体由传染源排出，经一定的方式再侵入其他易感动物所经过的途径。掌握传播途径有助于了解如何切断传播途径，并对传染病的风险进行分析。如果一个动物群体饲养过程良好，动物是健康的，又没有外来传播途径，则这个群体将会是安全的。

传播途径可分两大类，即水平传播和垂直传播。

1. 水平传播

水平传播是指传染病在群体之间或个体之间横向传播，这是非常常见的传播方式，从传播方式上又可分为直接接触、间接接触传播两种。

（1）直接接触传播　被感染的动物（传染源）与易感动物或人直接接触（交配、舐咬等）而引起感染的传播方式，称为直接接触传播。大多数传染病都存在这种传播方式，但是依赖直接接触为主要传播方式的传染病种类不多，其中狂犬病具有代表性。通常只有被患病动物直接咬伤并随着唾液将狂犬病病毒带进动物体内，才有可能引起狂犬病的传染。

主要依赖直接接触而传播的传染病，其流行特点是一个接一个地发生，形成明显的传播链锁。这种传播方式使传染病的传播受到明显限制，一般不易形成流行。

（2）间接接触传播　易感动物或人通过接触传播媒介而发生感染的传播方式，称为间接接触传播。将病原体传播给易感动物的中间载体即是传播媒介。

传播媒介可能是生物（媒介者），如蚊、蝇、虻、蜱、鼠、鸟、其他动物、人等；也可能是无生命的物体（媒介物或称污染物），如动物圈舍、饲养工具、运输工具、饲料、饮水、畜舍、空气、土壤、医疗器具等。

大多数传染病，如口蹄疫、猪瘟等以间接接触为主要传播方式，同时也可以通过直接接触传播。两种方式都能传播的传染病也可称为接触性传染病。

间接接触一般通过以下几种途径而传播。

一是经空气传播。病原通过空气（气溶胶、飞沫、尘埃等）而使易感动物被感染的传播方式称为空气传播。经飞散于空气中带有病原体的微细胞沫而传播的传染称为飞沫传染，是呼吸道传染病的主要传播方式，如猪气喘病、猪流感、肺结核等病畜呼吸道内往往积聚了不少渗出液，含有大量的病原体，当它们咳嗽、喷嚏、鸣叫和呼吸时，很强的气流把带有病原体的渗出液，从呼吸道中排出体外，形成飞沫，大滴的飞沫迅速落地，微小的飞沫飘浮于空气中，可被易感动物吸入而感染。

从传染源排出的分泌物、排泄物和处理不当的尸体散布在外界环境的病原体附着物，经干燥后，由于空气流动冲击，带有病原体的尘埃在空中飘扬，被易感动物吸入而感染，称为尘埃传播。能借尘埃传播的传染病有结核病、炭疽等。

经空气飞沫传播的传染病的流行特征为病例常连续发生，患者多为传染源周围的易感动物，原因是传播途径易于实现。在潜伏期短的传染病，如流行性感冒等，易感动物集中时可形成暴发。未加有效控制时，此类传染病的发病率多有周期性和季节性升高现象，一般以冬春季多见。同时，经空气传播的传染病的发生常与饲养畜舍空气质量条件及拥挤有关。

二是经污染的饲料和饮水传播。患病动物排出的分泌物、排泄物或患病动物尸体等可能污染饲料、饲草、饮水，某些污染的饲养管理用具、运输工具、畜舍、人员等也可能污染饲料、饮水，当易感动物采食这些被污染的饲料与饮水、或舐咬畜舍栏杆时，便能发生感染。因此，在防疫上要特别注意防止饲料和饮水的污染，防止饲料仓库、饲料加工厂、畜舍、牧地、水源被有关人员和用具所污染。

三是经污染的土壤传播。有些传染病（炭疽、破伤风、猪丹毒等）的患病动物排泄物、分泌物及其尸体落入土壤，其病原体能在土壤中生存很长时间，当易感动物接触被污染的土壤时，便能发生感染。

经污染的土壤传播的传染病，其病原体对外界环境的抵抗力较强，特别是形成芽胞后的病原体，其疫区的存在相当牢固。因此，应特别注意病畜排泄物、污染的环境、物体和尸体的处理，防止病原体落入土壤，以免造成难以处理的后患。

四是经活媒介传播。活的传播媒介主要有节肢动物、野生动物、人类等。

节肢动物中作为传播媒介的主要是虻类、螫蝇、蚊、蠓、家蝇和蜱等。传播主要是机械性的，可通过在患病、健康动物间的刺螫吸血而散播病原体。也有少数是生物性传播，即病原体（如立克次氏体）在感染动物前，必须先在一定种类的节肢动物（如某种蜱）体内通过一定的发育阶段，才能致病。

野生动物的传播可以分为两大类。一类是本身对病原体具有易感性，在受感染后再传染给家畜，在此野生动物实际上是起了传染源的作用。如狐、狼、吸血蝙蝠等将狂犬病传染给家畜；鼠类传播沙门菌病、钩端螺旋体病、布鲁菌病、伪狂犬病等。另一类是本身对该病原体无易感性，但可机械地传播疾病，如乌鸦在啄猪炭疽病畜的尸体后从粪内排出炭疽杆菌的芽胞；鼠类可以机械地传播猪瘟和口蹄疫等。

饲养人员和兽医工作者等在工作中如不注意遵守卫生消毒制度，消毒不严，在进出患病动物的厩舍后可将手上、衣服、鞋底沾染的病原体传播给健康动物；兽医使用的体温计、注射针头以及其他器械如消毒不彻底就可能成为猪瘟、炭疽等传染病的传播媒介。有的人畜共患的传染病如口蹄疫、结核病、布鲁菌病等，人也可能作为传染源，因此结核病等患者不允许饲喂或诊治家畜。

2. 垂直传播

垂直传播是指病原体从亲代到子代的传播。猪传染病的垂直传播主要包括以下两种方式。

（1）经胎盘传播　怀孕母猪所患的传染病或所带的病原体经胎盘传播给胎儿，称为胎盘传播。可经胎盘传播的传染病有猪瘟、猪细小病毒病、猪繁殖与呼吸综合征、伪狂犬病、布鲁菌病、乙型脑炎、猪圆环病毒病、钩端螺旋体病等。

（2）经产道传播　病原体经怀孕母猪阴道，通过子宫颈口到达绒毛膜或胎盘引起胎儿感染；或胎儿从无菌的羊膜腔穿出而暴露于严重污染的产道时，胎儿经皮肤、呼吸道、消化道感染母猪的病原体，称为经产道传播。可经产道传播的病原体有大肠杆菌、葡萄球菌、链球菌、沙门菌和伪狂犬病病毒等。

三、易感动物

易感动物是指对某种病原体缺乏足够的抵抗力而易受其感染的动物。动物对于某种病原体感受性的大小即为动物的易感性。畜群的易感性与畜群中易感个体所占的百分率成正比。了解易感动物有助于正确认识到危险存在的主要方面，认识动物易感性的影响因素，有助于有效保护易感动物，降低其易感性。

影响动物易感性的主要因素有以下几方面。

1. 内在因素

不同种类、不同性别、不同品种的动物对于同一种病原体的易感性存在差异，如国外纯种猪对猪萎缩性鼻炎的易感性高，国内杂交猪或地方品种猪的易感性较低，这是由遗传因素决定的。

2. 外界因素

饲养管理、卫生状况等因素，能在一定程度上影响动物的易感性。如质量低劣饲料、粪便未进行无害化处理处理、畜舍阴暗、潮湿、通风不良、饲养密度过大、应激、防寒保暖防暑降温不当等，均可降低动物抵抗力，促进传染病的发生和流行。

3. 特异免疫状态

疾病的流行不仅取决于病原体的强弱，还与动物群体中易感动物所占比例相关。群体免疫性要求猪群中的每一个成员都是有抵抗力的，如果有抵抗力的动物百分比高，即使病原体入侵疾病出现的危险性也较少，通过接触可能只出现少数散发的病例。传染病发生流行的可能性不仅取决于猪群中有抵抗力的个体数，而且也与猪群中个体间接触的频率有关，猪群接触的频率越高，传染病流行的可能性越大。一般来说，如果猪群中有 70%～80% 有抵抗力的，就不会发生大规模的暴发流行。这个事实可解释猪群通过免疫接种常能获得良好保护的原因，尽管不是 100% 的易感动物进行了免疫接种，或是应用群体免疫后不是所有动物都获得了充分的免疫力。所以，做好群体免疫，使易感动物转变为非易感动物，提高群体特异性免疫状态，在疾病的群体防控方面至关重要。

当一批新的易感动物被引进一个猪群时，猪群的整体免疫保护平均水平可能会出现变化，使猪群免疫性逐渐降低以至引起流行。在一次流行之后，猪群免疫力提高而保护了这个群体，但随时间推移，仔猪的出生，易感动物的比例逐步增加，在一定情况下足以引起新的疾病流行。

第三节　猪传染病的流行规律

一、传染病的流行强度

流行强度是指传染病的传播速度、一定时间内发病率的高低和流行范围、及病例之间的联系程度，也就是流行过程的表现形式。猪传染病的流行程度可分为下列四种类型。

1. 散发

疾病发生无规律，病例以散在形式发生，各病例在发病时间与发病地点上没有明显的联系时，称为散发。散发的原因可能包括动物对该病的免疫水平较高，如猪瘟每年进行全面免疫后，易感动物环节基本得到控制，但是存在个体差异性，加之平时预防工作不够细致，免疫密度不够高，有可能出现散发病例。

此外，某些病的隐性感染比例较大，仅有一部分动物偶尔表现症状，如猪流行性乙型脑炎；某些病的传播需要特定的条件，如狂犬病的发病主要通过咬伤途径传播，因此狂犬病在一般情况下只能散发。

2. 地方流行性

某种疾病发病数量较大，但其传播范围限于一定地区，称为地方流行性。地方流行性有两方面的含义，一方面表示在一定地区、一定的时间里发病的数量较多，超过散发性；另一方面，有时还包含着地区性的意义，例如猪丹毒、猪气喘病以及炭疽的病原体形成芽孢等，污染了某个地区，就常以此种地方流行性形式出现。

3. 流行性

某病在一定时间内发病数量比较多，传播范围比较广，形成群体发病或感染，称为流行性。流行性疾病常可传播到几个乡、县甚至省。一些毒力强、传播快、宿主范围广的动物重大传染病，如猪瘟、口蹄疫、高致病性猪蓝耳病、猪流行性腹泻等，如果防疫工作没做好，常以此形式出现。

另外，暴发是一个不太确定的名词，大致可作为流行性的代名词，一般认为在一定地区或一定畜群范围内，某种疾病的很多病例在短时期内突然发生，称为暴发。例如，近几年，部分地区与猪场发生猪流行性腹泻往往呈现暴发方式。

4. 大流行

某种传染病在一定时间内迅速传播，发病数量很大，蔓延地区很广，可传播到全省、全国，甚至可涉及几个国家，称为大流行。历史上，口蹄疫、流感等都曾出现过大流行。近年来，猪繁殖与呼吸综合征、猪流行性腹泻也出现过大流行。

上述几种流行形式之间的界限是相对的，不是固定不变的。

二、流行过程的季节性与周期性

1. 季节性

在每年一定季节内的动物传染病发病率明显升高的现象，称为流行过程的季节性。季节性出现的原因如下：

一是季节可以影响病原体在外界环境中的存在和散播。夏季气温高，光照时间长，某些病原体容易失去活力。例如，口蹄疫、猪流行性腹泻、猪传染性胃肠炎的流行在夏季往往减缓或平息；在多雨季节，洪水泛滥，土壤中的炭疽芽胞、气肿疽芽胞则可能随洪水散播而病例增加。

二是季节可以影响传播媒介（如节肢动物）的活动和孳生。夏秋季节天气炎热，蝇、蚊、虻类等吸血昆虫大量孳生，活动频繁，凡是以虫媒传播为主的传染病的发病率往往会增高，典型的如亚热带、温带地区的流行性乙型脑炎等。

三是季节可以影响动物的活动和抵抗力。冬季舍饲期间，动物聚集拥挤，接触机会增多，如舍内温度降低，湿度增高，通风不良，易促使经空气传播的呼吸道传染病暴发流行。季节变化，主要是气温和饲料的变化，对动物的抵抗力有一定的影响，尤其是条件性病原体引起的传染病。如在寒冬或初春，容易发生某些呼吸道传染病，如猪气喘病等。又如狂犬病，在夏季，人们外出活动相对频繁，且穿着较少，被狂犬病传染源犬猫咬伤的概率明显高于冬季，所以狂犬病在夏天的发病率往往高于冬季。

因此，传染病流行的季节性又可分为三种类型，即严格季节性、一定季节性（季节性升高）、无季节性。

（1）严格季节性　是指病例严格集中于一年内的少数几个月份的现象。传染病流行的严格季节性与其传播媒介的活动习性密切相关，如流行性乙型脑炎，主要依赖蚊虫传播，因而在亚热带、温带地区具有严格的季节性，只流行于每年的6～10月份。

（2）一定季节性　是指一些传染病虽然一年四季都可发生，但在一定季节内的发病率明显升高的现象。传染病流行的一定季节性与病原体在外界环境中的存在和散播、动物的活动和抵抗力与季节存在一定关系有关。例如，口蹄疫、猪流行性腹泻、猪传染性胃肠炎在冬春季节多发，这与口蹄疫病毒、猪流行性腹泻病毒、猪传染性胃肠炎病毒不耐热，而在冬季低温环境系更容易存活与传播密切相关；狂犬病在夏季往往多于，这与夏季人类活动更加频繁且穿着更少有关；猪气喘病在冬季多于夏季，这与冬季为了保温就关闭门窗而降低了舍内空气质量、造成机体抵抗力下降有关。

（3）无季节性　是指一年四季都有病例出现且无明显差异的传染病流行现象。一些潜伏期长的或慢性传染病通常无季节性，如结核、猪瘟。

2. 周期性

某些传染病如口蹄疫等规律性地间隔一定时间（常以数年计）发生一次流行的现象，称为传染病的周期性。

在传染病流行期间，易感动物除发病死亡或淘汰以外，其余的由于患病康复或隐性感染而获得免疫力，使传染病停止流行，但是经过一定时间后，由于免疫力逐渐消失，或新的一代出生，或引进外来的易感猪群等原因使动物易感性再增高，可能引起传染病重新暴发流行。但由于猪群每年更新或流动的数目很大，传染病可能年年流行，周期性一般不明显。

猪的传染病流行过程的季节性或周期性，不是不可改变的。只要加强调查研究，掌握它们的特点和规律，采取适当措施加强防疫卫生、消毒、杀虫等工作，改善饲养管理，增强机体抵抗力，有计划地做好预防接种等，可以使猪传染病不发生季节性或周期性流行。

三、流行过程的地区性

流行过程的地区性主要包括外来性、地方性、自然疫源性。

1. 外来性

外来性是指某种传染病在本国没有而是从国外输入的。

2. 地方性

地方性类似于地方流行性，主要是指因自然条件如水土植被等因素的影响，某些传染病只在一些地区长期存在或多发的特性，如钩端螺旋体病主要在南方多发，而在京津冀地区很少或无。

3. 自然疫源性

（1）疫源地　是指有传染源及其排出的病原体存在地区。其含义与范围比传染源要广泛得多，除传染源外，还包括所有可能接触病畜的畜群和该范围内的环境、饲料、用具及畜禽舍等场所。疫源地具有向外传播病原体的条件，可能威胁其他地区的安全。在防控工作中，对于传染源采取隔离、治疗和处理，而对于疫源地则除以上措施外，还应包括污染环境的消毒，杜绝各种传播媒介，防止易感动物感染等一系列综合措施，以阻断疫源地内传染病的蔓延，杜绝病原体向外散播，防止新疫源地的出现，保护广大的受威胁区和安全区。

疫源地具有一定的地域范围，疫源地范围大小，因病种而异，即使同一种传染病，在不同的条件下，疫源地范围大小也有差别。根据疫源地大小可将其划分为疫点、疫区。疫点是指范围较小的疫源地或单个传染源构成的疫源地，有时也将孤立的某个养殖场、养殖小区或养殖村称为疫点。疫区是指多个疫源地在空间位置上连成一片的较大区域，一般是指有某处传染病正在流行的地区，疫区范围除患病动物所在的养殖场、自然村外，还包括患病动物在发病前（在该病的最初潜伏期内）与发病后活动过的地区。

疫源地的大小取决于三个因素，即传染源的活动范围，传播途径的特点和周围动物的免疫状况。例如，一只圈养的患病动物和一只放牧的病原携带者，两者所造成的疫源地的范围显然是完全不相同的；一般仅借飞沫传播的传染病其疫源地范围有限，但通过蚊、虻传播的传染病如乙型脑炎，疫源地的范围取决于蚊、虻的活动半径和飞程；可经多种途径传播的口蹄疫，当以接触传播时疫源地范围可能有限，如经风传播可传至数百公里之外。此外，如果传染源周围均系免疫动物时，由于不会发生新的感染，所以疫源地的划分也将失去意义。若周围都是易感者，疫源地的范围则应包括传染源及其排出的病原体所涉及的整个地区。

在疫源地存在的时间内，凡是与疫源地接触的易感动物，都有受感染并形成新疫源地的可能。这样，一系列疫源地的相继发生，就构成了传染病的流行过程。

在传染病防控工作中，必须尽快消灭疫源地。疫源地的存在有一定的时间性，但时间的长短由多方面的复杂因素所决定。只有当最后一个传染源死亡，或痊愈后不再携带病原体，或已离开该疫源地，对所污染的外界环境进行彻底消毒处理，并且经过该病的最长潜伏期，不再出现新的病例，加上实验室血清学检查猪群均为阴性反应时，才能认为该疫源地已被消灭。如果没有外来的传染源和传播媒介的侵入，这个地区就不再有这种传染病存在了。

（2）自然疫源地　是指自然界中某些野生动物体内长期保存某种传染性病原体的地区。在自然疫源地内，某种疾病的病原体可以通过特殊媒介感染宿主，长期在自然界循环，不依赖人而延续其后代，并在一定条件下传染给人，在人与人之间流行。

自然疫源地一般分为三类。一是自然疫源地带，某自然疫源性疾病呈不连续的链状分布，如流行性乙型脑炎自然疫源地带；二是独立自然疫源地，由于地理的或生态系的天然屏障而隔开的自然疫源地；三是基础疫源地，常为宿主动物喜欢栖息、病原体被固定而长期保存下来的小块地区，有时把鼠洞也归属于基础疫源地，或把前者称中疫源地，后者称小疫源地。了解自然疫源地的分布规律，可以对这些疾病的发生进行预测预报，预防疾病的传播和消灭某些疾病的原始疫源地。

（3）自然疫源性疾病　是指以感染动物为主、病原体通常在动物间传播并延续、只有在一定条件下才能感染人的人兽共患疾病，又称生物性地方病。自然疫源性疾病的特点主要有以下几点：一是病原体能够寄生的宿主是在长期进化过程中形成的，可感染动物（家畜、野生动物），也可感染人，但以感染动物为主。二是病原体在自然界中本来就存在者、并非人为所致。三是人类感染或该病流行对自然界保存和维持病原体并非必不可少。四是在自然条件下可通过媒介传给健康动物宿主（主要是野生脊椎动物，尤其是兽和鸟），而使疾病在动物间长期流行或携带病原体长期循环延续。

自然疫源地和自然疫源性疾病均具有明显的区域性、季节性和周期性变化，受人类活动和社会行为影响，当人类的经济开发、垦荒、砍伐森林、水利建设等会破坏或改变原有生物群落，使病原体赖以生存的宿主、媒介发生改变，导致自然疫源性疾病的增强或减弱。此外，人们热衷于吃奇、吃特、滥吃野生动物，导致对野生动物的滥捕、滥杀也是干扰自然疫源地和增加感染机会的原因。

自然疫源性传染病包括口蹄疫、狂犬病、伪狂犬病、流行性乙型脑炎、非洲猪瘟、布鲁菌病、李氏杆菌病、钩端螺旋体病、Q 热、弓形虫病等。

在野生动物中广泛地存在着各种传染病病原体带菌（毒）现象。在荒野牧场上家畜与各种啮齿类动物及其他野生哺乳动物有很多的接触机会，吸血的节肢动物叮、吸野生动物的血液，这就给野生动物和家畜之间病原体的相互传播创造了条件。

第四节　猪传染病的流行病学调查

流行病学调查是指用流行病学的方法进行的调查研究，主要用于研究猪传染病的流行病分布及其决定因素，通过这些研究提出合理的预防对策和控制措施，并评估这些对策和措施的效果。开展猪传染病的流行病学调查是查找传染源、追踪传染源、切断传染病传播途径，控制传染病的重要措施。

一、流行病学调查常用指标

1. 发病率

发病率是指在一定时期内动物群中某种传染病新病例发生的频率，即某时期内发生某病新病例数与同期内该动物总平均数的百分比。发病率有利于确定某一时期传染病发病情况，以便确定防疫重点，同时也可用于探讨疾病病因和评价疾病防控措施的效果。由于动物隐性感染而带毒排毒，故该指标虽能较完全的反映出传染病的流行情况，但不能说明整个流行过程。

2. 患病率

患病率是指在某一指定时间内动物群中存在某种传染病的病例数的比率，即感染某病的病例头数与检查总头数的百分比，患病率可分析各期发病率产生变动的原因，但仅对于病程较长的传染病有较大价值。

3. 死亡率

死亡率是指在某一指定时间内某动物群中因某种传染病而死亡的比率。它表示该病在动物群中造成死亡的频率，而不能说明病情发展特性，仅对于死亡率高的传染病才能反映出其严重程度与危害程度。

4. 病死率

病死率是指在某一定时间内某动物群中患有某种传染病而死亡的比率，比死亡率更为精确地反映出传染病的危害程度。例如，狂犬病的死亡数很低，但病死率几乎为100％，故宜采用病死率来说明狂犬病的危害性。

5. 感染率

感染率是指用临床检查法和各种检验法（微生物学、血清学、变态反应等）检查出来的所有感染动物头数（包括隐性感染动物）占被调查动物总头数的比率。统计感染率能较深入地反映出流行过程的情况，特别是在发生某些慢性传染病（结核病、布鲁菌病、猪气喘病等）时，进行感染率的统计分析具有重要的实践意义。

二、流行病学调查分析方法

1. 询问调查

询问调查是流行病学调查最基本、最主要的方法之一，询问对象涉及猪场的饲养人员、诊治兽医等传染病知情者。在询问调查中，要本着客观、真实、全面的原则进行。为了避免单独询问主观因素参合其中，尽量采用座谈的方式。调查涉及传播源、传播媒介等相关问题，收集资料，规整备案。

2. 现场观察

现场观察要在询问调查的基础上进行，调查负责人结合询问资料进行实地考察，进一步验证收集资料的可靠性和真实性。现场观察要根据疾病发生情况，有重点、有针对性地进行。例如，肠道类疾病，重点考察供给饲料的质量、水源安全情况等；呼吸道类疾病，重点考察养殖舍环境卫生、有无不良接触病史等。

3. 查验相关资料

主要是检查、验核患有传染病的猪场的疫苗接种记录、防病用药记录等。

4. 实验室检查

实验室检查是传染病确诊的关键环节，通过实验室检查可进一步验证传播途径、发现传播源。常用的实验室检查方法有血清学检查、病理组织学检查、病原学检查、分子生物学检查等。此外，为了确定外界环境因素在流行病学上的作用，可进一步收集患病群体所在养殖区域常用的土壤、水源、饲料、动物产品等，进行实验室检查，对于判定传播媒介及传播源大有裨益。此外，对于某些猪传染病，采用血清学调查群体免疫水平，效果会更加明显。

5. 数据统计

在上述各环节基础上，对于调查的系列数据要做比较分析，可进一步确诊疫情，为制定防疫措施奠定科学的数据支撑。可借助统计学的方法，整理分析发病率、死亡率、病死率、感染率，等等。

三、流行病学调查的步骤和内容

流行病学调查的开始起于流行病学调查表的拟定，期间经过实施调查、整理分析，最后得出结果，撰写结论报告。

1. 拟定流行学调查表

调查起初，要根据疾病种类、实地调查目的等情况制定详细的调查项目。具体计划的设定要求目的明确、设计周密、简单明了，便于分析统计。流行病学调查的内容涉及养猪单位、染病年龄、性别等一般情况；发病时间、地点，初诊结果、确诊结果、临床症状等；既往病史、传播途径等；采取的防疫措施、卫生管理措施等。

2. 实施调查

根据现有人力、物力水平，确定可调查的范围、拟采用的调查方法及具体调查对象的数量。调查工作的开展，做到尽最大的努力，获得最真实的第一手资料。在疫情调查中，需要了解的内容包括有无既往病史，采取的防控措施；新进动物有无染病记录，附近猪场有无类似疾病；饲养、饮水、卫生等养殖管理情况；发病区地理、交通、河流、气候等可能与传染病发生的关系。

3. 整理分析

对于收集的资料，根据分析目的进行不同小组编排，计算每组详细的比率，然后再进行综合分析。

4. 得出结果

根据分析结果，分析传染病可能存在的流行规律，制定详细的疾病防控策略，并具体落实。

5. 总结报告

根据调查结果、分析结果得出结论性的意见，并进一步撰写书面报告。撰写报告必须要客观真实、精确到位，不能夸大或者缩小事实。

第三章

ZHONGZHU DE ZHONGYAO JIBING

猪传染病的预防措施

第一节 概 述

猪传染病的流行是由传染源、传播途径、易感猪群 3 个基本环节相互联系、相互作用而构成的复杂过程，因此只要采取适当的防疫措施来切断或消除这 3 个基本环节及其相互联系，就可以预防或控制传染病的流行。在采取防控措施时，需要根据每周传染病在每个流行环节上表现的不同特点，分别轻重缓急，找出针对性强的重点措施，以达到经济、快速预防和控制传染病的流行。多年来的临床实践表明，对猪传染病的防控必须采取"养、防、检、治" 4 个方面的综合防控措施，遵循"预防为主，防重于治"的基本方针。综合防控措施主要包括平时的预防措施和发生传染病后的扑灭措施。本章介绍预防措施。

一、猪传染病预防的概念与意义

猪传染病的预防是指未发生传染病时，防止健康猪群发生传染病所采取的各种措施。传染病预防常有两种含义，即通过检疫和隔离等措施，阻止传染病传入尚未被污染的国家和地区；或通过免疫接种、药物预防、卫生消毒和环境控制等措施，使猪群免于遭受已经存在于本国或本地传染病的传染或危害。

当前我国养猪模式多样，饲养规模和管理条件参差不齐，传染病防控基础比较薄弱，传染病种类繁多，疫情复杂，老病重发，新病不断出现。猪及其产品流动频繁，相应的兽医检疫和管理执行力度不够，传染病流行和蔓延范围广，继发感染和混合感染现象多。这些现况导致传染病发生频繁，不仅直接给养猪生产造成严重经济损失，妨碍我国猪产品的出口贸易，而且有的猪传染病可以使人类发病，甚至危及生命，引起人类恐慌，影响社会安定。因此，大力加强猪传染病的预防工作，提高广大畜牧兽医工作者尤其是养猪企业技术管理人员的防疫意识，积极采取有效预防措施，才能有力保障我国畜牧业健康发展和人民生命安全。

二、猪传染病预防的基本内容

猪传染病预防的技术措施主要包括兽医生物安全，消毒、杀虫、灭鼠与防鸟，疫苗免疫接种，免疫监测与疫病监测，药物预防等；在内容上主要包括以下方面。

1. 加强饲养管理，改善圈舍内外环境和猪场周围环境条件，增强猪的抗病能力。

2. 做好繁育体系建设，建立健康种猪群；强化隔离和检疫制度，引进猪时严格执行检疫和隔离制度，防止病原体的传入。

3. 根据本地传染病流行情况，合理制定免疫接种计划，严格按照免疫程序实施免疫接种；做好免疫监测和疫病监测工作，提前采取预防对策；在猪群转群、敏感阶段做好保健工作。

4. 严格卫生消毒制度，定期进行消毒、杀虫、灭鼠，注意防鸟，及时进行粪便、污水、污物的无害化处理。

5. 认真贯彻执行猪及其相关产品的国境检疫和国内检疫（包括产地、运输、市场、屠宰检疫等），以便及时发现并消灭传染源。

6. 明确各级政府及兽医主管部门的主要职责，建立各地的猪传染病流行病学监测系统，实施调查研究当地疫病的分布与流行情况，组织相邻地区对传染病的联防协作，有计划地部署猪传染病的预防措施。

第二节　兽医生物安全

兽医生物安全是指采取必要措施切断疫病传播途径，预防疫病传入和传出，防止原有病原在猪群间和个体间传播，最大限度地减少生物性和各种非生物性致病因子对猪体造成危害，以获取最佳生产性能的一种养猪生产体系。该体系集饲养管理和疾病预防为一体，将疾病的综合防控作为一项系统工程，既重视整个生产体系中各部分的空间联系，又将最佳的饲养管理条件和疾病综合防制措施贯穿于养猪生产过程，强调了养猪各个生产环节之间的联系及其对猪群健康的影响。因此，良好的生物安全是猪场防止疫病传入和流行的主要手段，其总体目标是保护猪群体健康，使其处于最佳生产状态，最大限度地防止或减少疾病的发生，使养猪场获取最大的经济效益。可见，兽医生物安全是最为经济有效的疫病控制措施。

猪场生物安全应考虑三道防线。第一道是猪场外围的生物安全，包括对外来人员、车辆、用具及其他猪只等进入的控制，以及周边发生疫情时所采取的相应外围防疫措施；第二道防线是猪场内部的生物安全，包括生产区和内勤区；第三道防线是猪体本身的防线，即机体的防御屏障，包括如皮肤和黏膜等屏障系统和免疫系统。因此，猪场生物安全措施包括场址选择与布局规划、人员与物品流动控制、环境卫生控制、免疫接种、保健等方面。

一、场址选择与布局规划

1. 场址选择

规模化猪场场址应选在地势高燥、平坦、向阳、冬季背风、供电和交通方便、水源充足、排水通畅的地方，远离铁路、公路等主要交通干线 1 000m 以上，离屠宰加工厂、类加工厂、皮毛加工厂、畜产品交易点、居民区 500m 以上，远离猪隔离所、诊疗所和无害化处理场所。猪场周围最好有山坡、树林、湖泊等天然屏障隔离。

2. 布局规划

猪场的布局应分为管理和生活区、生产服务区、生产区、隔离区 4 个功能区。场内道路应分设净道（饲料运输用）、污道（运送粪便、污物），净道和污道不应该重叠和交叉。猪场周围设有围墙和防疫沟。设计时还要注重场内与周围环境因素，比如：合理绿化、温度、湿度、通风、光照等舍内气候因素，以便猪能处在一个舒适的环境中，减少不良应激，提高猪群整体对疾病的抵抗力。猪场内特别要配备水泵房、水塔、配电房、备用电源、维修房等设施。此外，还要做好猪舍布局，种公猪舍，母猪生产、分娩舍、保育舍和生产育肥舍，其间至少相距 50m 以上。

二、人员、物品及猪的流动控制

1. 人员流动控制

饲养人员、兽医、管理人员、外来人员等是传染病由猪场外传入或在猪场内传播的潜在危险因素，是极易被忽视的重要传播媒介。因此猪场应该做好本场工作人员和外来人员的控制。只有饲养人员、本场兽医与管理人员可以进入猪场，这些人必须住在生活区内，外出或休假回场，须经过 24h 的隔离，并洗澡、更衣、常规消毒后才允许进入生产区工作。生产区严格谢绝参观，非猪场人员，如确实需要进入生产区的，经主管人员批准并经洗澡、更换猪场提供的工作服后方可进入猪舍，并由场内工作人员引导，按指定的路线行走，不得随意走动。

2. 物品流动控制

人员衣服、物品以及运输饲料等的车辆等物品都可作为传播媒介，有可能将场外的病原带人场内，也可能在场内机械散播病原，因此必须严格控制和消毒。物品流动控制包括进出猪场的物品、车辆的控制以及场内物品、车辆的控制。

合理划定每个员工负责的养猪单元和责任区域，禁止场内人员的串岗走动。饲养工具在各自区域内使用，相互间不得借用。技术和管理人员检查猪群时，须按照要求换用每个养猪单元的工作服和鞋帽。检查顺序是从小猪到大猪，最后检查病猪。接触发病猪的兽医人员应洗澡消毒后才能巡查其他圈舍。

严禁将食品、生活用品及其他东西带入生产区，生产区内工作人员的衣、裤、鞋、袜等衣物应全部由猪场提供。不能将生产区内的用具、衣服等带出，离开生产区时，必须在消毒更衣室消毒、更衣、换鞋。在生活区内不准穿用生产区的衣、裤、鞋、袜等用品。

运输饲料和其他必需品的车辆必须经消毒后，才能进入饲料加工厂或仓库门口处停车卸货。所有进入生活区的车辆都要经过消毒，外来车辆不能进入生活区，必须停放在生活区外划定的停车处。生产区内的车辆严格按照规定走净道或污道。生猪出栏时，应首先用场内专用运猪车，把猪运到装猪台，然后再转载到经过消毒的生猪装载车上。

3. 猪流动控制

（1）引进猪的控制　引进后备种猪是病原传入的最重要途径之一。在引进猪前需了解供种猪场的疫病流行状况及其控制计划，针对重要疫病需要同时做相应血清学和病原学检测。引进后，须隔离观察30～60d。30d后再检测1次，以确保没有携带相关病原。

（2）场内猪流动的控制　贯彻全进全出的饲养制度，避免不同年龄、不同来源的猪混养。猪场内生产母猪只能在怀孕舍和产房（分娩舍）之间流动。仔猪与生长育肥猪要遵循产房—保育舍—育肥舍—出售或转入待售栏的流动顺序。

此外，每栋猪舍应预留病弱猪栏，发现病弱猪要立即转到病弱栏内，必要时将其转到隔离舍进行治疗。

三、环境与卫生控制

环境与卫生控制包括猪场内外与猪舍内的小环境气候、圈舍及用品的清洗与消毒、粪污处理以及野生猪与昆虫的控制等内容。

1. 猪场内外环境绿化

在猪场外围种植5～10m宽的防风林，场区空闲地带种植树木、蔬菜、花草和灌木，比如道理两旁、猪舍之间种植树木，其他空地种植蔬菜、花草等。猪场外围和场区环境绿化，能够改善猪场小环境的气候，起到防风沙、保暖降温的作用。

2. 猪舍内部环境的控制

猪舍内的温度、湿度、空气质量和光照等因素，均会影响猪的生理机能，如果这些因素不适合，则会降低饲料转化效率，影响猪的生长发育，导致机体抵抗力下降，甚至引起猪发病死亡。因此必须综合考虑猪舍内的小气候因素，以创造一个有利于猪群生长发育的良好环境条件。

　　要了解猪的一些生物学特性，如小猪怕冷、大猪怕热、大小猪都不耐潮湿。猪对环境温度的高低非常敏感，不同生长阶段的猪群所需要的适宜温度不同，应根据猪的生长阶段调节舍内温度。一般温度在 15～23℃，相对湿度 65%～80% 的环境下适合猪只生存。低温高湿是仔猪黄痢、白痢和传染性胃肠炎等腹泻性疾病的主要诱因，低温还是呼吸道疾病的诱因之一。而成年猪耐热性能较差，当气温超过 30℃ 时，猪的采食量明显下降，饲料报酬降低，生长速度变慢。当气温高于 35℃，如不采取任何防暑降温措施，个别育肥猪可能会中暑，妊娠母猪可能流产，公猪性欲下降、精液质量差。因此，在寒冷季节应在哺乳仔猪和保育猪舍添加增温或保温设施。在炎热夏季，对成年猪要做好防暑降温工作，应通过增加通风、淋浴、降低饲养密度等措施，降低猪舍温度，保证肥育猪、妊娠母猪和种公猪的生产性能。在调节猪舍温度的同时，要兼顾湿度。湿度过高不仅会影响猪的新陈代谢，而且是仔猪腹泻、肌肉和关节疾病的危险因素。因此，要减少猪舍水汽的来源，少用大量水冲刷猪圈，避免地面积水，安装通风设备，以降低室内的湿度。

　　猪舍内的空气污浊是呼吸道疾病的主要诱因。养猪生产中要降低猪群的饲养密度，加强通风换气，尤其是全封闭式猪舍由于完全依靠排风扇换气，所以必须定期检查排风换气设施，以保证其正常运行。

　　此外，猪舍要保持适当的光照。光是对猪的生存、行为和生产具有直接作用的重要因素之一。适当光照可以让猪群感到舒适，增强免疫力，减少皮肤病的发生。适当光照还可促进猪性成熟，有利于猪的发情、配种、妊娠和生长发育。

3. 消毒与无害化处理

　　消毒是及时消灭环境中的病原、切断传播途径的重要措施。猪场出入门口设消毒池，对进入的车辆进行消毒。进猪前，圈舍及相关用具应彻底清洁消毒。饲养过程中，应进行定期消毒。每批猪出栏后，对圈舍、用具与设施进行彻底消毒，可有效阻断病原的循环传播。除了猪舍外，平常对场内道路、出猪通道、出猪台等应及时清扫、消毒。值班室和更衣室应每天打扫，并定期消毒。除了严格消毒卫生外，粪污及病死猪的无害化处理，也是清除和降低环境中病原微生物、防止传染病散播的重要措施。猪场内每天都有大量粪污产生，应有专门的粪污处理措施和设施，以加强对粪污的及时处理。同时要做好病死猪的无害化处理。

4. 野生动物与昆虫的控制

　　鼠、犬、猫、鸟等猪，以及蚊子、苍蝇等昆虫是病原传入和在场内部散播的重要因素之一。猪场内禁止狗和猫四处走动，定期消灭老鼠和蚊蝇，控制野鸟飞入。

四、免疫接种与保健

免疫是猪场生物安全防护体系中至关重要的一道防线。免疫接种和保健是基本的生物安全措施，通过免疫接种可以提高猪群对特定传染病的抵抗力，保健则能够改善猪群的整体抗病能力。

1. 免疫接种

猪场应在兽医下指导，根据本地区传染病流行情况，科学制定免疫程序，对猪群进行免疫接种。免疫接种时，应选择高效、安全性高的疫苗，其次选择质量可靠的疫苗，避免使用来源不明、毒株性状不清楚的疫苗。并且需要密切关注本地传染病的流行动态，对已制定好的免疫程序进行实时调整，以便使疫苗免疫更好地发挥预防作用。

2. 猪群保健

根据猪群不同生长阶段的生理特点及其影响因素，采取必要措施，加强有利条件，排出不利因素，以提高猪群的抗病力。比如：初生仔猪注意适当进行药物保健，以预防腹泻，同时补充铁制剂，预防缺铁性贫血；断奶、转群前后，应用药物和抗应激保健品，避免应激引起的疾病；育肥猪体表驱虫、母猪配种前驱虫；定期免疫或疫病监测等。

五、其他饲养管理措施

科学管理与运行机制是兽医生物安全体系发挥功能和有效预防猪疫病的保障。因此，猪场除了有必备的兽医生物安全设施外，还必须制定一套严格的管理制度与监督执行机制，从而保证饲养管理、免疫预防与保健等生物安全措施的正确运行，使生物安全体系充分发挥其应有的作用。

六、猪场防疫条件的审核

随着养猪业的发展，养猪规模不断扩大和猪存栏量的增加，以传染病为主的疾病频繁发生，抗生素滥用、细菌耐药性、猪产品被病原污染，以及猪场每天排出的粪便、污水对空气、水源、土壤的污染等公共卫生问题，已经成为目前亟待解决的社会问题。为了养猪业的持续健康发展，保障食品安全和环境卫生，我国《中华人民共和国动物防疫法》和《中华人民共和国畜牧法》明确规定，养殖场必须取得《动物防疫条件合格证》，才能从事养殖业生产。《中华人民共和国动物防疫法》第二十条规定了养殖场动物防疫条件审查的依据；《动物防疫条件审查管理办法》（农业部令 2010 年第 7 号令）规定了动物饲养场的动物防疫条件，对规模养殖场提出了动物防疫要求，旨在进一步规范防疫条件，有效控制动物疫病的发生和传播，维护公共卫生安全。

1. 《动物防疫条件审查办法》对饲养场的要求

（1）场址选择要求　动物饲养场、养殖小区选址应当符合下列条件：距离生活饮用水源地、动物屠宰加工场所、动物和动物产品集贸市场 500m 以上；距离种畜禽场 1 000m 以上；距离动物诊疗场所 200m 以上；动物饲养场（养动物小区）之间距离不少于 500m；距离动物隔离场所、无害化处理场所 3 000m 以上；距离城镇居民区、文化教育科研等人口集中区域及公路、铁路等主要交通干线 500m 以上。

（2）场内布局要求　动物饲养场、养殖小区布局应当符合下列条件：场区周围建有围墙；场区出入口处设置与门同宽，长 4m、深 0.3m 以上的消毒池；生产区与生活办公区分开，并有隔离设施；生产区入口处设置更衣消毒室，各养动物栋舍出入口设置消毒池或者消毒垫；生产区内清洁道、污染道分设；生产区内各养动物栋舍之间距离在 5m 以上或者有隔离设施。

（3）设施设备要求　动物饲养场应当具有下列设施设备：场区入口处配置消毒设备；生产区有良好的采光、通风设施设备；圈舍地面和墙壁选用适宜材料，以便清洗消毒；配备疫苗冷冻（冷藏）设备、消毒和诊疗等防疫设备的兽医室，或者有兽医机构为其提供相应服务；有与生产规模相适应的无害化处理、污水污物处理设施设备；有相对独立的引入动物隔离舍和患病动物隔离舍。

（4）人员要求　动物饲养场应当有与其养动物规模相适应的执业兽医或者乡村兽医。患有相关人畜共患传染病的人员不得从事动物饲养工作。

（5）制度档案要求　动物饲养场、养动物小区应当按规定建立免疫、用药、检疫申报、疫情报告、消毒、无害化处理、畜禽标识等制度及养动物档案。

（6）种畜禽场要求　除符合本办法前述规定外，还应当符合下列条件：距离生活饮用水源地、动物饲养场、养动物小区和城镇居民区、文化教育科研等人口集中区域及公路、铁路等主要交通干线 1 000m 以上；距离动物隔离场所、无害化处理场所、动物屠宰加工场所、动物和动物产品集贸市场、动物诊疗场所 3 000m 以上；有必要的防鼠、防鸟、防虫设施或者措施；有国家规定的动物疫病的净化制度；根据需要，种畜场还应当设置单独的动物精液、卵、胚胎采集等区域。

2. 猪场防疫条件审查的主要内容

根据《中华人民共和国动物防疫法》第二十条、《动物防疫条件审查管理

《办法》规定的动物饲养场的动物防疫条件，规模猪场的防疫条件审查的主要内容如下。

（1）猪场选址审查　审核猪场选址距离生活饮用水源地，各类猪及产品生产、经营、加工、服务、处置场所，以及人口集中区域及公路、铁路等主要交通干线的要求是否符合《动物防疫条件审查办法》第五条的规定。这是建场的基本条件，凡符合条件的准予建场；不符合条件的不允许建场或另觅场地，已建场的应拆除或作为非养猪生产场所。

（2）场内布局审查　猪场布局应符合《动物防疫条件审查办法》第六条的规定。布局合理，会给以后猪场的生产管理、猪病防疫措施的实施带来方便。布局不合理，会给生产生活、饲养管理、疫病防治带来不便，甚至制造麻烦，造成经济损失。经审查符合规定条件的准许其进行建设和投入生产。凡不符合规定条件的要求进行整改，经整改到位后，方可准许其进行建设和投入生产。

（3）场内设施设备审查　兽医部门主要检查场内消毒设备，采光和通风设施设备，建筑材料，防疫设备，无害化处理和污水污物处理、排放设施、设备，以及引入猪隔离舍和患病猪隔离舍等，是否符合《动物防疫条件审查办法》第七条规定。具备以上设施，猪场才能进行有序生产，保障猪疫病防控措施到位。

（4）从业人员审查　猪场从业人员审查主要审查猪场执业兽医或者乡村兽医数量与资格、饲养人员身体状况是否符合《动物防疫条件审查办法》第八条规定。因此，猪场应当有或聘请与其养猪规模相适应的执业兽医、助理执业兽医和乡村兽医。大中型规模猪场应设置兽医室，配备与其养猪规模相适应的执业兽医或助理执业兽医，小型猪场应聘请乡村兽医为其提供防疫服务。应建立员工培训制度，制订年度培训计划，对兽医和饲养人员进行培训。严禁专职兽医人员在场外兼职，饲养人员之间不得随意串门。从业人员每年要进行一次健康检查，患有人畜共患传染病的人员不得从事猪的饲养工作。

（5）制度档案查验　初次申领防疫条件合格证时，需要查验猪场是否按《动物防疫条件审查办法》第九条规定的建立生产、免疫、用药、饲料使用、检疫申报、检疫情况、免疫监测、疫情报告、消毒、无害化处理、畜禽标识等制度，并要求猪场各种制度必须上墙。换证的猪场要汇报各项制度的执行情况，养猪档案的记录必须完整规范，前后一致，具有逻辑性。

（6）种猪场防疫条件审查　除需要符合上述五个方面外，种猪场还应当符合《动物防疫条件审查办法》第十条规定，着重增加了疫病净化制度。也就是说，种猪场的防疫条件比其他猪场的要求更高、制度更严格、设施更完备。因此，种猪场的防疫条件审查应更加严谨，管理更加严格。

第三节 检 疫

动物检疫是遵照国家法律、运用强制性手段和科学技术方法对动物及其相关产品和物品进行疫病的检查，包括病原体及其感染抗体的检查。检疫的目的是查出传染源以切断传播途径，防止疫病传播。动物检疫的目的与意义主要有三个方面：一是阻止重大动物疫情的发生，介绍动物疫病造成的损失，保障养殖业的发展；二是促进经济贸易的发展，因为优质、健康的动物和产品是保证国内外动物及其产品贸易正常进行的关键；三是保护人类身体健康，因为许多动物疫病是人畜病，而通过动物检疫可以控制人畜共患病的发生和流行。

检疫工作的正常运行是有法律法规依据的。目前涉及动物检疫方面的法规有《中华人民共和国进出境动植物检疫法》《中华人民共和国进出境动植物检疫法实施条例》《中华人民共和国动物防疫法》《动物检疫管理办法》《中华人民共和国进境动物一、二、三类传染病、寄生虫病名录》《中华人民共和国禁止携带、邮寄进境的动物、动物产品及其他检疫物名录》等。各种法规都是为了预防和消灭动物传染病、寄生虫病。

实施检疫的动物包括各种家畜、家禽、皮毛兽、实验动物、野生动物、观赏及演艺动物和蜜蜂、鱼苗、鱼种胚胎等；动物产品包括生皮张、生毛类、生肉、种蛋、精液、鱼粉、兽骨、蹄角等；运载工具包括运输动物及其产品的车、船、飞机、包装、铺垫材料、饲养工具和饲料等。

国内执行检疫的技术与执法部门有两大系统，一是国家质量监督检验检疫总局，下设各级分局，专门负责进出口动植物及其相关产品和物品的检疫；另一是农业部兽医局管理的中国动物疫病预防控制中心，下设各级分中心，隶属于各级农业厅或农委的畜牧兽医部门，专门负责国内动物及其产品的各种检疫。猪的检疫（动物检疫的一种）主要有以下几种。

1. 产地检疫

产地检疫是养猪生产地区的检疫，做好这些地区的检疫是直接控制猪传染病的有效方法。产地检疫可分两种，一种是乡镇内的集市检疫，主要是在集市上对农民饲养出售的仔猪与猪肉进行检疫。由于集市上的仔猪比较集中，开展检疫工作也比较方便。一般由乡镇兽医对集市的仔猪与猪肉进行健康检查，并出具检疫证明。到市场出售仔猪与猪肉，必须持有检疫证。当地兽医管理部门有权进行监督检查，禁止病猪及危害人畜健康的猪肉上市；遇有病猪则进行隔离、消毒、治疗或扑杀处理；对未预防接种的猪进行预防接种。这种集市检疫，已在全国各地普遍开展。另一种是生猪收购检疫。这是生猪在出售时，由收购者与当地检疫部门配合进行的检疫。收购检疫工作的好坏，直接影响中转、运输和屠宰前的发病率和病死率。如果收购时不进行检疫或检疫不认真，不仅可能造成经济损失，而且有散播病原的严重危险。除了上述两种检疫外，猪场进行的定期检疫虽然不是为了商品贸易目的，但也属于产地检疫，例如种猪场的猪瘟检疫。

2. 运输检疫

是指种猪、生猪或其产品在运输前或运输途中的检疫，可分为铁路检疫和交通检疫。

（1）铁路检疫　是防止动物疫病通过铁路运输传播、保证畜牧业生产和人类健康的重要措施之一。我国大多数省区已开展了铁路检疫和联防活动。兽医铁路检疫部门的主要任务是对托运的种猪、生猪及其产品（如猪肉）进行检疫，并检验产地（或市场）签发的检疫证，证明种猪或生猪健康才能办理托运。如发现病猪时，畜主根据铁路兽医意见对病猪和运载车辆进行处理。在没有铁路兽医检疫的地方，则由车站工作人员根据国家动物检疫规定查验产地检疫证书，证明为健康或为来自非疫区的动物及其产品时，方可托运。

（2）交通检疫　是指水路、陆路或空中运输种猪、生猪及其产品，起运前必须经过兽医检疫，认为合格并签发检疫证书，方可允许委托装运。一般在动物运输频繁的车站、码头等交通要道上设立检疫站，负责动物检疫工作。对在运输途中发生的患传染病的猪及其尸体，要就地认真进行处理，对装运病猪的车辆、船只，要彻底清洗消毒，运输动物到达目的地后，要做隔离检疫工作，待观察判明无病时，才能与原有健康猪群混群。

3. 国境检疫

为了维护国家主权和国际信誉，保障养猪业安全生产，既不能允许国外猪的疫病传入，也不允许将国内猪的疫病传到国外。为此，我国在国境重要口岸设立动物检疫机构，由各级国家质量监督检验检疫局执行检疫任务。

我国的国境检疫工作必须遵循《中华人民共和国进出境动植物检疫法》的规定。检疫法的适用范围包括两方面的内容，一是检疫名录，二是检疫范围，具体地讲就是检疫哪些疫病和在什么范围内进行检疫。关于猪的国际贸易，当前我国主要是从国外进口种猪及其精液、猪肉、猪用疫苗，因此，主要是种猪及其精液、猪肉、猪用疫苗的国境检疫（进境检疫）。有关检疫名录即检疫对象，是指涉及到猪的传染病、寄生虫和其他有害生物的名称种类。检疫范围包括三个方面，一是种猪及其精液、猪肉、猪用疫苗、废弃物等；二是装载种猪及其精液、猪肉、猪用疫苗的容器、包装物；三是来自疫区的运输工具。实施检疫时在技术方法上必须按照国家《动物检疫操作规程》进行操作，相关检疫主要有以下两个方面。

（1）进境检疫　从国外引进种猪及其精液、猪肉、猪用疫苗等时必须按规定履行的近入境检疫手续。只有对种猪及其精液、猪肉、猪用疫苗等经过检疫而未发现检疫对象（国家规定应检疫的传染病）时，方准进入。如发现由国外运来的种猪及其精液、猪肉、猪用疫苗有检疫对象时，应根据疾病性质，将病猪及可疑病猪就地焚烧、深埋、屠宰肉用或进行治疗、消毒处理等，必要时可封锁国境线的交通。我国规定，凡从国外输入种猪及其精液、猪肉、猪用疫苗等，必须在签订进口合同前，向对方提出检疫要求。运到国境时，由国家兽医检疫机关按规定进行检查，合格的方准输入。

（2）过境检疫　载有种猪及其精液、猪肉、猪用疫苗等的列车、轮船等通过我国国境时，需要进行检疫和处理。

猪的传染病很多，并不是所有猪传染病都列入检疫对象，例如从我国当前猪疫病的情况出发，国家规定的进口检疫对象分严重传染病和一般传染病。前者主要是一些危害大而目前预防控制困难的猪传染病、人畜共患病和多种动物共患病以及我国尚未发现的外来病等，应作为检疫的重点对象。进口检疫时，如发现患有严重传染病的种猪及其同群动物，应全群退回或全群扑杀并销毁尸体；如发现患有一般传染病的种猪，应退回或扑杀并销毁尸体，同群健康种猪则在动物检疫隔离场或指定地点隔离观察。除国家规定和公布的检疫对象外，两国签订的有关协定或贸易合同中也可以规定某种猪传染病作为检疫对象。

第四节　消　　毒

消毒是指应用物理、化学或生物学方法杀灭或清除外界环境中病原体的疫病防控措施。消毒是贯彻"预防为主"方针的一项重要措施，其目的是消灭传染源散播到外界环境中的病原体、切断传播途径、阻止疫病的继续流行。因此，消毒既是规模化猪场疫病综合防控中的重要措施，也是兽医生物安全体系的重要内容，对提高猪群的健康水平、改善饲养生态环境以及保障公共卫生的安全都具有重要意义。

根据消毒的目的和时机不同，消毒分为预防性消毒、随时消毒、终末消毒。

预防消毒，又称为定期消毒，是指未发生疫病时，在平时饲养管理中，定期对圈舍、场地、空气、用具和饮水等进行的消毒，以达到预防一般猪疫病的目的，其特点是按计划定期进行。预防消毒是在未发生疫病时的有规律的消毒，如对圈舍、用具、饮水、运动场等的定期消毒，临产前对产房、用具和临床猪体表的消毒，人员、车辆出入圈舍和生产区时的消毒等。

随时消毒，又称为紧急消毒，是指在发生疫病时，为及时杀灭传染源刚排出的病原体所进行的消毒，目的是为了立即消除环境中的病原，阻止疫病扩散和蔓延。随时消毒的对象包括患病猪所在的圈舍、隔离场地以及被患病猪的分泌物、排泄物污染和可能污染的一切场所、用具和物品。疫情发生时，对疫点、疫区以及患病猪隔离舍，应每天进行 2 次以上的消毒。

终末消毒，是指在患病猪解除隔离前，或者在疫点、疫区解除封锁前，所进行的一次全面彻底的大规模消毒，其目的是杀灭环境中可能残留的病原，确保不会因病原的残余而重新引发疫情。终末消毒的特点是消毒对象全面，消毒过程彻底。

规模化猪场防疫工作中常用的消毒方法可以分为三类：物理消毒法、化学消毒法、生物热消毒法。

一、物理消毒法

是指通过机械性清扫与冲刷、通风换气、过滤、高热、照射或辐射、干燥等物理方法清除、杀灭环境中及猪体表病原微生物的方法。

1. 机械性清除

机械性清除包括清扫、冲刷和通风换气等方式。

应用清扫、冲洗、过滤等机械方法清除环境和猪体表的病原体，是最普通、最常用的消毒方法。通过清扫、洗刷可以除去圈舍地面、墙壁、围栏以及猪体表被毛上的粪尿、分泌物、饲料残渣等污物。随着这些无物的去除，大量病原体也被清除。在清除之前，应根据清扫的环境是否干燥，病原体危害性大小，决定是否需要先用清水或某些化学消毒剂喷洒，以免打扫时尘土飞扬，造成病原体散播，影响人和猪健康。清扫出来的污物应集中进行堆积发酵、掩埋、焚烧或用其他消毒药处理，不能随意堆放，以免造成病原体散播。通过机械性清除不仅能够除去环境中的大部分病原体，还能除去物体表面的有机物，从而使随后的化学消毒剂对病原体的杀灭效果更好。此外，由于机械性清除不能达到彻底消毒的目的，必须配合其他消毒方法，才能将残留的病原体消灭干净。

通风换气虽不能杀灭病原体，但可以通过空气交换，将圈舍内的污浊空气、粉尘及其中的病原微生物排出，起到降低舍内空气中病原微生物数量的作用。常根据舍内外温差大小确定通风换气时间，但一般每次不少于 30min。有条件的猪饲养场，圈舍内可实行正压过滤通风。冬季通风时，要兼顾通风与保温之间的协调，防止冷空气对猪的刺激，引起冷应激。

2. 阳光与紫外线消毒

阳光是天然的消毒剂，在阳光下暴晒是一种最经济有效的消毒方法。当将物品放在日光下暴晒，通过阳光广谱中的紫外线、阳光的灼热以及蒸发水分引起的干燥作用，能够杀灭物品携带的病原微生物，达到消毒的目的。在直射阳光下经过数 min 到几小时就可杀死病毒和非芽胞性病原菌，连续几天在强烈阳光下反复暴晒可使细菌芽胞的毒力减弱或失活。阳光消毒适用于牧场、草地、土壤、畜栏、用具和物品等的消毒。但阳光消毒能力的大小取决于季节、时间、纬度、天气等多种条件。因此，利用阳光消毒时要灵活掌握，并配合使用其他消毒方法。

紫外线的波长范围是 136～400nm，其中波长在紫外线灭菌 200～275nm 内的射线具有广谱杀菌能力。通常认为 253～266nm 的紫外线杀菌作用最强，但针对不同的病原微生物，最强杀菌波段并不完全相同。紫外线对细菌繁殖体和病毒的消毒效果好，但对细菌芽胞无效。不同病原体对紫外线消毒的敏感性依次为：革兰阴性细菌、革兰阳性细菌、病毒、细菌芽胞。紫外线消毒高效环保、无二次污染，但是紫外线穿透能力弱，只能用于空气和物体表面消毒；空气中的尘埃可以吸收很大一部分紫外线，故消毒空间必须洁净。紫外线的有效消毒范围是在灯管周围 1.5～2.0m 处，所以对物品表面消毒时，灯管距离物品表面不超过 1.5m。消毒时间一般 0.5～2h，随着消毒时间的适当延长，消毒效果增强。此外，紫外线消毒效果还与空气的相对湿度有关，当空气相对湿度为 45%～60%时，照射 3h 可以杀灭 80%～90%的病原体。

水分是微生物赖以生存的必备条件之一。通过干燥可以降低饲草、饲料、肉等物品中的水分，从而抑制微生物的生长繁殖，甚至导致微生物死亡。所以在生产实际中常用干燥的方法保存草料、谷类、鱼、肉、皮张等。通过干燥作用，使青绿植物水分迅速蒸发，制成能够长期保存的青干草，而不致霉败腐烂。

3. 热力消毒法

又称为高温灭菌法，是通过高温方法杀灭物体中所有微生物的方法。热力作用可以导致病原微生物中的蛋白质和核酸变性，最终引起病原体失去生物学活性。热力消毒法是最彻底的消毒方法之一，包括干热灭菌法和湿热灭菌法两类。

（1）干热灭菌法　是最简单有效的消毒方法，包括火焰烧灼灭菌和热空气灭菌两种方法。

①火焰烧灼灭菌（火焰灭菌）　即直接以火焰焚烧被病原体污染的场地、用具和物品，烧灼可立即杀死全部微生物。当发生抗力强的病原体引起的传染病或烈性传染病，如炭疽、气肿疽时，常对患病猪尸体、垫草、饲料残渣、粪便及其他污物等进行焚烧，对饲养用具、围栏或笼具、围栏等金属器械和设施以及水泥或砖石结构的圈舍墙壁、地面等，可用火焰喷灯进行消毒。

②热空气灭菌（烘烤灭菌）法　即在干燥条件下利用热空气灭菌，一般在

干热灭菌箱内进行。此法适用于干燥的玻璃器皿,如烧杯、烧瓶、培养皿、吸管、试管、玻璃注射器、针头以及滑石粉等的灭菌。在干热的情况下,由于热的穿透力较低,灭菌时间较长。待灭菌物品在烘烤箱内,于160℃下维持2h,可用杀死全部细菌及其芽胞。

(2) 湿热灭菌法　是灭菌效力强,应用广泛的消毒方法,包括煮沸消毒、蒸汽消毒和巴氏消毒法。

①煮沸消毒　就是直接放在水中烧煮至沸腾后维持一段时间以杀灭病原微生物。一般非芽胞病原微生物在60～70℃经30～60min,或者在100℃沸水中迅速死亡;大多数芽胞在煮沸15～30min即可死亡,煮沸1～2h可以杀灭所有的病原体。煮沸消毒常用于金属器械、针头和玻璃器具、工作服等的消毒。消毒时在水中加入少许碱类物质,如1%～2%的碳酸钠、0.5%～1%的肥皂或0.5%的苛性钠等,可使蛋白质、脂肪溶解,防止金属生锈,提高沸点,增强灭菌效果。为确保消毒效果,消毒注射器时,针筒、针心、针头都应拆开分放,所有被消毒物品应全部浸入水中,一次消毒物品不宜过多,一般应少于消毒容器量的3/4,煮沸消毒棉织物时,应适当搅拌。煮沸过程中不要加入新的消毒物品。

②蒸汽消毒　就是利用水蒸气的热量来杀灭病原体。相对湿度在80%～100%的热空气能携带许多热量,遇到消毒物品凝结成水,放出大量热能,使病原体丧失活性而能达到消毒的目的。蒸汽消毒有流通蒸汽消毒法、间歇蒸汽消毒法和高压蒸汽消毒法。

流通蒸汽消毒法:指应用流通蒸汽灭菌器或日常使用的蒸笼,通过流通蒸汽对物品进行消毒灭菌。流通蒸汽的温度通常不超过100℃,物品在蒸汽中维持30min,可以杀死细菌繁殖体,但不能杀灭芽胞和霉菌孢子。

间歇蒸汽消毒法:指反复多次利用流通蒸汽灭菌的方法。加热100℃时维持30min,蒸汽可以杀死物品中的细菌繁殖体,然后将消毒后的物品置于室温下过夜,使其中的细菌芽胞和霉菌孢子萌发,第2天和第3天用同样的方法进行蒸汽消毒,便可以杀灭全部的细菌、真菌及其芽胞和孢子。此法常用于一些不耐高温的营养物质,如含有血清、鸡蛋、牛乳和各种糖类的培养基等的灭菌。

高压蒸汽消毒灭菌法:指利用专门高压灭菌器进行灭菌的方法,是生产和实验室中应用最为广泛的方法。饱和热蒸汽穿透力强,能使物品迅速均匀受热,加上高压状态下水的沸点提高,饱和蒸汽的比热容大、杀菌力提高。所以高压蒸汽可以在短时间内杀死包括细菌芽胞在内的所有微生物,达到彻底灭菌的目的,此法在湿热灭菌法中效果最好。实验室用的高压灭菌器灭菌时,一般将压力保持在103.4千帕(1.05kg/cm²),在121℃下维持15～30min,这样可以保证杀死全部病毒、细菌及其芽胞。金属器械、玻璃、纱布、培养基、橡胶用品、生理盐水、缓冲液、针具等均可采用此法灭菌，猪尸体化制也采用此法处理尸体。

（3）巴氏消毒法　指以较低温度杀灭液态食品中的病原菌或特定微生物，而又不严重损害其营养成分和天然风味的消毒方法。该方法常用于鲜奶、血清白蛋白等的消毒。巴氏消毒法包括3种。低温维持巴氏消毒法：62～65℃维持30min，可以杀死牛奶中的病原微生物，但是会残留部分耐热性菌及芽胞。高温瞬时巴氏消毒法：71～72℃维持15s，杀菌时间段，工作效率高。超高温巴氏消毒法：又称为冷击法，132℃维持1～2s后，迅速冷却至10℃以下，进一步促使细菌死亡。

二、化学消毒法

化学消毒法指利用化学制剂杀灭或抑制病原微生物的方法。用于消毒的化学物质称为化学消毒剂。在兽医疫病防控中，常应用各种化学消毒剂通过清洗、浸泡、喷洒、熏蒸等方法，对圈舍、运动场、用具和其他物品等进行消毒。各种消毒剂的性质不同，其消毒效果、对人和猪的副作用以及对消毒物品的腐蚀作用等存在差异，因此，不同消毒剂的应用范围不同。化学消毒的消毒效果受多种因素影响，如病原微生物的抵抗力、环境以及消毒剂的性质、浓度、作用时间等。因此，选用化学消毒剂时应选择杀菌谱广、有效浓低、作用快、效果好，性质稳定，易溶于水，不易受有机物和其他理化因素影响，对人畜无害，对金属、木材、塑料制品等无腐蚀性的消毒剂，同时考虑使用方便性、价廉、残留量少等因素。

1. 消毒剂的类型

兽医临床实践中常用化学消毒剂种类很多，可根据不同方法对其进行分类。

（1）根据物理状态，化学消毒剂分为：固体消毒剂、液体消毒剂、气体消毒剂。

固体消毒剂，如漂白粉、氢氧化钠、氯己定（洗必泰）等。

液体消毒剂，如过氧乙酸、戊二醛、酒精、过氧化氢等。

气体消毒剂，如主要有环氧乙烷、环氧丙烷等。

（2）根据杀菌或抑菌作用强弱，化学消毒剂分为：灭菌剂、高效消毒剂、中效消毒剂、低效消毒剂。

灭菌剂，指可以杀灭包括细菌芽胞在内的各种微生物的一类化学消毒剂，如甲醛、戊二醛、过氧乙酸、过氧化氢等。

高效消毒剂，指可以杀灭一切细菌繁殖体、病毒、真菌及其孢子，对细菌芽胞也有较强的杀灭作用的一类化学消毒剂，如次氯酸钠、优氯净、臭氧、双链季铵盐类等。

中效消毒剂，指能够杀灭除细菌芽胞外的各种病原微生物的消毒剂，如酚类消毒剂、含碘消毒剂、醇类消毒剂等。

低效消毒剂，指只能杀灭细菌繁殖体、部分真菌和病毒，而不能杀灭细菌芽胞和分支杆菌的一类消毒剂，如氯己啶、新洁尔灭，以及汞、银、铜等金属离子类。

（3）根据消毒剂的化学性质可以分为：酚类、醛类、醇类、酸类、碱类、过氧化物类、氯制剂、碘制剂、表面活性剂、重金属盐和染料类等。

2. 常用消毒剂

（1）酚类 是一类中效消毒剂，包括苯酚、甲酚、卤代苯酚及酚的衍生物，只能杀死细菌繁殖体和部分病毒，不能杀死细菌芽胞，对真菌的作用较弱。低浓度能破坏菌体细胞膜，致使细胞质漏出；高浓度则可使病原体的蛋白质变性、凝固而呈现杀菌作用。常用酚类消毒剂的有苯酚（石炭酸）、氯甲酚、甲酚（煤酚皂、来苏儿）、邻氯酚、六氯双酚等，通常以 $2\%\sim5\%$ 的溶液用于器械、圈舍、运动场、环境等的消毒与污物处理等。由于酚类有特殊臭味，并具有强致癌和蓄积毒性（氯甲酚除外），所以其应用受到了一定限制。

（2）醛类 有甲醛、聚甲醛、戊二醛等，能与具体蛋白和核酸的氨基、羟基、巯基发生烷基化反应，阻止或抑制细菌细胞核和细胞质核酸或蛋白的合成，导致细菌代谢抑制、死亡，而呈现杀菌作用。醛类消毒剂杀菌力强，可以杀死包括细菌芽胞在内的各种病原微生物；性质稳定，便于储存和运输；腐蚀性小，可用于金属器械消毒；有机物对消毒效果影响小；对皮肤、黏膜的刺激性强，可引起湿疹性皮炎、支气管炎，甚至窒息，使用时应该注意人和猪的安全。

兽医生产实践中，以甲醛最为常用，福尔马林为含 36% 甲醛（W/V）的水溶液，常用于畜舍、物体表面和空气消毒。可用 $2\%\sim4\%$ 的甲醛水溶液喷洒墙壁、地面、用具、饲槽等，1% 水溶液可用于猪体表消毒。圈舍消毒常用甲醛熏蒸方法，一般按每立方米空间 7g 高锰酸钾和 14mL 福尔马林的比例进行熏蒸消毒，如果舍内污染严重可以按上述比例加倍使用。熏蒸时，室温一般不低于 $15℃$，相对湿度为 $60\%\sim80\%$，在容器（耐热、耐氧化的瓷器或其他容器）中先倒入福尔马林、后加入高锰酸钾，即可产热蒸发。消毒时，需要关闭门窗12h 以上，然后敞开门窗通风换气、以消除残余的气味。由于甲醛气体的穿透力差，只适合物体表面的消毒，所以熏蒸前需要先将饲料、粪便等清理出去，将舍内待消毒的物品、橱柜、用具等敞开。

(3) 醇类　醇类可以引起蛋白质变性、凝固，导致微生物代谢障碍，破坏细胞壁和细胞膜的结构和功能。醇类为中效消毒剂，能够杀灭细菌繁殖体，破坏多数有囊膜病毒，但不能杀死细菌芽胞和无囊膜病毒。醇类消毒剂杀菌作用较快，无腐蚀性，基本无毒，不弄脏消毒物品，多用于皮肤消毒或物品表面消毒，不能用于伤口和黏膜消毒。广泛应用的醇类消毒剂是乙醇，乙醇浓度与消毒效果密切相关，无水乙醇使蛋白质凝固成膜，不能杀死细菌，乙醇浓度过低，无消毒作用。常用浓度为 70%～75%，能杀死一般细菌，对芽胞无效，对无囊膜病毒也无显著效果。

(4) 酸类　高浓度的 H^+ 能够使菌体蛋白变性和水解、抑制细胞膜的通透性，影响细菌的物质代谢，从而起到抑菌或杀菌作用。酸类消毒剂主要对细菌繁殖体和真菌起杀灭或抑制作用，包括无机酸和有机酸。常用的有硼酸、盐酸、乳酸、醋酸、水杨酸、苯甲酸等，可用于环境、用具、猪体表等的消毒。3% 的硼酸溶液具有防腐作用，刺激性小，可用于冲洗创面和黏膜。盐酸与硫酸具有强大的杀灭细菌及细菌芽胞的作用，但具有强烈的刺激和腐蚀作用，故应用受到了限制。20% 的乳酸水溶液可通过喷雾或加热蒸发 30～90min，用于舍内空气消毒。醋酸也可用于空气消毒，但效果不如乳酸。

(5) 碱类　高浓度的 OH^- 对细菌、病毒和细菌芽胞都具有强大的杀灭作用，能水解菌体蛋白和核蛋白，破坏细胞膜的通透性，引起酶变性或水解，从而导致细菌死亡，可用于多种传染病的消毒。由于碱溶液对皮肤黏膜的刺激性强，不宜用于带畜禽消毒，一般用于畜舍地面或墙壁、圈栏、器械、车辆、用具、沟渠、排泄物等的消毒。此外，碱溶液对铝制品、油漆制品和纤维织物具有腐蚀作用，操作时应注意防护。

碱类消毒剂包括氢氧化钠（苛性钠、烧碱）、生石灰（氧化钙）、碳酸钠等。氢氧化钠对细菌和病毒均具有强大的杀灭力，常用其 1%～2% 的热水溶液消毒污染的畜舍地面或墙壁、圈栏、运动场、用具、器械、车辆等，也可用于沟渠和排泄物等的消毒。应在喷洒 6～12h 后用清水冲洗干净，防止引起猪皮肤与肢、蹄的损伤以及对物品的腐蚀。生石灰与水混合形成的氢氧化钙对大多数细菌繁殖体有很强的杀灭作用，但不能杀灭细菌芽胞与结核分支杆菌，常用 10%～20% 的混悬液（石灰乳）用于粉刷圈舍墙壁、围栏、地面、沟渠和粪尿的消毒。石灰乳在存放过程中，易吸收空气中的二氧化碳，变成碳酸钙，所以要现配现用，以免失效。也可将生石灰直接撒布在阴湿地面、圈舍与粪池周围进行消毒。

(6) 过氧化物类　主要依靠活性氧氧化细菌的细胞壁、细胞膜和芽胞壳层，使细胞壁、细胞膜和芽胞的通透性增加，导致细菌、真菌和芽胞死亡。氧化剂是实践中常用的高效消毒剂，对能迅速杀死细菌、真菌、病毒和细菌芽胞，具有广谱、高效、快速、方便等特点。常用的氧化剂有过氧乙酸、过氧化氢和臭氧。

过氧乙酸为无色透明的液体，呈弱酸性，性质不稳定，易挥发、分解，具有强烈的刺激性醋酸味，可与水以任何比例混溶，氧化作用很强。市售有40%和20%的过氧乙酸水溶液，需要避光低温（$3 \sim 4℃$）贮存，有效期半年，加热到70℃以上能引起爆炸，但低浓度如10%的水溶液则无此危险。过氧乙酸作用快速、杀灭作用强大，除金属制品和橡胶外，可用于多种物品的消毒，如0.2%的溶液可用于浸泡污染的玻璃、陶瓷、塑料等各种耐腐蚀物品和白色纺织品，0.5%的溶液可用于喷洒消毒畜舍地面、墙壁、笼具、石槽等；0.2%～0.3%的溶液可带猪喷雾消毒。但过氧乙酸对皮肤黏膜有刺激性，对金属物品有腐蚀性，对纺织品有漂白作用，所以在喷雾消毒过程中工作人员应注意个人防护，戴防护眼镜、手套和口罩。

过氧化氢，又名双氧水，是一种强氧化剂，弱酸性。纯过氧化氢为无色透明液体，无异味，性能稳定。重金属离子（如 Fe^{2+}、Mn^{2+}、Cu^{2+} 等）、光、热等可加速过氧化氢的分解。过氧化氢易溶于水，可与水以任何比例混合，在水中分解成水和氧。市售过氧化氢的浓度为26%～40%，在阴凉处存放1年。过氧化氢可以有效杀灭各种细菌繁殖体、真菌、分支杆菌、芽胞和病毒等微生物，而且具有刺激性小、腐蚀性低、易气化、不残留毒性等优点。

臭氧不稳定、易分解，具有极强的氧化能力，常态下臭氧为淡蓝色气体，高压下可变成深褐色液体，臭氧具有特殊的鱼腥臭味，在水中的溶解度为3%，其在水中的半衰期与温度和pH有关，pH与温度越高，分解越快。臭氧可用于饮水和环境消毒。

（7）氯制剂 指溶于水中能产生次氯酸的消毒剂．能够改变细胞壁、细胞膜的通透性，氧化蛋白质、核酸等生物大分子物质，引起代谢失调，从而杀灭病原微生物。氯制剂品种较多，分为无机氯消毒剂和有机氯消毒剂两类。无机氯消毒剂有次氯酸钠、次氯酸钙、漂白粉、氯化磷酸三钠等；有机氯消毒剂有二氯异氰尿酸钠、三氯异氰尿酸钠、氯胺、二氯异氰尿酸、氯化甘脲、氯溴氰尿酸、二氯一碘异氰尿酸等。无机氯制剂消毒作用快，但不稳定，有机氯制剂性质稳定，但消毒作用较慢。

氯制剂为广谱高效消毒剂，能杀灭细菌及其芽胞、病毒及真菌等，常用于水体、容器、食饮器具、圈舍、排泄物、粪池、运输车辆及其他污染场所的消毒。氯制剂中有效氯的含量反映其消毒能力的大小，即有效氯越高，消毒能力越强，反之，消毒能力越弱。比如，漂白粉中的有效氯易散失，故应将其保存于密闭、干燥的容器中，放于阴凉通风处。5%的漂白粉溶液可杀死一般性病原菌，10%～20%的溶液可杀死细菌芽胞。漂白粉对金属、衣服、纺织品有破坏作用，其溶液有轻度毒性，使用时应注意人和猪的安全。氯胺性质稳定，易溶于水，刺激性小，且消毒作用缓慢而持久，可用于饮水、畜舍和污染用具的消毒。0.04％的氯胺溶液可用于饮水消毒，0.3％的溶液用于黏膜消毒，0.5％～1％可用于食槽、器具消毒，3％～5％可用于排泄物和分泌物的消毒。

（8）碘制剂　碘及含碘消毒剂常用于皮肤黏膜的消毒。实践中常用的有碘酊、碘液、碘甘油和碘伏，以及碘伏与某些表面活性剂配制成多种复合商品碘伏消毒剂，如强力碘、威力碘、聚乙烯吡络烷酮碘（PVP 碘）、聚乙二醇碘、聚醇醚碘、聚乙烯碘等。碘伏及复合碘对各种细菌繁殖体、真菌和病毒均有杀灭作用。

（9）表面活性剂　分为阳离子表面活性剂、阴离子表面活性剂和不电离的表面活性剂。此类消毒剂可以通过吸附于细菌表面，改变菌体细胞膜的通透性，从而使胞内物质溢出，造成代谢受阻、死亡而呈现杀菌作用。常用的为阳离子表面活性剂，如新洁尔灭、洗必泰、消毒净、杜灭芬、百毒杀等，对细菌繁殖体有广谱杀灭作用，有的表面活性剂对细菌芽胞也有一定杀灭作用。此类消毒剂毒性小、作用快，稳定性好，一般用于皮肤黏膜和环境表面的消毒。

（10）其他类　还有重金属类、染料类及其他类型的消毒剂。常用的重金属类消毒剂有汞制剂、银制剂、铜制剂，汞制剂有汞溴红、硫柳汞、硝柳汞、一氧化黄汞、氯化汞铵、氯化汞等，银制剂有硝酸银、蛋白银，铜制剂有硫酸铜，这类化合物多用于皮肤黏膜的消毒和防腐。此外，高锰酸钾、喹啉类化合物，以及三苯甲烷染料、吖啶染料等也有杀菌作用，可用于皮肤黏膜的消毒和防腐。

三、生物热消毒

生物热消毒主要用于粪便、垫草及其他垃圾的无害化处理，是指通过堆积、发酵池等使粪便、污物、垫草等发酵产热、产酸，从而杀死其中病原体的方法。粪便、污物等在发酵过程中产生的热量可使温度达 70℃以上，可以杀死病毒、细菌（芽胞除外）、寄生虫虫卵等病原体。所以该方法不适合用于能产芽胞的病原菌所引起的传染病，如炭疽等猪的粪便，此类粪便最好予以焚烧。常用的生物热消毒主要有堆积法和发酵法。

1. 堆积法

在远离畜舍、避开水源，选择粪污堆积场。堆积前在地面挖一浅长形沟，沟深一般都是 20～25cm，沟的大小可以根据消毒粪便的多少而定。底层先放非传染性粪便或麦草、谷草、稻草等，将沟填满，上面堆积待消毒的粪便，高达 1~1.5m，在粪堆表面覆盖 10~20cm 厚的健康猪粪便，最外层抹上 10cm 厚草泥封表。冬季经不短于 3 个月，夏季经不少于 3 周的堆积发酵，即可作肥料用。用此法消毒应注意粪便的干湿度，粪便过稀时应混合一些其他较干的粪土，过干时则应洒上适量的水，保证含水量应在 50%~70%，这样堆积后最易发酵产热，效果较好。

2. 发酵池法

选择发酵池的地点要求与堆积法相同。发酵池的大小、形状依据粪便的多少自行设定，池底和边缘要砌砖和涂抹水泥。粪池建好后，底层放一些干粪，再将欲消毒的猪粪便、垃圾、垫草倒入池内，最后在粪的表面用一层泥土封好。经 1~3 个月，即可出粪清池。此法适合于饲养数量较多、规模较大的猪饲养场。

须注意的是，生物热消毒法虽然对粪便消毒很好，可以杀灭许多种病原如口蹄疫病毒、布鲁菌、猪瘟病毒、猪丹毒杆菌等，但对于炭疽、气肿疽病畜粪便，只能焚烧或经有效的化学消毒后深埋。

四、消毒设备设施

猪场的消毒设备主要有喷雾器、高压清洗机、高压灭菌器、火焰消毒器、煮沸消毒器等。消毒设施主要有整场、管理区、生产区、隔离区大门的大小消毒池，猪圈舍出入口的小型消毒池，人员进入生产区、隔离区的更衣消毒室、淋浴更衣室、消毒通道，处理猪尸体的焚尸炉或尸体坑，粪污堆积场与发酵池等。

五、影响消毒效果的因素

1. 消毒剂的性质

由于不同种类消毒剂的化学特性和化学结构不同，其对病原微生物的作用方式、作用效果与应用范围不同。因此，实践中需要根据消毒目的、消毒对象与消毒时机，合理选择不同种类的消毒剂。

2. 消毒剂的浓度

在一定范围内，消毒剂的浓越大，其对病原微生物的消毒作用越强。大部分消毒剂在低浓度时只具有抑菌作用，高浓度时才具有杀菌作用，如 0.5% 的石炭酸只有抑制细菌生长的作用，可以作为防腐剂，当浓度增加到 2%~5% 时，则呈现杀菌作用。但是不能盲目认为增加消毒剂的浓度，就能提高消毒效果，如 70%~75% 的乙醇溶液杀菌作用比无水乙醇强。

3. 微生物的种类与数量

由于不同种类的微生物的形态结构及代谢方式等生物学特性的不同，其对各种物理因素和化学消毒剂的抵抗力不同，如革兰阳性菌容易与碱性染料的阳离子、重金属盐类的阳离子及去污剂结合而被灭活。分支杆菌细胞壁不仅含有肽聚糖，而且还有高度的类脂，使其细胞壁具有较强的疏水性和抵抗力，所以其对消毒剂的抵抗力比其他细菌繁殖体强。细菌芽胞因有较厚的芽胞壁和多层芽胞膜，结构坚实，消毒剂不易渗透进去，所以芽胞对消毒剂的抵抗力比其繁殖体要强得多。对于病毒而言，有无囊膜对一些消毒剂的抵抗力存在明显差别，如有囊膜病毒对酚及其衍生物、新洁尔灭或苯扎溴铵、杜灭芬等具有亲脂特性的消毒剂敏感，无囊膜病毒对亲脂性消毒剂的不敏感，其对消毒剂的敏感性介于细菌繁殖体与芽胞之间。

一般来说，同一种消毒剂的使用剂量相同时，消毒物被污染的微生物数量越多，消毒效果越差。因此，在消毒前应该对消毒对象上污染的微生物数量有大致了解，以便确定消毒处理剂量，通过加大消毒剂浓度或延长作用时间，来保证消毒效果。

4. 酸碱度（pH）

pH 的改变可以影响消毒剂的溶解度、解离程度和分子结构，进而直接影响到消毒剂的杀菌效果。许多消毒剂的消毒效果均受消毒环境 pH 的影响，如碘制剂、酚类与含氯消毒剂，在酸性环境中杀菌作用增强；而阳离子消毒剂如新洁尔灭等，在碱性环境中杀菌力增强。

5. 温度与作用时间

一般消毒剂在较高环境温度下消毒效果较低温下好，消毒速度常随温度升高而加快，杀菌作用也随之加强。例如，20℃时 5%甲醛溶液杀死炭疽杆菌芽胞需要 32h，37℃时只需要 90min；用甲醛蒸气消毒时，要求环境温度在 18℃以上，最好能够在 50～60℃条件下进行。如当温度升高 10℃，酚类的消毒速度增加 8 倍以上，石炭酸则增加 5～8 倍。应用紫外线辐射消毒时，环境温度达 40℃时，紫外光源辐射的杀菌紫外线最强，杀菌效果最好，但如果温度再升高或温度降低，均可使紫外线杀菌效果降低。

消毒剂作用时间也会影响消毒效果，在相同条件下作用时间越长，消毒效果越好。不过消毒剂杀灭细菌所需时间的长短取决于消毒剂的种类、浓度及其杀菌速度，同时与细菌的种类和数量也有关。

6. 相对湿度

环境的相对湿度对气体消毒剂的消毒灭菌效果有显著影响。如环氧乙烷、甲醛在熏蒸消毒时，均需要合适相对湿度。此外，紫外线、热力消毒也受相对湿度的影响，比如相对湿度在 60%以下时，紫外线的杀菌力高，如果湿度过高，可以阻挡紫外线，使其杀菌效力降低。

7. 有机物

有机物可以中和或吸收一部分消毒剂，如蛋白质可部分中和酸性或碱性消毒剂，能够清除自由基团，保护细菌抵抗放射损伤。脂肪或磷脂可优先溶解或吸收部分消毒剂。所以当病原微生物所处的环境中有大量粪便、痰液、脓汁、血液及排泄物等有机物存在时，消毒剂的杀菌作用会明显降低。同时，这些有机物对微生物具有机械的保护作用，结果进一步影响消毒剂的杀菌效果。所以，在消毒皮肤及创口时，要先洗净，再行消毒。消毒痰液、粪便、猪圈舍时，应适当提高消毒剂浓度，延长消毒时间，以取得良好的消毒效果。

8. 金属离子

金属离子可增加或降低消毒效果。例如，Mg^{2+}、Ca^{2+} 能够降低煤酚皂与苯扎溴铵的杀菌力，所以不能用硬水配制煤酚皂和苯扎溴铵消毒液。Mn^{2+} 能够增加水杨酸对假单胞菌的杀灭作用，而 Zn^{2+} 则降低水杨酸对该细菌的作用。

六、猪场临床消毒

猪场消毒主要包括门卫、场地、猪舍、粪便与污物以及管理、饲养人员等的消毒。

1. 门卫消毒

门卫消毒包括大门、车辆、出入人员的消毒。

（1）大门消毒　在猪场门口和生产区大门设立大型消毒池，池内的消毒液深度应达 20cm 深，2～3d 彻底更换一次。所用消毒剂要求作用较持久、稳定，可选用 2% 的氢氧化钠、1% 过氧乙酸。

（2）车辆消毒　进出猪场的运输车辆，特别是运猪车辆，车头顶端、车窗、车门、车轮、车厢内外都需要自上而下、进行全面喷洒消毒，喷洒消毒后3～5min 方可准许进场。采用的消毒剂对猪无刺激性、无不良影响，可选用0.5% 的过氧化氢溶液、1% 的过氧乙酸、二氯异氰尿酸钠等。对于运输过程中发生传染病的车厢，应先用有效消毒药液喷洒消毒后再彻底清扫。先清扫粪便、残渣及污物，然后用热水自车厢内顶棚开始，依次对车辆内外各部分进行洗刷，然后再进行消毒。两次消毒之间间隔时间为 30min，第二次消毒后 2～4h 用热水洗刷后再行使用。没发生过传染病车船内的粪便，不经处理可直接作肥料；发生过一般传染病车船内的粪便，须经发酵处理后再利用；发生过恶性传染病车船内的粪便，应集中烧毁。

（3）出入人员的消毒　猪场进出口设有消毒池和消毒盆，出入人员要对鞋和手消毒。可选用 0.5% 的过氧化氢溶液和 0.5% 的新洁尔灭。进场人员双手可在消毒盆中浸泡 3～5min，然后在清水盆中洗净，擦干。有的猪场设有人员进出通道，在进出通道里装有喷雾消毒设备，人员进出时打开喷雾消毒设备进行喷雾消毒。

2. 场地消毒

根据场地被污染的情况，进行消毒处理。一般情况下，平时的预防消毒应经常清扫，保持场地清洁卫生，定期用一般性的消毒药喷洒即可。发生疫情时，如果场地被细菌芽胞污染，应首先用漂白粉溶液或其他对芽胞有效的消毒药液喷洒，然后将表土挖起一层撒上干漂白粉，与土混合后深埋。对于其他传染病所污染的地方，如为水泥地，则应用消毒液仔细刷洗；若系泥地，可将地面深翻 30cm 左右，按每平方米面积 3kg 左右撒上干漂白粉，然后以水湿润、压平。

3. 猪舍消毒

包括定期预防消毒和发生疫病时的紧急消毒。应根据季节、猪生长阶段不同以及饲养管理环境不同，合理制定预防消毒方法和消毒次数，确定消毒剂的使用剂量。预防消毒一般是每 7～15d 一次。当发生疫病时则应及时进行消毒，应先用消毒剂喷洒圈舍，然后打扫、清理，以免病原微生物随尘土飞扬造成更大的污染。清扫时要把猪栏、饲槽洗刷干净，将垃圾、剩料和粪便等清理出去，打扫干净，再用消毒药进行冲洗或喷雾消毒。猪舍消毒主要有空舍消毒、带猪消毒、产房消毒。

（1）空舍消毒　产房、保育舍、育肥舍等每批猪全部调出后，对猪舍进行彻底清洗和消毒。首先清除猪舍内外的粪便、污物、疏通沟渠，洗净舍内可移动的部件如饲槽、垫板、电热板、保温箱、料车、粪车等，并晾干或置阳光下暴晒。地面、走道、墙壁等处用自来水或高压泵冲洗，栏栅、笼具进行洗刷和抹擦，自然干燥 1 天后，喷雾消毒，要求喷雾均匀，不留死角。可选用 1%过氧乙酸、2%氢氧化钠、5%次氯酸钠和 4%福尔马林等消毒剂。空猪舍还常用福尔马林熏蒸消毒，即每立方米空间 15～30mL 福尔马林加高锰酸钾（其与福尔马林的比例为 1∶2）氧化蒸发。在较高的温度和湿度下，熏蒸消毒效果好，故在熏蒸前要喷水增湿。

（2）带猪消毒　及时打扫圈舍卫生，清理生产垃圾，保持舍内外卫生干净整洁。每天必须进圈内打扫清理猪的粪便，尽量做到猪、粪分离，若是干清粪的猪舍，每天上下午及时将猪粪清理出来堆积到指定地方；若是水冲粪的猪舍，每天上下午及时将猪粪打扫到地沟里以清水冲走，保持猪体、圈舍干净。当发生可疑疫情或特殊情况下，对病原污染局部或部分区域、物品随时进行消毒，包括带猪消毒、空气消毒、饮水消毒、器械消毒。可选用 1%新洁尔灭、1%过氧乙酸和二氯异氰尿酸钠等。从猪舍内顶棚、墙、窗、门、猪栏两侧、食槽等，自上而下均匀喷洒消毒。

（3）产房消毒 怀孕母猪进入产房前需进行体表清洗和消毒，母猪用0.1%高锰酸钾溶液对外阴和乳房擦洗消毒。仔猪断脐、断尾要用5%碘酊严格消毒。

4. 饮水消毒

饮用水中细菌总数或大肠杆菌数超标或可疑污染病原微生物的情况下，可采用煮沸、紫外线照射等物理消毒法，大量的饮水消毒一般用漂白粉、过氧乙酸、二氯异氰尿酸钠和百毒杀（0.01%）等化学消毒法。在储水罐中加入消毒剂后 2h 后饮用。

5. 饲养员、兽医及器械消毒

饲养员和兽医工作结束后，尤其在场内发生疫病、处理工作完毕后，需将穿戴的工作服、帽，以及注射器、针头、手术刀、剪子、镊子、止血钳和耳号钳等器械浸泡于化学消毒液中，工作人员的手及皮肤裸露部位用消毒液擦洗、浸泡 3min 后，再用清水洗去消毒液。

6. 粪污消毒

粪便和污物可通过焚烧法、掩埋法、化学消毒法及生物热等消毒。用过的药盒、瓶、疫苗瓶、消毒瓶、一次性输精瓶等立即焚烧或妥善放在一处，适时统一销毁处理。塑料袋能利用的消毒后返回饲料厂，不能利用的焚烧。

第五节　杀虫、灭鼠、防鸟

除消毒外，杀虫、灭鼠与防鸟也是规模化猪场传染病综合防控中的重要措施和兽医生物安全体系的重要内容，对提高猪群的健康水平、改善饲养生态环境以及保障公共卫生的安全同样具有重要意义。

一、杀虫

蚊、蝇、蜱、螨、虻等节肢动物是猪传染病的重要传播媒介。因此，预防和杀灭这些媒介昆虫，在预防、控制和扑灭猪传染病工作中具有重要实践意义。

1. 杀虫方法

包括物理、生物、化学杀虫法，对难以杀灭的昆虫，可采用驱避方法。

（1）物理杀虫法 包括焚烧、热空气、煮沸或蒸汽及机械拍打和捕捉等方法。焚烧杀虫法是以喷灯火焰喷烧昆虫聚居的墙壁、物品、用具等的缝隙，或以火焰焚烧昆虫聚居的垃圾等废物。热空气杀虫法是利用 100～160℃ 的干热空气杀灭物品上的昆虫及其虫卵。煮沸或蒸汽杀虫法：用沸水或蒸汽烧烫畜舍、用具和衣物上的昆虫。此外，也可通过机械拍打、捕捉等方法，杀灭部分昆虫。

（2）药物杀虫法　指应用化学杀虫剂来杀虫，根据杀虫剂对节肢动物的毒杀作用可分为下列几种。

①胃毒作用杀虫剂　指杀虫剂在节肢动物肠道内吸收，显出毒性作用。当节肢动物摄食混有杀虫剂如敌百虫等的食物时，可使之中毒而死。

②触杀作用杀虫剂　除虫菊等大多数杀虫剂可直接和虫体接触，经其体表浸入体内使之中毒死亡，或闭塞其气门使之窒息而死。

③熏蒸作用杀虫剂　敌敌畏等挥发作用较强的药剂，可通过气门、气管、微气管等被昆虫吸入体内而死亡，但对正当发育阶段无呼吸系统的节肢动物不起作用。

④内吸作用杀虫剂　将倍硫磷等喷于土壤或植物上时，药物能被植物根、茎、叶表面吸收，并分布于整个植物体，当昆虫在吸取含有药物的植物组织或汁液后，可中毒死亡。当猪在口服或注射了该类杀虫剂后，由于排泄缓慢，在一定时间内血中含有一定浓度的杀虫剂，当媒介昆虫叮咬、吸血后也可中毒。

（3）生物杀虫法　指以昆虫的天敌或病菌及雄虫绝育技术等方法以杀灭昆虫。如养柳条鱼或草鱼等灭蚊，利用雄虫绝育控制昆虫繁殖，或使用过量激素，抑制昆虫的变态或脱皮，影响昆虫的生殖。也可利用病原微生物感染昆虫，使其死亡。生物杀虫法具有无公害和环境污染、不产生抗药性等优点。

（4）驱避方法　采用制成液体、膏剂或冷霜形式的驱蚊剂如邻苯二甲酸二甲酯、避蚊胺等，直接涂布皮肤，也可驱蚊药制成浸染剂，浸染家畜耳标、项圈或防护网等，或制成乳剂喷涂门窗表面，来趋避蚊蝇等昆虫。

此外，在夏季或夏季来临之前，消灭猪场及周围昆虫滋生繁殖的环境，如排除积水、污水，清理粪便垃圾等，均可有效的杀灭昆虫。

2. 常用杀虫剂

目前使用的杀虫剂往往同时兼有两种或两种以上的杀虫作用。常用杀虫剂有：

（1）有机磷杀虫剂　具有用量较小、毒杀作用迅速及多数在环境中易分解等优点。常用的有：

①敌百虫　对多种昆虫有很高毒性，以胃毒作用为主，接触和熏蒸作用较小。常用剂型主要有可溶性粉剂晶体，也有毒饵和烟剂。水溶液常用浓为0.1%；毒饵可用1%溶液浸泡米饭、面饼，灭蝇效果较好；烟剂每立方米用

$0.1\sim0.3g$。

②敌敌畏 杀虫效力比敌百虫高 10 倍。在水中尤其在碱性溶液中迅速分解，易挥发，杀虫持效时间短。稀释液在 $1\sim2d$ 内有效，具有熏蒸、触杀及胃毒作用。常用剂型有乳油和气溶液，可作为毒饵和熏蒸用。大量接触、吸入多量敌敌畏气体或误食可使人畜中毒。

③倍硫磷 是一种低毒高效的有机磷杀虫剂，为油状液体，略带蒜味，具有触杀、胃毒等作用。主要用于杀灭成蚊、蝇和孑孓等。乳剂喷洒量每平方米用 $0.5\sim1g$。

④马拉硫磷 为黄色油状液体，溶于水和一般有机溶剂，在碱性液中易水解，室温下挥发。具有良好的触杀、胃毒和一定熏蒸作用，无内吸作用。进入虫体后氧化成马拉氧磷，从而更能发挥毒杀作用。商品为 $45\%\sim50\%$ 乳液，能杀灭成蚊、孑孓及蝇蛆等。室内滞留喷洒量每立方米用 $2g$，持效 $1\sim3$ 个月。喷洒 0.1% 和 1% 溶液可杀灭蝇蛆和臭虫。马拉硫磷具有广谱、杀虫作用强、作用迅速、毒性低等优点，但长期应用，害虫会产生抗药性。

（2）拟除虫菊酯类杀虫剂 此类杀虫剂具有广谱、高效、击倒快、残效短、毒性低、用量小等特点，对抗药性昆虫有效，为近代杀虫剂的发展方向和新途径。如胺菊酯化学性质稳定，对蚊、蝇、蟑螂、虱、螨等均有强大的击倒和杀灭作用，但对哺乳猪毒性低。室内使用 0.3% 浓胺菊酯油剂喷雾，$0.1\sim0.2mL/m^3$，在 $15\sim20min$ 内蚊、蝇全部击倒，$12h$ 全部死亡。针对蟑螂可用 $0.5g/m^2$ 的剂量触杀。

（3）昆虫生长调节剂 通过阻碍或干扰昆虫的正常生长发育，而致其死亡。此类杀虫剂不污染环境，对人畜无害，被认为是最有希望的第三代杀虫剂。目前应用的有保幼激素和昆虫生长调节剂，前者主要抑制幼虫化蛹和蛹羽化，后者可抑制表皮基丁化，阻碍表皮形成，导致昆虫死亡。

二、灭鼠

鼠是人和猪很多重要传染病的传播媒介和传染源，同时可作为某些寄生虫的中间宿主及机械传播寄生虫病。鼠可传播的主要猪传染病有口蹄疫、猪瘟、伪狂犬病、炭疽、猪丹毒、布鲁菌病、结核病、李氏杆菌病、钩端螺旋体、巴氏杆菌病和立克次氏体病等。此外，鼠会盗食、耗费大量饲料、啃咬建筑物、衣物和用具等。因此，重视灭鼠工作具有重要意义。

灭鼠工作应从两个方面进行：一方面根据鼠类的生活习性防鼠、灭鼠，从畜舍建筑和卫生措施方面着手，将鼠类的生存的可能性降到最低限度，使它们难以得到食物和藏身之处，从而预防鼠类的滋生和活动。例如，应经常保持畜舍及周围环境的整洁，及时地清除饲料残渣和生产垃圾，将饲料保藏在鼠类不能进入的房舍内，使鼠不能得到食物，从而减少鼠的数量。在畜舍建筑方面应注意防鼠的要求，比如墙基、地面、门窗等方面都应力求坚固，发现有洞，立即堵塞。另一方面，则采取种种方法直接杀灭鼠类。灭鼠的方法大体上可分两类，即器械灭鼠法和药物灭鼠法。

1. 器械灭鼠法

器械灭鼠法指利用各种工具以不同方式扑杀鼠类，如关、夹、压、扣、套、堵洞、挖洞、灌洞等方式。常用的捕鼠工具有鼠笼、鼠夹和电子捕鼠器等。应根据鼠的习性，选择诱饵和安放捕鼠工具。诱饵以鼠类喜吃的为佳，如瓜果、蔬菜等。捕鼠工具应放在鼠类经常活动的地方，如墙脚、鼠的走道及洞口附近。应晚上放，早晨收，并应断绝鼠粮。鼠嗅觉敏感、灵活狡猾，而且具有很强的记忆性和拒食性，所以诱饵需经常更换，捕鼠器应经常清洗。

2. 药物灭鼠法

药物灭鼠法在规模化猪场比较常用，依据灭鼠药进入鼠体的途径不同，灭鼠药物法分为消化道药物和熏蒸药物两类。消化道药物主要有磷化锌、杀鼠灵、安妥、敌鼠钠盐和氟乙酸钠。熏蒸药物包括氯化苦（三氯硝基甲烷）和灭鼠烟剂。闹羊花烟雾剂是常用的烟剂，即可熏蒸杀灭鼠，同时可灭蚤、螨等。取闹羊花或叶，晾干、碾细、过筛，与研细的硝酸钾或氯酸钾按 6∶4 比例混合，分装成包，每包 15g，用时点燃投入鼠洞，用土封住洞口。

药物灭鼠法见效快、成本低，但容易引起人畜中毒。因此要选择对人畜安全的低毒的药物，并且专人负责撒药布阵、捡鼠尸，撒药是要考虑鼠的生活习性，有针对性地选择鼠洞、鼠道等。

三、防鸟

在传播传染病方面，鸟类与鼠类有许多相似之处，而且比鼠类的活动范围大，故在传播传染病方面比鼠类更广、传播速度更快，是人和猪很多重要传染病的传播媒介和传染源，同时也可作为某些寄生虫的中间宿主及机械传播寄生虫病。因此，规模化猪场应重视防鸟工作，尽量防止鸟类侵入圈舍、接触猪。

第六节 免疫接种

免疫接种是猪疫病预防和控制中经济、有效的重要措施之一，也是某些传染病的净化和根除过程中的措施，甚至起着关键作用。

一、免疫接种的概念与类型

免疫接种又称为免疫，指用特异性抗原或抗体，经合适途径接种到猪体内，使其主动或被动产生特异性免疫力，由易感猪只转为非易感猪，以预防所针对传染病的发生和流行的一种预防措施。这里所称的特异性抗原，即通常使用的疫苗、菌苗、类毒素等生物制剂，可诱导猪体主动产生免疫力，这些生物制剂统称为疫苗。疫苗的种类不同，其接种的方法和激发机体产生特异性免疫力的强弱、持续时间不同。特异性抗体，即高免血清或单克隆抗体，其能够使猪机体迅速获得被动特异性免疫力。但由于免疫血清或单克隆抗体的用量大、价格高、免疫保护期短，因而在猪的临床实践中少用，而且多用于紧急免疫或治疗。相对而言，疫苗应用得极为普遍，所以通常说的免疫接种主要指疫苗免疫。

临床实践中根据免疫接种的时机不同，可分为预防性免疫接种（预防接种）和应急性免疫接种（紧急接种）。

1. 预防接种

指在经常发生某些疫病的地区，或有某些疫病潜在的地区，或受到邻近地区某些疫病威胁的地区，为了预防疫病的发生，平时有计划地对健康易感猪所进行免疫接种。疫苗、菌苗、类毒素和虫苗等通常用于预防性免疫接种。预防接种是预防猪传染病发生的重要手段，在兽医临床实践中应用非常普遍。

2. 紧急接种

是指在疫病发生后，为了迅速控制和扑灭疫病的流行，而对疫区和受威胁区尚未发病的易感猪所进行的应急性计划外免疫接种。应急性免疫接种是在疫病发生并被确诊后进行，免疫接种的范围是在疫区和受威胁区，接种的对象是未发病的易感猪。这些未发病猪可能已被感染正处于潜伏期，或未被感染属于健康猪。为了迅速控制疫情，使易感猪产生特异性免疫力，需要进行紧急免疫接种，同时通过对受威胁区未发病易感猪进行紧急接种，还可以建立隔离带，阻止疫情继续向周围地区扩散蔓延。

二、疫苗及其类型

疫苗是指由病原微生物或其组分、代谢产物经过特殊处理所制成的、用于人工主动免疫的生物制品。理想的疫苗接种动物后能产生持久而坚强的免疫力，对机体无毒害作用。预防兽医学中的疫苗包括由细菌、支原体、螺旋体或其组分等制成的菌苗，由病毒、立克次体或其组分制成的疫苗，由某些细菌外毒素制成的类毒素。习惯上人们将菌苗、疫苗和类毒素统称为疫苗。按疫苗的构成成分及其特征，将其分为常规疫苗、亚单位疫苗和生物技术疫苗三大类。

1. 常规疫苗

是指由细菌、病毒、立克次氏体、螺旋体、支原体等完整微生物制成的疫苗。猪的常规疫苗主要有灭活苗、弱毒苗两种：

（1）灭活疫苗　是指选用免疫原性强的病原微生物或其弱毒株经人工大量培养，经过灭活后加入适量佐剂而制成的疫苗，如猪口蹄疫灭活疫苗、猪圆环病毒 2 型灭活疫苗、副猪嗜血杆菌灭活疫苗。灭活疫苗容易生产、易于保存和运输、使用安全。灭活疫苗在制备时应加强防护措施，防止强毒释放和扩散。使用灭活疫苗需要的接种量大，且只能注射接种，同时，灭活疫苗产生免疫力需要的时间较长。

（2）弱毒疫苗　是指通过人工诱变获得的弱毒株、筛选的天然弱毒株或失去毒力但仍保持抗原性的无毒株所制成的疫苗。理想的弱毒苗应具有免疫原性好、毒力稳定不返强等特性，如猪瘟弱毒疫苗。弱毒疫苗需要的接种量小、接种次数少，产生免疫力较快，除诱导体液免疫外，还可诱导细胞免疫，经自然感染途径接种时还能诱导黏膜免疫，故其免疫效果一般优于其全病毒灭活疫苗。弱毒疫苗容易失活或造成杂菌污染，故在储存和运输过程中往往需要冷冻保存。

2. 亚单位疫苗

是指用理化方法提取病原微生物中一种或几种具有免疫原性的成分所制成的疫苗。此类疫苗接种动物能诱导产生针对相应病原微生物的免疫抵抗力，如巴氏杆菌的荚膜抗原苗和大肠杆菌的菌毛疫苗等。亚单位疫苗去除了病原体中与激发保护性免疫无关的成分，又没有病原微生物的遗传物质，毒副作用小、安全性高，因而具有广阔的应用前景。但亚单位疫苗生产工艺复杂、生产成本高，目前仍难以广泛应用。

3. 生物技术疫苗

常用的猪的生物技术疫苗通常包括以下几种。

（1）基因工程亚单位苗　是指将病原微生物中编码保护性抗原的基因，通过基因工程技术导入细菌、酵母或哺乳动物细胞中，使该抗原高效表达后制成的疫苗。猪圆环病毒 2 型亚单位疫苗是目前猪的基因工程亚单位苗的成功案例，其免疫效果甚至优于猪圆环病毒 2 型的全病毒灭活疫苗。

（2）合成肽疫苗　是指根据病原微生物中保护性抗原的氨基酸序列，人工合成免疫原性多肽并连接到载体蛋白后制成的疫苗。该类疫苗性质稳定、无病原性、能够激发动物的免疫保护性反应，且可将具有不同抗原性的短肽段连接到同一载体蛋白上构成多价苗。但其缺点就是免疫原性较差、合成成本也较贵。猪口蹄疫合成肽疫苗曾经使用过一段时间，但近年来已基本被口蹄疫全病毒灭活疫苗所取代。

（3）基因缺失疫苗　是指通过基因工程技术在基因水平上去除了与病原体毒力相关的基因，但仍保持复制能力及免疫原性的毒株所制成的疫苗。由于毒株稳定，不易返祖，故可制成免疫原性好、安全性高的基因缺失疫苗。伪狂犬病基因缺失疫苗是目前猪的基因缺失疫苗的成功案例，在生产中得到广泛使用。

（4）其他疫苗　此外，还有基因工程活载体疫苗、DNA疫苗等，但距离养猪生产实践应用还有一段距离。

三、免疫接种途径

疫苗的免疫接种途径需要根据疫苗的种类、性质、特点以及病原体的侵入门户和它在机体内的定位等因素来确定。选择合理的免疫接种途径不仅能够充分发挥全身性体液免疫和细胞免疫的作用，同时也能大大提高动物机体的局部免疫应答能力。目前，猪用疫苗的免疫接种途径主要包括注射免疫、滴鼻免疫、经口免疫。

1. 注射免疫

各种疫苗都可使用注射接种。常用的疫苗注射接种途径主要包括皮下、肌内注射接种。注射接种剂量准确、免疫密度高、效果确实可靠，在实践中应用广泛，但与其他方法相比费时费力，消毒不严格时容易造成病原体的人为传播和局部感染，而且捕捉动物时容易出现应激反应。

皮下注射接种是最常用的免疫接种途径，大部分疫苗均可采用此途径接种。

肌内注射接种是一种操作简便、应用广泛、副作用较小的方法，猪的注射部位一般在其颈部或臀部。通过该方法接种的疫苗吸收快、免疫效果较好。

2. 滴鼻免疫

滴鼻接种疫苗是非常有效地局部免疫接种途径，同时也具有激发机体全身免疫的作用，因为鼻腔黏膜下有丰富的淋巴样组织，对抗原的刺激都能产生很强的免疫应答作用，抗体产生迅速且不受母源抗体的干扰。滴鼻接种只能使用弱毒疫苗，且主要用于呼吸道病疫苗，例如，给初生仔猪（3日龄左右）滴鼻接种伪狂犬病弱毒疫苗，给仔猪滴鼻接种猪气喘病弱毒疫苗。

3. 经口免疫

动物的皮下、黏膜下淋巴样组织非常丰富，当其受到抗原刺激后，在激发局部免疫应答的同时，能够诱导全身性免疫反应，因此对具有弱毒疫苗且主要通过消化道、呼吸道传播的传染病，采用经口免疫，如饮水或拌料免疫的免疫效果最好。例如猪传染性胃肠炎、猪流行性腹泻的疫苗免疫要想取得良好效果，往往离不开经口免疫。经口免疫效率高、省时省力、操作方便，能使猪群在同一时间内共同被接种，对群体的应激反应小，但动物群中抗体滴度往往不均匀，免疫持续期短，免疫效果容易受到其他多种因素的影响。因此，经口免疫需要注意适当加大疫苗剂量，免疫前停水或停料 2～4h，饲料或饮水的量要适中，水温要适中，水质要洁净且对疫苗无害。

四、免疫接种反应

疫苗和血清对猪来说是外源性物质，机体对其通常会产生反应，其反应的强度和性质与疫苗种类、质量和毒力有关。在预防接种后，往往会出现一过性的轻度的正常反应，也有的可能出现一些不良反应，个别的还比较严重甚至死亡。因此，在免疫接种后要注意观察接种疫苗的反应，如有不良反应或发病情况，应及时采取干预措施，并做好记录，必要时向有关部门报告。实践中常见的免疫接种反应，有以下几种类型。

1. 正常反应

指由于生物制品本身的特性而引起的反应。多数质量稳定、生产合格的生物制品不会引起明显的反应，少数疫苗或血清在接种后会引起部分猪只出现短暂的精神沉郁、食欲下降、注射部位炎症等全身或局部反应。

2. 严重反应

与正常反应在本质上相同，但反应程度重，出现反应的猪数量多，超出正常预计范围。比如，猪接种口蹄疫疫苗、猪副伤寒疫苗后都会发热、皮肤发红、精神沉郁、减食 1 至 3 顿。有的妊娠母猪接种口蹄疫疫苗后流产、产死胎。出现严重反应的原因主要包括：生物制品质量较差、毒力偏强、使用剂量过大、接种途径错误及操作不正确等。通过严格控制产品质量，并按照产品说明书操作，可以将不良反应降低到最低限度。

3. 过敏反应

指由于猪对生物制品或其中的某种成分过敏，导致接种后迅速出现过敏性休克、变态反应等。猪接种疫苗后的过敏反应主要表现为呼吸困难、黏膜发绀、呕吐、腹泻、虚脱或惊厥等全身性反应。

4. 引发疾病或加重疾病

免疫应激过强时，会造成猪免疫系统紊乱、抵抗力下降，有的扩散为全身感染，有的激发潜伏感染，如链球菌、巴氏杆菌、副猪嗜血杆菌等内源性细菌感染的激活，处于猪瘟病毒感染潜伏期的猪再接种猪瘟弱毒疫苗会加快诱发猪瘟并加快病猪死亡。

除正常反应外，其他都属于不良反应。克服不良反应的方法很多，应根据实际情况采取相应措施。

五、疫苗的联合使用

由于猪可能会同时受到两种或两种以上传染病的威胁，或受到源于同一种病原的不同血清型传染病的威胁，所以在养猪生产中需要接种两种或两种以上的疫苗用于预防相应传染病的发生。如果能够一次同时接种两种以上疫苗，不仅可以减少接种疫苗对猪体造成的应激反应，而且还可以大大降低工作强度，提高工作效率，起到"一针防多病"的效果，这就是疫苗的联合使用。从理论上讲，同时给猪接种两种以上疫苗时，机体可以产生针对不同传染病的特异免疫力。不同疫苗之间可能彼此互不影响，也可能相互干扰或抑制、阻碍免疫力的产生。因此，联合使用疫苗时，必须避免疫苗之间的相互干扰作用，以保证免疫效果。究竟哪些疫苗可以联合使用，需要通过实验和临床研究来确定。

疫苗的联合使用主要包括两个方面，一是接种联苗，另一是接种多价苗。联苗如猪瘟-猪丹毒-猪肺疫三联弱毒疫苗，临床实践证明三种疫苗之间不会出现相互干扰；多价苗如 O、C 型口蹄疫二价苗，O、A 型口蹄疫二价苗，O、A、C 型口蹄疫三价苗，也不会出现相互干扰。

需要注意的是，对于一些流行广泛的、危害严重的传染病的疫苗免疫最好采用单一疫苗接种，如猪瘟疫苗、猪繁殖与呼吸综合征疫苗，建议尽量使用单独疫苗。

六、合理的免疫程序

由于一个地区、一个猪场可能发生的疫病不止一种，并且猪在不同生长阶段受到危害的疫病种类不同。因此，临床实践中往往需要多种疫苗来预防不同的疫病，而且这些疫苗需要在猪适宜的生长阶段按照一定的次序与要求进行免疫，以获得最有效的免疫和疫病预防效果。根据本地区或猪场内传染病的流行状况、危害程度和疫苗特性，为特定猪群制定的包括疫苗类型、接种顺序、次数、时间和方法，以及接种间隔等的接种计划，称为免疫程序。可见，针对不同地区或不同猪场，其免疫程序可能会存在差异。所以，免疫程序的制定是一项科学严谨、负责细致的工作，同时需要兼顾多种因素。

目前没有一个能够适合所有地区或养猪场的标准免疫程序，不同地区或猪场需要根据当地或本场传染病的流行规律和实际情况，制定免疫程序，或者调

整、改进已有的免疫程序。制定免疫程序时需要考虑的因素主要包括以下几个方面

1. 传染病流行情况及危害程度

根据每年对本地疫病监测和流行病学调查结果，分析传染病的种类、危害程度、流行特征以及主要侵害的猪的生长阶段，来决定需要对哪些传染病进行疫苗接种及其次数、哪些传染病需要根据年龄、生理阶段或季节进行预防接种。现阶段，对国内养猪生产而言，都需要对口蹄疫、猪瘟等进行预防接种；在部分地区，需要考虑对为狂犬病、猪气喘病、猪繁殖与呼吸综合征进行疫苗免疫。对母猪进行疫苗接种时需要考虑在母猪妊娠前还是妊娠后接种，以避免影响配种或造成流产。

2. 疫苗的种类和免疫学特性

由于弱毒疫苗与灭活疫苗之间，或者不同传染病疫苗本身性质之间均存在差异，导致疫苗的接种对象、方法、剂量、时机、次数、接种后产生免疫保护力的时间及其持续期不同，所以制定免疫程序时，需考虑这些因素。

3. 猪的血清抗体水平

由于高水平的母源抗体、疫苗免疫或野毒感染抗体均会干扰疫苗免疫效果，故需要监测母源抗体的消长规律来确定首次免疫日龄，同时需要定期监测免疫群体的抗体变化动态来确定加强免疫时间，以避免加强免疫时间提前或滞后。例如猪瘟的疫苗免疫，首次免疫一般在 20 日龄，二次免疫一般在 60 日龄左右，但如果实施超前免疫（乳前免疫），则再在 20 日龄仅免疫接种就不一定合适了，这个时候最好在实施抗体监测后来确定二次免疫的时间。

4. 各种的疫苗接种的间隔时间以及能否联合使用

一般两次疫苗接种时间之间需要间隔 5～7d，以防不同疫苗之间的干扰。如果考虑不同疫苗同时接种时，则需要考虑疫苗之间的互相影响。

七、紧急接种

紧急免疫接种常用的生物制品包括高免血清和疫苗，但由于紧急接种的对象可能已被感染正处于潜伏期，或未被感染属于正常的健康猪，这就要求接种的生物制剂能够迅速或在短时间内发挥作用，并且安全可靠。注射高免血清后，能够迅速分布于全身各部，所以高免血清是紧急免疫接种的理想制剂，但是免疫血清的用量大、费用高，接种一次维持免疫力的时间仅 2 周左右，除对珍贵猪、良种猪可以考虑使用外，其他的则难以推行。相比之下，应用疫苗对大群猪施行紧急接种更为方便、经济，如当猪瘟、口蹄疫、伪狂犬病发生时，均可用相应疫苗对猪群进行紧急接种。用疫苗进行紧急免疫接种，不能立即产

生免疫保护，弱毒疫苗往往需要 5~7d，灭活疫苗往往需要 2~3 周，才能激发机体产生免疫力；但当机体产生免疫力后，则能维持一段时间。因此，紧急疫苗免疫最好使用弱毒疫苗，如发生猪瘟、伪狂犬病时可使用猪瘟弱毒疫苗、伪狂犬病弱毒疫苗进行紧急接种。有些传染病，只有或只允许使用灭活疫苗，这种情况下也可使用灭活疫苗进行紧急接种，如口蹄疫。

在实施紧急免疫时需要注意，要在传染病流行初期进行，病猪或已感染的猪群最好使用高免血清，要采取防范措施防止传染病散播。还有要指出的是，疫苗紧急免疫能够激发处于潜伏期的猪发病，甚至死亡，所以往往造成紧急免疫后，猪发病和死亡数会上升，但随着免疫保护功能的很快建立，疫情即可停止。

八、疫苗免疫效果的评价

疫苗免疫接种的目的是将易感猪群转变为非易感猪群，从而降低传染病带来的损失。因此，一种疫苗或某一免疫程序对特定猪群是否合理并达到了降低群体发病率的作用，需要定期对接种对象的实际发病率和实际抗体水平进行分析和评价。免疫效果评价的方法主要包括兽医流行病学方法、血清学方法和人工攻毒试验。

1. 流行病学评价

通过免疫猪群、非免疫猪群的发病率、死亡率等流行病学指标的统计分析，来比较评价不同疫苗或免疫程序的保护效果。常用的免疫效果评价指标是保护率，其计算公式是对照组患病率减去免疫组患病率的差值与免疫组患病率的比率，保护率小于 50% 时，则认为该疫苗或该免疫程序无效。

2. 血清学评价

免疫效果的血清学评价必须以某种传染病发生时保护性抗体的最低值（保护性抗体临界值）作为依据，该法应用的主要指标是抗体的转化率和抗体的平均滴度。免疫接种前后动物群血清抗体的转化率，即接种动物抗体转化为阳性者所占的比例是衡量疫苗免疫接种效果的重要指标之一，抗体转化率的计算通常由传染病种类和抗体测定方法决定，但一般是通过测定免疫动物群血清抗体的几何平均滴度，比较接种前后滴度升高的幅度及其持续时间来评价疫苗的免疫效果。如果接种后的平均抗体滴度比接种前升高 4 倍以上，即认为免疫效果良好；如果小于 4 倍，则认为免疫效果不佳或需要重新进行免疫接种。

3. 攻击保护试验

在疫苗研制和免疫程序制定的过程中，常需通过对免疫动物的人工攻击（攻毒或攻菌）保护试验，确定疫苗的免疫保护率、开始产生免疫力的时间、免疫持续期和保护性抗体临界值等指标。

九、免疫失败

免疫接种后，在免疫有效期内猪群或猪只不能抵抗相应病原体的侵袭，导致相应传染病发生，称为免疫失败，如接种猪瘟弱毒疫苗后仍然发生了猪瘟。从广义上来讲，免疫效力检查不合格，比如检测不到特异性抗体，或者抗体水平低下等，均可认为是免疫失败。导致免疫失败的原因虽然有多种，归纳起来主要包括三方面，即疫苗因素、猪体因素和人为因素。

1. 疫苗因素

（1）疫苗毒株与当地流行毒株或菌株的血清型或亚型不一致　有的病原体本身极易变异，血清型或亚型多，如口蹄疫免疫失败就常与流行毒株变异有关。也有的虽然血清型没有改变，但流行毒株的关键抗原表位发生了突变，引起疫苗毒株不能刺激机体产生足够的免疫力，而致免疫失败。

（2）疫苗质量差、抗原含量低　有的疫苗内在质量差，病毒或细菌含量达不到标准或激发机体产生免疫保护的最低浓度。目前市场上疫苗种类多，生产厂家多，疫苗生产工艺和质量检查标准各异，导致疫苗质量参差不齐。

（3）疫苗运输、贮存保管不当或过期失效　疫苗运输和贮存需要低温条件，通常弱毒疫苗需要冷冻条件，灭活疫苗或活菌苗溶液则需要冷藏。运输和贮存过程中多次停电、反复冻融或同一瓶疫苗多次使用，均会使效价降低或失效。随着贮存时间的延长，疫苗效价会逐渐降低或失效，所以使用疫苗过期，则不会激发机体产生有效免疫力。

（4）疫苗稀释不当　没有按照疫苗使用说明书，正确稀释疫苗，导致疫苗浓度过高或过低。或者使用的稀释液不正确，如直接用含有漂白粉的自来水稀释疫苗，会导致疫苗的效价降低甚至丧失活性。此外，稀释疫苗的容器不当，用金属容器稀释会降低疫苗效价。

（5）不同疫苗联用或接种时间间隔不当，相互之间产生干扰。

2. 猪体因素

（1）猪群体状况不佳　猪品种、年龄、体质、饲养密度、应激因素以及圈舍环境等对机体免疫能力和疫苗免疫效果的影响很大。如果年龄偏小、体质差、环境条件差、应激刺激强等，均会引起免疫效果不佳或免疫失败。

（2）母源抗体或前次免疫抗体的干扰作用　较高的母源抗体或前次免疫残留抗体均会干扰活疫苗在体内增殖，影响特异免疫力的诱导。

（3）免疫抑制性因素的存在　如猪圆环病毒、猪繁殖与呼吸综合征病毒、猪肺炎支原体以及霉菌毒素等能够导致机体免疫功能抑制或下降，从而引起免疫失败。

3. 人为因素

（1）免疫程序不合理，或者没有按照免疫程序接种。比如：选用的疫苗与当地流行毒株血清型或亚型不一致，免疫时间、接种次数等不合理。任意提前、推迟免疫，或者频繁增加免疫次数。

（2）接种工作不认真负责。例如，没有按照说明稀释疫苗，接种剂量不足、过大，接种猪遗漏等。接种后对猪的管理不善，比如：采取防寒保暖或防暑降温措施不定，没有供给充足饮水和优质饲料等。

（3）免疫接种方法或途径错误。比如，为了省时省力，随意将注射接种途径换成了口服接种。

（4）免疫接种前后使用了免疫抑制性药物或抗菌药物，则会造成机体不能很好地对疫苗产生免疫应答，或者导致疫苗活性降低、丧失，不足以刺激机体产生免疫保护力。

第七节 免疫监测与疫病监测

在规模化猪养猪生产中，疫病的控制基于健康与疫病发生过程中产生的信息，并根据这些信息，提出疫病预防和控制策略，制定相关措施，评价所制定策略和措施的有效性。开展免疫监测与疫病监测，正是通过常规报告、猪群体状况调查、现场观察、流行病学调查和实验室检测等方法，取得大量猪群体健康与疫病联系的信息，以预防和控制疫病的发生。

一、免疫监测

免疫监测是指应用免疫学、血清学、生物信息学和分子生物学等技术，对某地区或某猪养猪场的免疫规划和疫苗免疫效果的监测。免疫监测是掌握猪群体免疫水平、减少免疫失败和预防疫病发生的重要措施，是制定疫病防疫程序的重要依据。

1. 免疫规划监测

免疫规划监测主要包括常规免疫接种率、免疫档案、疫苗管理和免疫接种不良反应的监测。

（1）免疫接种率监测 是某猪群体中接收某种疫苗免疫的猪所占的比例。确保较高的免疫接种率是免疫接种质量管理的重要内容之一。免疫接种率越高，获得免疫保护的猪才可能越多，发生疫病和造成疫病流行的可能性就越低。反之，免疫接种率越低，则受到免疫保护的猪就越少，发病的可能性就越高，也就越容易引起疫病流行。连续多年按计划100％给猪进行预防接种，同时配合其他防疫措施，是疫病净化和最终消灭的重要环节。比如，100％的免疫接种在许多国家的猪瘟和伪狂犬病的净化和消灭中发挥了关键作用。因此，加强对免疫接种率的监测，保证较高的免疫接种密度极为重要。此外，对新生的及从外地购进的猪应及时接种。

（2）免疫档案监测　免疫档案是对猪免疫状态的文字记载。规模化养猪场应在市或县级猪防疫监督机构的监督指导下建立免疫档案。免疫档案内容包括猪种类、年（月或日）龄、免疫耳标号、免疫日期、疫苗名称、疫苗批号、疫苗厂家、疫苗销售商、防疫员签字等。新引进猪时，应重新建立免疫档案。对种猪或后备猪，应每头建立单独的免疫档案，调运时注明调入、调出地。免疫档案的设计制作由省以下猪防疫监督机构完成，各地在具体设计和制作中应根据本地的实际情况，本着直观方便、项目齐全的原则进行。

（3）疫苗管理监测　疫苗在整个运输和销售过程中都应在低温条件下进行，并应按兽医行政管理部门规定的品种、数量及按兽药管理规定，从正规渠道采购疫苗，购回后立即冷冻或冷藏。疫苗的包装应该完整、密封，标签和说明齐全，疫苗色泽均一，油乳剂灭活苗不应出现分层现象等。

（4）免疫接种不良反应的监测　尽管疫苗疫病预防与控制中起着重要作用，但是疫苗本身对于猪机体而言为异物，尤其当疫苗质量差、被污染，或者使用不当时，会引起不良反应，甚至严重不良反应，造成经济损失。因此，接种后应加强疫苗不良反应的监测，以便及时应对，或改进疫苗质量与免疫程序。

2. 免疫效果监测

主要包括免疫抗体水平的监测与疫苗针对疫病的监测。

（1）免疫抗体水平监测　免疫效果可以通过血清学方法对免疫后抗体水平的测定进行评价。对初生仔猪母源抗体的监测是确定首次免疫时间的重要依据。常用的血清学方法有红细胞凝集抑制试验、正向间接血凝试验、琼脂扩散试验、中和试验和酶联免疫吸附试验（ELISA）等。针对不同疫病可以选择其最适合的监测技术，目前ELISA是最常用的、准确性与安全性高、实用性强的一种检测技术，其具有特异性强、灵敏度高、速度快，适合批量样本检测等优点。比如：猪瘟、伪狂犬病等免疫效果的监测。抗体监测一般在免疫3周后进行。血清或乳汁中的中和抗体、凝集抗体、沉淀抗体和ELISA抗体等，均可用来反映疫苗的免疫效果，其中中和抗体是反映疫苗免疫效果的最理想抗体。但是由于血清中和试验，操作起来比较繁琐，耗时长，所以临床实践中较少应用。

抗体监测应采取随机抽样方式采取血清样本，样本量应根据群体大小调整，太少影响监测结果的可信度，太多浪费人力物力。对被检样品的抗体水平既要看其平均值，又要关注样本的均一度和离散度，分析低于抗体保护临界值的样本比例，从而确定是否进行加强免疫。

总之，免疫抗体水平的监测已成为当前规模化养猪场免疫程序制定、减少免疫失败和预防疫病发生的经济实用措施之一。

（2）疫苗针对疾病的监测　调查免疫后疫苗针对疾病的发病情况，是评价免疫保护效果的最有说服力的方法。可以通过临床观察和病例对照等方法，猪群免疫前后的相应疫病的发生情况，或者通过比较免疫猪群和非免疫猪群相应疫病的发病率和死亡率等，评价疫苗的免疫保护效果。

二、疫病监测

1. 猪疫病监测的概念

猪疫病监测也称猪疫情监测，指长期、连续、系统地对猪疫病的动态分布、流行特点、发展趋势及其影响因素进行监视、检测和评估判断。疫病监测可以分为被动监测和主动监测，前者指下级单位按照常规上报监测数据和资料，上级单位被动接收的监测；后者指根据特殊需要，上级单位亲自调查收集或者要求下级单位严格按照规定收集资料而进行的监测。猪疫病监测的目的是为了及时发现疫情，考查疫病预防效果，调整和制定有效的疫病防控对策，以预防、控制疫病的发生。猪疫病监测是加强猪防疫工作的重要内容之一，也是《中华人民共和国动物防疫法》中规定的饲养、经营猪的单位和个人的法定义务。

2. 猪疫病监测体系

为了搞好猪疫病监测，我国建立了全国猪疫情测报体系，该体系负责猪疫情监测与报告。猪疫情测报体系由中央、省、县三级及技术支撑单位组成，即国家疫情测报中心（中国猪疫病预防控制中心）、省级猪疫情测报中心（省、自治区、直辖市的猪疫病预防控制中心）、县级猪疫情测报站和边境猪疫情监测站。技术支撑单位包括国家猪流行病学研究中心（农业部猪检疫所）、农业部兽医诊断中心及相关猪疫病诊断实验室。

中国猪疫病预防控制中心统一负责、组织实施全国猪疫情测报工作，省级猪防疫监督机构负责对本省（市、区）疫情测报站、边境猪疫病监测站进行监督、管理、指导、技术培训，划定各测报站的监测区域。各监测或诊断中心须按照规定上报猪疫情监测结果，国家疫情测报中心负责疫情监测、测报数据的汇总、分析，国家猪流行病学研究中心负责国内外猪疫情的收集、流行病学研究和预测、预报，国家猪疫病诊断实验室为猪疫情的监测提供技术支撑。

3. 猪疫病监测的对象和主要内容

猪疫病监测的对象主要包括重要的猪传染病和寄生虫病，尤其是危害严重的烈性传染病和人兽共患性疫病。我国规定各种法定报告的猪传染病和外来猪疫病为重点监测对象。对于养猪生产来说，监测的对象主要为：

（1）种猪：主要监测口蹄疫、猪瘟、猪水疱病、伪狂犬病和猪繁殖与呼吸综合征。

（2）非种用猪：主要监测口蹄疫、猪水疱病、猪瘟等。

猪疫病监测的主要内容包括：

（1）猪群体的特性以及疫病发生和流行的社会影响因素。

（2）猪疫病的分布特征与流行规律。

（3）猪疫病的免疫水平。

（4）病原体的血清型或亚型、毒力、感染特征、耐药性等。

（5）猪疫病的防控措施及其效果等。

（6）野生猪、传播媒介及其分布特征。

4. 猪疫病监测的程序与方法

（1）监测程序　包括资料收集、资料的整理和分析、监测信息的交流与反馈等。

①资料收集　疫病监测资料收集应注意可靠性、完整性、连续性和系统性。应该统一资料收集的标准和方法，制定规范的工作程序，建立完善的资料信息系统。收集的资料通常包括：疫病流行或暴发的发病率、死亡率，病原和血清学监测和实验室检测资料，药物和疫苗使用资料，猪群体特性及环境、生态等方面的资料。

②资料的整理和分析　综合收集的资料，对其进行全面、系统地分析，以获取有价值的信息。资料整理分析步骤与内容主要包括：认真核对、整理收集的资料，选择符合标准的资料，录入疫病信息管理系统，利用统计学方法将各种数据转换为有关指标，对不同指标进行客观解释。比如，通过分析确定疾病的分布规律、发现疾病的变化趋势和影响疾病分布的因素以及明确防控措施的有效性等。

③监测信息的交流与反馈　疫病监测收集的大量信息需要快速报告给有关部门和人员，便于及时提出主动监测方案，对重要疫情提出预警并做出迅速反应，为制订预防控制疾病的策略和措施提供依据。通过对监测信息的分析，还可以评价已有的疫病防控策略是否正确，所采取的措施是否有效，能否有效促进养猪业的健康发展。

（2）疫病监测方法　监测方法包括流行病学调查、临床诊断、病理学检查、病原学检测和血清学检测等。针对不同疫病应根据国家技术规范或标准要求进行，对暂时没有国家技术规范的疫病，由农业部统一规定。根据实际情况，按照国家或省级猪疫病预防控制中心的要求和统一安排，由县级监测站定期对所辖区的猪疫病进行监测。采样检测的重点是种畜场、规模饲养场和疑似患有应监测疫病的猪。边境猪疫情监测站应同时调查相邻国家或地区流行的重大猪疫病对本地区的威胁程度。

第八节　药物预防

现代集约化和规模化养猪模式一方面显著提高了生产效率，另一方面大大提高了疾病发生的风险，尤其造成猪疫病极易在猪群体间流行。因此，猪疫病预防是养猪场的首要任务。在临床实践中，除了良好的饲养管理、严格的卫生消毒、科学的免疫接种等措施外，合理使用药物防止疫病发生也是猪疫病预防实践中的常用措施之一。

一、药物预防的概念

猪传染病的药物预防也称为药物保健，是指使用某些抗微生物药物来预防传染病的疫病预防方案。预防药物的种类包括抗球虫药、驱虫类和抑菌促生长类。目前，药物预防对于尚无疫苗，或虽有疫苗但实际应用不够理想的疫病显得更为重要。在现代化畜牧业生产中，药物预防应用得非常普遍。

二、药物预防的弊端与误区

1. 药物预防的弊端
虽然药物作为保健添加剂在猪疫病防控中被广泛应用，但既然是药物，就势必存在药物的弊端，具体如下。

（1）药物发挥作用时间短暂，停止使用后其作用很快消失，因此需要随时、多次使用，而不像疫苗免疫一次可维持很长时间。

（2）长期低剂量使用药物预防，容易导致耐药菌株的产生，给临床治疗带来困难。这就需要经常不断研发、更换新的药物，造成成本增加。

（3）长期不合理使用药物还可能引起猪体内正常菌群失调，诱发条件性疾病。有的药物具有免疫抑制作用，造成猪群体免疫力下降，反而导致疾病发生次数增多。

（4）长期使用药物，由于其不能及时代谢，造成猪产品中的药物残留现象。当人类食用了残留药物的猪产品，可能造成被动用药，甚至出现抗药性，影响疾病治疗效果。

（5）可能会引起药物中毒发生。有些药物安全范围小，稍有疏忽容易引起药物中毒，造成损失。

（6）药物预防的成本高。由于药物预防多需要多次使用，相对于疫苗免疫，药物预防费时、费力、成本高。

鉴于药物预防过程中存在上述弊端，应严格遵守兽药管理部门对药物的管理规定，合理选择预防用药物。

2. 药物预防的误区

当前在实践中，有的养猪场过度依赖药物预防，而且在药物选择和使用方面均比较混乱，并出现了一些误区。

（1）盲目延长用药时间。有的养猪场为防止疫病发生，在饲料中长期添加药物。

（2）添加药物种过多。一些养猪场希望同时在饲料中添加多种药物来预防几种疫病，认为添加的药物种类越多越保险，这样不仅造成不必要的浪费，增加了猪机体的负担，甚至引起中毒。

（3）用药剂量过大。一般预防用药剂量低于治疗剂量或者是治疗剂量的一半，但有些饲养场往往采用治疗剂量，并且饲料厂在饲料中已经加入了抗生素，再添加相当于重复添加，从而导致用药剂量过大。

（4）使用二线药物预防。预防用药应该是一线常规药物，例如：青霉素、链霉素、土霉素等。只有在治疗时，当遇到耐药菌株的情况下才使用二线药物即新一代药物，如头孢类。但是实践中很多养猪场常用二线药物用于预防用药，结果一旦发病，则造成无有效药物可用的现状。

（5）过分依赖药物预防，从而放松饲养管理、卫生消毒等综合性防控措施，结果造成疾病频繁发生，然后再用药，如此恶性循环。

上述对药物预防的错误认识，给药物预防措施造成了很多不良影响。因此，养猪场应根据猪的健康状况，制定合理的免疫程序，尽可能地减少各种药物的使用，必须遵循科学、合理的用药原则，使药物预防在猪疫病预防中真正发挥其应有效果。

三、药物预防的原则与方法

针对药物预防存在的上述弊端与误区，在生产实践中，药物预防应注意坚持如下原则与方法。

1. 选择合适的药物

宜选用常规药物，例如青霉素、土霉素、阿莫西林、氟哌酸等。特殊情况下，为预防某种或某类疫病，可以选用特定药物，如预防猪繁殖与呼吸综合征时可使用替米考星，预防猪气喘病时可使用泰妙菌素（商品名叫支原净）。

2. 严格掌握药物的种类、剂量和使用方法

预防用药的种类不宜超过 2 种，依据药物生产厂家提供的使用说明，确定使用剂量及用法。但在疫病流行时，紧急用药预防时可将预防剂量提高为治疗剂量。

3. 掌握用药时间和时机

应依据季节性、阶段性、应激性、紧急性的需要进行药物预防，做到定期、间断和灵活用药。在无疫情流行、猪健康状况良好的情况下，一般用预防用药一个疗程 3～5d 即可。一些疾病的发生具有明显的季节性，如随着夏季的来临，温度升高，湿度增加，猪链球菌病、弓形虫病容易发生；气温骤变或寒冷季节，容易发生猪传染性胸膜肺炎、猪肺疫、气喘病、猪流感等以呼吸道症状为主的疫病。所以一般在季节变换时，需要预防用药。在仔猪断奶、转群、运输等时，可以提前或随时给予药物预防，以避免应激诱发疫病。在保育阶段后期或生长各进行预防性驱虫一次，引进的种猪应在并群前 10d 驱虫 1 次。在当疫情发生时，受威胁的猪群需要紧急用药进行预防性治疗。

4. 穿梭用药与轮换用药

一个养猪场或同一猪群避免长期使用同一种药物，应该定期更换、交替使用几种药物。

5. 给药时要混合均匀

经饲料、饮水给药时，采取由少到多、逐级混合的搅拌方法，确保药物搅拌均匀，或者充分溶解。

猪传染病的控制和扑灭措施

在养猪生产中，虽然建立了良好的兽医生物安全体系，在平时采取了科学饲养管理、检疫、消毒、疫苗免疫接种、药物预防等切实措施来预防传染病，但在不少情况下，仍然难以避免发生传染病。那么，一旦发生传染病后，需要及时采取措施予以控制与扑灭。动物传染病的控制和扑灭需要周密细致的技术措施，主要包括：及时发现、诊断和上报疫情，迅速隔离患病动物，对污染的地方进行紧急消毒，对受威胁的动物考虑进行紧急免疫接种，对发病动物进行合理治疗，对病死动物进行无害化处理，以尽快控制疫情。若发生口蹄疫等危害性大的疫病时，则需要进一步采取封锁疫区、扑杀患病动物等更加严厉的处置措施，来尽快扑灭疫情。

动物传染病的控制和扑灭是保护养殖业生产和人民健康的大事，既具有重要的经济意义，也具有重要的政治意义。

第一节　疫情报告、控制和扑灭

一、疫情报告

从事动物疫情监测、检验检疫、疫病研究与诊疗以及动物饲养、屠宰、经营、隔离、运输等活动的单位和个人，发现动物染疫或者疑似染疫的，应当立即向当地兽医主管部门、动物卫生监督机构或者动物疫病预防控制机构报告，并采取隔离等控制措施，防止动物疫情扩散。其他单位和个人发现动物染疫或者疑似染疫的，应当及时报告。

接到动物疫情报告的单位，应当及时采取必要的控制处理措施，并按照国家规定的程序上报。若为紧急疫情，要以最迅速的方式上报有关领导部门。

动物疫情由县级以上人民政府兽医主管部门认定；其中重大动物疫情由省、自治区、直辖市人民政府兽医主管部门认定，必要时报国务院兽医主管部门认定。

国务院兽医主管部门应当及时向国务院有关部门和军队有关部门以及省、自治区、直辖市人民政府兽医主管部门通报重大动物疫情的发生和处理情况；发生人畜共患传染病的，县级以上人民政府兽医主管部门与同级卫生主管部门应当及时相互通报。

国务院兽医主管部门应当依照我国缔结或者参加的条约、协定，及时向有关国际组织或者贸易方通报重大动物疫情的发生和处理情况。

国务院兽医主管部门负责向社会及时公布全国动物疫情，也可以根据需要授权省、自治区、直辖市人民政府兽医主管部门公布本行政区域内的动物疫情。其他单位和个人不得发布动物疫情。

任何单位和个人不得瞒报、谎报、迟报、漏报动物疫情，不得授意他人瞒报、谎报、迟报动物疫情，不得阻碍他人报告动物疫情。

当出现动物突然死亡或怀疑动物发生传染病时，应立即通知兽医人员。在兽医人员尚未到场或尚未做出诊断之前，应采取下列措施：将疑似患传染病的动物进行隔离，派专人管理；对患病动物停留过的地方和污染的环境、用具进行消毒；完整保留患病动物尸体；不得随便急宰，不许食用患病动物的皮、肉、内脏。

二、传染病的控制和扑灭

动物疫情发生后，需要多种有效的控制、扑灭措施。但对不同类型的疫病来说，为了使疫病的控制、扑灭工作更科学合理和经济有效，需选用措施的种类及其紧急、严厉的程度又不尽相同。

1. 一类动物传染病的控制和扑灭

一类动物疫病（都是传染病）对人与动物的危害严重，必须采取紧急、严厉的强制预防、控制、扑灭等措施。因此，对一类动物疫病的处理，都是采取以封锁为核心的控制、扑灭措施。《中华人民共和国动物防疫法》第三十一、三十三条规定，发生一类动物疫病时，应当采取下列控制和扑灭措施。

（1）划定疫点、疫区、受威胁区，发布封锁令　当地县级以上地方人民政府兽医主管部门应当立即派人到现场，划定疫点、疫区、受威胁区，调查疫源，及时报请本级人民政府对疫区实行封锁。疫区范围涉及两个以上行政区域的，由有关行政区域共同的上一级人民政府对疫区实行封锁，或者由各有关行政区域的上一级人民政府共同对疫区实行封锁。必要时，上级人民政府可以责成下级人民政府对疫区实行封锁。

（2）控制、扑灭措施　县级以上地方人民政府应当立即组织有关部门和单位采取封锁、隔离、扑杀、销毁、消毒、无害化处理、紧急免疫接种等强制性措施，迅速扑灭疫病。

（3）封锁措施　在封锁期间，禁止染疫、疑似染疫和易感染的动物、动物产品流出疫区，禁止非疫区的易感染动物进入疫区，并根据扑灭动物疫病的需要对出入疫区的人员、运输工具及有关物品采取消毒和其他限制性措施。

（4）解除封锁　疫点、疫区、受威胁区的撤销和疫区封锁的解除，按照国务院兽医主管部门规定的标准和程序评估后，由原决定机关决定并宣布。

2. 二类动物传染病的控制和扑灭

二类动物疫病可造成重大经济损失，需要采取严格的控制、扑灭措施，以防止扩散。《中华人民共和国动物防疫法》第三十二、三十五条规定，发生二类动物疫病时，应当采取下列控制和扑灭措施。

（1）划定疫点、疫区、受威胁区　当地县级以上地方人民政府兽医主管部门应当划定疫点、疫区、受威胁区。

（2）控制、扑灭措施　县级以上地方人民政府根据需要组织有关部门和单位采取隔离、扑杀、销毁、消毒、无害化处理、紧急免疫接种、限制易感染的动物和动物产品及有关物品出入等控制、扑灭措施。

当二类动物疫病呈暴发性流行时，按照一类动物疫病处理。

3. 三类动物传染病的控制和扑灭

三类动物疫病多为动物的多发常见病，对养殖业生产可能造成重大经济损失，需要控制或净化。《中华人民共和国动物防疫法》第三十四、三十五条规定，发生三类动物疫病时应当采取下列控制和扑灭措施。

当地县级、乡级人民政府应当按照国务院兽医主管部门的规定组织防治和净化。这里所称的净化是指通过检疫、隔离、消毒、治疗和淘汰等措施减少和消灭传染源，使疫情完全停止。

当三类动物疫病呈暴发性流行时，按照一类动物疫病处理。

4. 其他控制和扑灭措施

为控制、扑灭动物疫病，动物卫生监督机构应当派人在当地依法设立的现有检查站执行监督检查任务；必要时，经省、自治区、直辖市人民政府批准，可以设立临时性的动物卫生监督检查站，执行监督检查任务。

发生人畜共患传染病时，卫生主管部门应当组织对疫区易感染的人群进行监测，并采取相应的预防、控制措施。

5. 相关人员和部门的义务

（1）行政相对人的义务　疫区内有关单位和个人，应当遵守县级以上人民政府及其兽医主管部门依法作出的有关控制、扑灭动物疫病的规定。任何单位和个人不得藏匿、转移、盗掘已被依法隔离、封存、处理的动物和动物产品。

（2）相关部门的义务　发生动物疫情时，航空、铁路、公路、水路等运输部门应当优先组织运送控制、扑灭疫病的人员和有关物资。

6. 重大动物疫情应急

一、二、三类动物疫病突然发生，迅速传播，给养殖业生产安全造成严重威胁、危害，以及可能对公众身体健康与生命安全造成危害，构成重大动物疫情的，依照法律和国务院的规定采取应急处理措施。

第二节　病料的采集、保存与送检

在一个地区、一个猪场出现传染病疫情时，在现场往往难以确定是属于哪种具体的传染病，这时候需要采集适宜的病料，进行包装、保存后尽快送到有关实验室进行诊断，以确诊为具体的传染病，从而有的放矢，采取针对性措施予以控制和扑灭，这个中间过程就是病料的采集、保存与送检。

一、病料的采集

1. 病料采集的原则

（1）剖检前进行检查　当发现病猪有急性死亡时，必须先用显微镜检查其末梢血液抹片中是否有炭疽杆菌存在。如怀疑是炭疽，则不能随意剖检，只有在确定不是炭疽后才能进行剖检。

（2）采样前要做好准备工作　采样前要做好器械消毒、记录用纸张、笔、记号笔、装样容器、包装材料、冷藏运送等准备工作。

（3）采样时间　采血前一般要求禁食8h，采集内脏病料时如病猪已死亡，一般不超过6h。

（4）采集病料的种类和部位　要根据不同的传染病或检测目的，采集相应的脏器、内容物、分泌物、排泄物、血液等材料。在作疾病诊断时应注意及时准确地采集含菌（病毒）最多的、有病变和典型病变的组织，如发热和全身性感染的患病（死亡）的猪只可采集血液、心、肺、脾、肝、肾、淋巴结、胃、肠等；以呼吸症状为主的疾病可收集患病（死亡）猪只的鼻咽分泌物和病尸肺脏；以消化道症状为主的疾病可收集患病（死亡）猪只的胃肠道分泌物和病尸肠道；有神经症状的疾病可取脑、脊髓组织，如狂犬病取脑的海马角部分，伪狂犬病取嗅球部分等；若无法判定是哪种传染病，可进行全面采集。

（5）符合统计学要求　在进行流行病学调查、抗体检测、猪群群体健康评估和环境卫生检测时，样品的数量应满足统计学的要求。

（6）做好防护　采样时要做好人身防护，严防人畜共患病感染；采样时要小心谨慎，以免对动物产生不必要的刺激或损害和对采样者构成威胁；采样后做好环境和采样工具的消毒和病害肉尸的处理，防止污染环境和疫病传播。

2. 病料采集的方法

病料必须采集新鲜的。污染的、腐败的都不适于检查用。检查传染病的病料，主要是作病原学、血清学及病理组织学的检查，所有容器及用具等必须消毒。刀、剪等采集一种病料后，经过消毒才能再采集另一种病料，要遵守无菌操作规程。容器要封严并用胶布密封。为了避免杂菌污染、检查病变应在采集完病料后进行。不同组织及液体病料的采集方法如下。

（1）血液　需用血清时，用注射器无菌操作抽取血液，置于灭菌试管或EP管中，也可直接置于注射器中，盖好封盖。猪的血液采集部位多为颈静脉或前腔静脉，根据体重大小可一次采集 1～20mL，置于室温下，待血液凝固析出血清后，吸出血清置于另外的灭菌试管或 EP 管中。需用全血时，一是在注射器中先加入适量的抗凝剂，如肝素钠、EDTA 钠、柠檬酸钠，二是抽出血液后立即注入盛有抗凝剂的灭菌试管或 EP 管中。对尸体常采集心血，先用酒精棉点火烧烤、或烧红的刀片烙熨心肌表面，然后用灭菌注射器刺入右心房抽血，放于灭菌试管中。

（2）非血液类液体 脓汁、鼻液、乳汁等非血液类液体病料的采集方法如下。一般用灭菌棉签放入到鼻腔、咽喉、肛门，蘸取分泌物，也称为鼻拭子、咽拭子、肛拭子，然后将棉签放入灭菌试管中。采集脓汁时，脓肿未破溃的，可直接用注射器抽取脓汁，如脓汁黏稠可先向脓肿内注射少量灭菌生理盐水，然后抽取；若已破溃，则按照鼻拭子采集方法。采集乳汁时，应先将乳房洗净消毒，弃去最初一部分乳汁，再挤入灭菌瓶内。对于粪便的采集，除采集肛拭子外，也可以直接采集新鲜粪便 2～3 块，放于灭菌小瓶里。另外，有时可用分泌物做压片或涂片数片一并送检。

（3）淋巴结与内脏 对于淋巴结、心、肺、肝、脾、肾，选择典型病变连同一部分正常组织，切下手指大小左右的一两块，分别置于灭菌容器中，供微生物学检查的放于灭菌瓶内，供病理组织学检查的放于 10% 福尔马林中。

（4）胃肠道 采集胃肠道内容物，一方面可参照未破溃脓包的脓汁采集方法，另一方面可结扎胃、肠的两端，从结扎处外部剪下送检。

（5）脑组织 脑子取出后纵切两半，一半放入装有 50mL 灭菌甘油生理盐水瓶内，一半放入装有 10mL 甲醛溶液瓶中。

由于目前可使用 PCR 方法直接检测病原微生物基因片段，对于无菌采集的要求不是特别严格，特别是用 PCR 方法检测病毒时，例如，活体采集猪的扁桃体组织进行猪瘟病毒、为狂犬病病毒的检测时，不太需要考虑无菌要求。

二、病料的包装

采集后的每个病料样品应仔细分别包装，在样品包装外贴上标签，注明样品名、样品的编号、采样日期等，将不同样品按编号分类包装，包装袋外要贴封条，封条上要有采样人签章，并注明贴封日期，标注放置方向，切勿倒置。

三、病料的保存

采集病料后，如不能立即送检或检测，则需要做好保存工作。病料的检测用途不同，保存方法也有所差别。

1. 血清学检测

将采集的血清或液体病料置于灭菌容器中，密封，低温保存。

2. PCR 检测

将采集的病料置于灭菌容器中，低温保存即可。

3. 微生物学检测

对于采集的组织器官，若进行细菌学检测，保存于 38％氯化钠溶液或 30％肝油缓冲盐水溶液中；若进行病毒学检测，保存于 50％肝油缓冲盐水溶液中；容器加塞密封保存。对于液体类病料，可装在密闭的试管、EP 管等中保存。

4. 病理组织学检测

将采集的组织器官置于 10％福尔马林溶液或 95％酒精中固定、保存，固定液的用量应是病料的 5 倍以上。

病料样品是检验、诊断和检测工作基本依据，在某些情况下还是法律证据。除根据不同目的所采样品按前面所述的方法保存外，在检验之前最好分装，至少一式两份，一份用于检测，一份保存留样（一般要求保存 3 个月），以备复查。这样可保持样品的完整性。在样品保存中要注意分类、分区位保存，以便日后查找。

四、病料的送检

应遵照《动物防疫法》第二十三条"采集、保存、运输动物病料或者病原微生物以及从事病原微生物研究、教学、检测、诊断等活动，应当遵守国家有关病原微生物实验室管理的规定。"

病料采集后尽快送检，并向装病料的保温瓶内放些氯化铵或冰块。冰块可保持 48h，如无冰块，可向保温瓶内加入 30％氯化铵溶液，可保持 24h。

不论派人送或邮寄，都必须使病料不污染不腐败，并包装坚固不能破碎。瓶上要贴瓶签，注明病料名称、保存方法、采集日期及地点等。

送检的病料要有清单、病史、剖检记录及其他有关资料，并说明送检的目的与要求。

第三节　猪传染病的诊断

发生动物传染病后，及时而正确的诊断是防控工作的关键和首要环节，它关系到能否正确制定有效的控制措施。正确的诊断来自正确的策略、完善的方案、可靠的方法和先进成熟的技术，特别是对大的疫情，应该全面系统掌握各方面的材料、信息、数据和检测结果。诊断动物传染病的方法很多，大体可分为两类，即现场诊断和实验室诊断。现场诊断又叫临诊综合诊断或临床诊断，包括流行病学诊断、临诊诊断或临床症状诊断、病理解剖学诊断；实验室诊断包括病原学诊断、免疫学诊断、病理组织学诊断，其中病原学诊断又可分为微生物学诊断、分子生物学诊断，免疫学诊断又可分为血清学诊断和变态反应诊断。实验室诊断是在获得采集的病料后进行的诊断。尽管诊断方法很多，但任何一种诊断方法所针对的材料对象及其所得结果的价值和意义也不相同，而且每种传染病的特点各有不同，因此在实际工作中特别强调综合诊断，注意各种诊断方法的配合使用、各种诊断结果的综合分析，最后做出确诊。同时，尽管诊断方法很多，并非对每种病或每次诊断都要采取所有方法，而是根据具体情况和实际需要选取合适的诊断方法，有是只需要采用其中的少数几种方法即可。现将各种诊断方法介绍如下。

一、临诊综合诊断

1. 流行病学诊断

　　流行病学诊断是针对患传染病的动物群体，经常与临诊诊断联系在一起的一种诊断方法。某些家畜疫病的临诊症状虽然基本上是一致的，但其流行的特点和规律却很不一致。例如口蹄疫、水疱性口炎、水疱病和水疱性疹等病，在临诊症状上几乎是完全一样的，无法区别，但从流行病学方面却不难区分。

　　流行病学诊断是在流行病学调查、也可称为疫情调查的基础上进行的。疫情调查可在临诊诊断过程中进行，如以座谈方式向畜主询问疫情，并对现场进行仔细观察、检查，取得第一手资料，然后对材料进行分析处理，做出诊断。调查的内容或提纲按各种不同的疫病和要求而制定，一般应弄清下列有关问题。

　　（1）本次流行的情况　　主要包括：最初发病的时间、地点，随后蔓延的情况，目前的疫情分布；疫区内各种动物的数量和分布情况、发病动物的种类、数量、年龄、性别；查明其感染率、发病率、病死率和死亡率。

　　（2）疫情来源的调查　　本地过去曾否发生过类似的疫病，何时何地发生，流行情况如何，是否经过确诊，有无历史资料可查；何时采取过何种防治措施，防治措施的效果如何；如本地未发生过，附近地区曾否发生；这次发病前，曾否由其他地方引进动物、动物产品或饲料，输出地有无类似的疫病存在。

　　（3）传播途径和方式的调查　　本地各类有关动物的饲养管理方法，使役和放牧情况；牲畜流动、收购以及防疫卫生情况如何；交通检疫、市场检疫和屠宰检验的情况如何；死病畜处理情况如何；有哪些助长疫病传播蔓延的因素和控制疫病的经验；疫区的地理、地形、河流、交通、气候、植被和野生动物、节肢动物等的分布和活动情况，它们与疫病的发生及蔓延传播有无关系。

（4）该地区的政治、经济基本情况　疫病发生地区的群众生产和生活活动的基本情况和特点，畜牧兽医机构和工作的基本情况，当地领导、干部、兽医、饲养员和群众对疫情的看法如何等。

2. 临诊诊断

临诊诊断是基本的诊断方法。它是利用人的感官或借助于一些简单的器械如体温表、听诊器等直接对动物进行检查。有时也包括血、粪、尿的常规检验。一般来说，都是简便易行的方法。对于某些具有特征临诊症状的典型病例如破伤风、猪水肿病、猪气喘病等，经过仔细的临诊检查，一般不难作出诊断。

临诊诊断有其一定的局限性，特别是对发病初期尚未出现有诊断意义的特征症状的病例，对非典型病例，依靠临床检查往往难于作出诊断。在很多情况下，临诊诊断只能提出可疑疫病的大致范围，必须结合其他诊断方法才能做出确诊。在进行临诊诊断时，应注意对整个发病动物群所表现的综合症状加以分析判断，不要单凭个别或少数病例的症状轻易下结论，以防止误诊。

临诊诊断技术包括一般检查（姿态、可视黏膜、淋巴结、皮肤、体温等检查）、系统检查（血液循环系统、呼吸系统、消化系统等），以及血液、尿液、粪便等常规检验。

3. 病理解剖学诊断

患各种传染病而死亡的动物尸体，多有一定的病理变化，可作为诊断的依据之一，如口蹄疫、猪瘟、猪气喘病、猪水肿病时，都有特征性的病理变化，常有很大的诊断价值。有的患病动物，特别是最急性型病例和早期屠宰的病例，有时特征性的病变尚未出现，因此进行病理剖检诊断时尽可能多检查几头，并选择症状较典型的病例进行剖检。

二、实验室诊断

1. 分子生物学诊断

分子生物学诊断又称基因诊断，主要是针对不同病原微生物所具有的特异性核酸序列和结构进行测定，属于病原学诊断的范畴。该方法能够在分子水平上检测特定核酸，从而达到鉴别和诊断病原微生物与传染病的目的，其特异性强、灵敏性高，已越来越多的用于动物传染病的诊断，具有广阔的用于前景。自1976年以来，基因诊断方法取得巨大进展。分子生物学诊断方法包括聚合酶链式反应（polymerase chain reaction，PCR）、荧光定量 PCR、DNA 芯片技术、核酸分子杂交（原位杂交、斑点杂交、Northern 杂交、Southern 杂交）、基因组电泳图谱分析、DNA 限制性内切酶图谱分析等。在传染病诊断方面，具有代表性的技术主要有三大类：PCR 技术核酸探针、DNA 芯片技术。

（1）PCR 技术　又称为体外基因扩增技术，诞生于 1985 年，是生物医学领域中的一项革命性创举和里程碑。

PCR 技术主要是检测病原，做传染病的早期诊断和传染源的鉴定。传染病的病原体主要是病毒与细菌，都有其特异性的基因序列。因此，检测出特异性基因序列就能确定相对应的特定病原微生物，从而确认是哪种传染病。

目前可以在因特网 GenBank 中检索到大部分病原微生物的特异性核酸序列。PCR 技术就是根据已知病原微生物特异性核酸序列，设计合成与其 5′端同源、3′端互补的一对哦特异性引物，在体外反应管中加入待检的病原微生物核酸（称为模板 DNA）、引物、dNTPs 和具有热稳定性的 DNA Taq 聚合酶，在适当条件下，置于自动化热循环仪（PCR 仪）中，经过变性、复性、延伸的三种反应温度为一次循环，进行 30～40 次循环。如果待检的病原微生物核酸与引物上的碱基匹配的话，合成的核酸产物就会以 2^n（n 为循环次数）呈指数递增。产物经琼脂糖凝胶电泳，若见到预期大小的 DNA 条带出现，就可做出确切诊断。PCR 技术具高度敏感性，可从 10^6 个细胞中检出一个被病毒感染的细胞。仔猪感染猪繁殖与呼吸综合征病毒（PRRSV）的第 5 天就可从血液中检出 PRRSV 核酸。PCR 的敏感性可达 5 拷贝/μL 的病毒含量。PCR 诊断方法具高度特异性，如用 PCR 方法可将高致病性猪繁殖与呼吸综合征与经典猪繁殖与呼吸综合征病毒很简便地区分开来，这是一般诊断方法难以办到的。PCR 方法也简便、快速，并建立了反转录 PCR（RT-PCR）、巢式 PCR（nested PCR）、多重 PCR、荧光定量 PCR 等多种 PCR 方法。目前对于多种猪的传染病，如口蹄疫、猪瘟、猪流感、伪狂犬病、猪细小病毒病、猪繁殖与呼吸综合征、猪圆环病毒病、猪传染性胃肠炎、猪流行性腹泻、猪链球菌病、副猪嗜血杆菌病、猪气喘病等，已广泛应用 PCR 技术进行病原检测与诊断。从理论上讲，只要知道病原微生物特异的核酸序列，就可用 PCR 方法进行检测。

（2）核酸探针技术　核酸探针又称为基因探针、核酸分子杂交技术。该方法的检测体系包括三大组成部分：待检核酸、就是检测模板，固相载体、多使用硝酸纤维膜，核酸探针，多用生物素、酶、荧光、同位素标记。

核酸探针技术包括原位杂交、斑点杂交、Southern 杂交、northern 杂交。原位杂交是指直接在组织切片或细胞涂片上进行杂交反应；斑点杂交是指将待检的核酸或细胞裂解物，经过变性后直接点在固相膜上进行杂交；Southern

杂交是指将待检 DNA 经内切酶消化、琼脂糖凝胶电泳、变性后转到固相膜上进行杂交；Northern 杂交的方法与 Southern 杂交基本相同，有所区别的是检测 RNA 而非 DNA。

探针材料可以是已知的病原微生物核酸片段，DNA 或 cDNA 文库中核酸片段，或者根据已知病原微生物核酸序列，设计人工合成特异的寡核酸片段，总之探针核酸序列是已知的。然后将其标记上地高辛、生物素、同位素、等制备成探针。模板核酸与探针核酸经过变性、复性，根据碱基配对原则，如果二者同源则相结合，否则不会结合反应，也就是说具有与抗原抗体反应非常类似的高度特异性。利用酶底物反应或放射自显影方法，根据在固相膜的相应位置是否出现预期条带或斑点来做出诊断。基因探针方法敏感性高，检测一个单基因仅需 10^4 拷贝，明显高于单抗检测所需要的 10^7 以上抗原分子。该法特异性强，可以从混合标本中正确鉴定出目的病原微生物。该法简便快速，一个标本中同时可检出几种基因。

核酸探针技术诊断的应用范围非常广泛，可对所有具有核酸的病原体进行准确诊断，可在混有大量杂菌或混合感染物中直接检出主要病原微生物，包括难以在体外培养的病原，可检出带菌、带毒的隐性感染的动物，可对病原微生物进行准确分类鉴定，还可对动物产品或食品进行卫生检验。

（3）DNA 芯片技术 DNA 芯片技术是在核酸杂交，测序的基础上发展起来的，与 Southern 杂交、Northern 杂交同为一个原理，即 DNA 碱基配对和序列互补原理。DNA 芯片又称为基因芯片、微排列，属于生物芯片的一种。该项技术应用成熟的照相平板印刷术和固相合成，在硅片的精确部位合成千百万个高分辨率的不同化合物制成的探针，芯片上单个探针密度为 $10^7 \sim 10^8$ 个分子/片，并用荧光进行标记。待测核酸时在芯片上与探针杂交，而不是传统的凝胶电泳后在膜上杂交。杂交结果用共聚焦荧光显微镜进行激光扫描检测，荧光图像数据由计算机处理软件分析，从而做出快速诊断

根据微排列上探针不同，DNA 芯片又分为寡核苷酸芯片和 cDNA 芯片。DNA 芯片技术可用于鉴定靶基因序列、基因突变检测、基因表达监测、新基因发现等。DNA 芯片技术日趋成熟，其价格越来越低，现已在致病机理、免疫机理研究方面得到比较广泛的应用，也用于一些人类传染病的诊断方面。由于 DNA 芯片技术可同时检测数种、数十种、数百种甚至数千种病原微生物的基因序列，因此随着其价格的逐步降低，应用于动物传染病诊断的前景也越来越大。

2. 微生物学诊断

微生物学诊断属于病原学诊断的范畴，查出动物传染病的病原体，是诊断动物传染病的重要方法之一。常用诊断方法和步骤如下。

（1）病料的采集　正确采集病料是微生物学诊断的重要环节。病料尽量要新鲜，最好能在病重、濒死时或死后数小时内采取，对于死亡动物病料的采集，夏天要比冬天更需要从快；要从症状明显、濒死期或自然死亡而且未经治疗的病例取材；要求尽量减少杂菌污染，用具、器皿应尽可能严格消毒。通常可根据所怀疑病的类型和特性来决定采取哪些器官或组织。原则上要求采取病原微生物含量多、病变明显的部位，同时易于采取、易于保存和运送。如果缺乏临诊资料，剖检时又难以分析诊断属于何种传染病时，应比较全面地采集病料，可同时采集血液、脾、肺、肝、肾、淋巴结等，同时要注意带有病变的部分。如怀疑炭疽，则按规定方法取材，以避免散播可能的炭疽杆菌形成芽胞后成为长久的疫源地。

（2）病料涂片、镜检　通常把有显著病变的组织器官涂片数张，进行染色，显微镜检查。此法对于一些具有特征性形态的病原细菌如炭疽杆菌、巴氏杆菌等可以迅即做出诊断，但对大多数传染病来说，只能提供初步依据或参考。

（3）分离培养和鉴定　就是用人工培养方法将病原体从病料中分离出来。分离培养细菌、真菌、螺旋体等可选择适当的人工培养基，分离培养病毒可选用细胞组织、禽胚、动物等。分离出病原体后，再进行形态学、培养特性、动物接种、免疫学及分子生物学等鉴定。

（4）动物接种试验　通常选择对病原体最敏感的动物进行人工感染试验。将病料用适当的方法处理并进行人工接种，然后根据对动物的致病力、症状和病理变化特点来帮助诊断。当实验动物死亡或经一定时间予以处死后，观察体内病理变化，并采取病料进行涂片检查和分离鉴定。

用于猪传染病诊断的常用实验动物有家兔、小鼠、豚鼠、仓鼠等。当实验动物对病原体无感受性时，可以采用有易感性的猪来进行试验，但费用高，而且需要严格的隔离条件和消毒设施，因此只有在必要和条件许可时才进行本动物接种试验。

需要注意的是，从病料中分离出病原微生物，虽是确诊的重要依据，但也应注意动物的健康带菌（毒）现象，其结果还需与临诊及流行病学、病理变化结合起来进行综合分析。还有的传染病，与其病原体的数量有密切关系，例如猪的断奶后多系统衰竭综合征，猪圆环病毒2型是其原发病原和必需因子，但不是充分因子，其感染现象普遍存在，在相关病料中用PCR方法检出猪圆环病毒2型时并不能充分确定病因，但当检出很高含量的猪圆环病毒2型时即可确诊。有时即使没有发现病原体，也不能完全否定该种传染病的诊断，因为任何病原学方法都存在有漏检的可能。

3. 血清学诊断

免疫学诊断是诊断动物疫病比较常用的诊断方法，该方法准确而迅速，适于进行群体检查，大多数动物传染病应用此方法可以做出结论。特别是隐性感染的疫病，在流行病学方面是重要传染源，因为无临诊症状，故很容易忽视，用免疫学方法则可以鉴别。免疫学诊断一般分为血清学和变态反应诊断两类。

血清学试验可以用已知抗原来测定待检动物血清中的特异性抗体，也可用已知抗体（免疫血清）来测定待检材料中的抗原。血清学检测的抗原既可以是完整的病原体，也可以是病原体的一部分。根据试验原理，血清学试验可分为以下类型。

（1）沉淀试验　主要有环状沉淀使用、絮状沉淀反应、琼脂扩散沉淀反应、免疫电泳、对流免疫电泳等。

（2）凝集试验　主要有直接凝集反应、间接凝集反应、间接血凝试验、血凝试验、血凝抑制试验、金黄色葡萄球菌 A 蛋白的协同凝集试验等。

（3）酶联免疫吸附试验（ELISA）　主要包括间接 ELISA、竞争 ELISA、阻断 ELISA、夹心 ELISA、抗原捕获 ELISA 等。

（4）标记抗体有关的试验　除 ELISA 外，还有荧光抗体试验、放射免疫试验等。

（5）中和试验　主要有病毒中和试验、毒素抗毒素中和试验等。

（6）与补体有关的反应　主要有溶血试验、溶菌使用、直接补体结合试验、间接补体结合试验、固相补体结合试验、溶血空斑试验等。

4. 变态反应诊断

动物患某些传染病后，可对与该病相应的病原体或其产物的再次进入产生强烈反应，这种反应叫做变态反应。凡能引起变态反应的物质（病原体、病原体的产物）叫做变态反应原，如结核菌素、将其注入患病动物时，可引起局部或全身反应，故可用于传染病的诊断。该方法常用于某些慢性传染病和某些寄生虫病，如结核病、布鲁菌病、鼻疽、猪囊虫病的诊断。变态反应诊断法具有特异性较高、操作简单、可现场操作并得出结果的优点。

5. 病理组织学诊断

病理学诊断除病理解剖学诊断外，还有病理组织学诊断。有些传染病除肉眼检查外，还需作病理组织学检查。有些传染病，还需检查特定的组织器官，如怀疑为狂犬病时应取脑的海马角进行包涵体检查；如怀疑为猪断奶后多系统衰竭综合征时，需要取淋巴器官进行组织学检查。

第四节　猪传染病的控制与扑灭措施

发生动物传染病时，需要及时、妥善处置。传染病疫情处置的原则为四个字"早、快、严、小"。早，是指加强疫情监测要立足于早，确保疫情的早期预警预报，包括早发现、早报告、早确认。快，是指有健全的反应机制，快速行动、及时处理，确保突发疫情处置的应急管理，包括疑似疫情的应急处置、确诊疫情的应急处置，实行联防联控。严，是指规范疫情处置，做到坚决果断，全面彻底，严格处置。小，是确保将疫情控制在最小范围，将损失减到最小。一句通俗的话：就是"早、快、严、小"原则贯串于整个疫情处置过程的各个环节。

动物传染病处置的基本方法有隔离、封锁、消毒、紧急接种、扑杀和治疗等。

一、隔离

将不同健康状态的动物严格分离、隔开，完全、彻底地切断其间的来往接触，以防传染病的传播、蔓延，就是隔离。隔离是为了控制传染源，是防控传染病的主要措施之一。在实际生产中，隔离有两种情况。一种是在正常情况下对新引进动物的隔离，其目的是观察这些动物是否健康，以防把感染动物引入新的地区或动物群体，造成传染病传播和流行。另一种是在发生传染病时实施的隔离，是将患疫病动物、可疑感染动物、病原携带动物等与假定健康动物在空间上分隔开来，并采取必要措施切断传播途径，防止传染病继续扩散，以便将疫情控制在最小范围内就地扑灭。因此，在发生传染病时，要先查明传染病在动物群体中蔓延的程度，逐一检查临诊症状，必要时进行血清学、变态反应、分子生物学检查。

根据检查与诊断结果，可将全部动物分为患病动物、可疑感染动物、假定健康动物3类，以便区别对待来采取不同处置措施。

1. 患病动物

患病动物包括有典型症状、类似症状或其他特殊检查阳性的动物，这是危险性最大的传染源。有典型症状者往往在临诊上已得到确诊；有类似症状者往往是疑似患疫病动物，虽尚无明确临诊诊断结论，但可能是患了此病的动物；其他特殊检查阳性者，如PCR检查阳性者、自然感染抗体阳性者，虽尚无症状，但已确认为感染者、正处于潜伏期，即将发病的可能性大，故而被列入患病动物。对于患病动物，应选择不易散播病原体、消毒处理方便的场所或房舍进行隔离；如果患病动物数量多，可集中隔离在原来的畜舍里。要特别注意做好严密消毒，做好卫生和护理工作，进行及时的适当治疗，必须有专人管理，工作人员出入要遵守消毒制度。隔离区内的用具、饲料、粪污，未经彻底消毒处理不得运出。无治疗价值的动物，要根据国家法律规定进行严格处理。隔离时间的长短，应根据传染病患病动物的带、排菌（毒）的实际长短而定。

2. 可疑感染动物

可疑感染动物是指未表现出临床症状，但与患疫病的动物及其污染的环境有接触史，如同群、同栏、同槽、同牧、使用共同的水源、用具等，有可能已被感染但处于潜伏期、有排菌（毒）的危险，当然也有可能未被感染、而是完全正常的动物。对于这些动物，应在消毒后另选地方将其隔离、看管，限制其活动、详细观察，出现症状的就按患病动物处理。有条件的要痢疾进行紧急免疫接种或预防性治疗。隔离观察时间的程度，要根据该病的潜伏期的程度而定，经过一段时间后的不发病者，可解除其限制。

3. 假定健康动物

除上述两类动物以外的疫区内其他全部易感动物都属于鉴定健康动物，这些动物虽然没有任何可疑的临床症状，也没有与发病动物及其污染环境有明显接触，但与发病动物处于同一疫区，也有被感染的可能，也应对其实施相应的隔离管理措施。应与上述两类动物隔离饲养，做好防疫消毒和相应保护措施，痢疾进行紧急免疫接种或预防性投药，必要时可根据实际情况分散饲养或转移饲养。

在传染病的控制、扑灭中，隔离是一项常见的防控措施，适用于各类传染病及各种流行规模，其目的是控制传染源，防止健康动物继续受到感染，以便将疫情局限在最小的范围内进行控制、扑灭。按照《动物防疫法》规定，确定和实施隔离的主体是兽医行政管理部门和动物防疫监督机构。做出隔离决定后，需隔离动物的所有者应按照管理机关及其所属工作人员的规定做好隔离工作。任何单位和个人不得阻挠和拒绝，否则将受到相应的制裁。

在控制、扑灭动物疫病过程中，各种疫病所需的隔离时间不同，一般可分为临时性隔离和长期隔离两类。临时性隔离适用于急性疫病，由于发病快、病程短，隔离的时间也就不长，易被群众接受，在实践中应用较为广泛。长期隔离适用于慢性疫病，因病程长、难治愈，及由于多种原因又难以实施扑杀等果断措施，则只能采取长期隔离措施。因长期隔离在实施中有较大难度，且很难保证长期均不扩散病原，因而现在除特殊情况外，一般很少采用。

实施隔离一段时间后，达到一定条件后可解除隔离。解除隔离的前提包括两种情况：一是经详细诊断，确诊动物所患的病不属疫病；二是确诊为动物疫病，经采取一系列措施，最后一头发病动物被扑杀、销毁处理或痊愈后，经该病一个潜伏期以上的检测、观察，未再出现新发病动物并经彻底消毒后，经原做出隔离决定的动物防疫监督机构检查合格，可宣布解除隔离。

二、封锁

当暴发某些危害严重的传染病时，除采取严格隔离措施外，还需要采取进一步的严厉措施，如封锁。封锁就是在发现危害严重的动物疫病后，切断或限制疫区与周围地区的一切自由的日常交通、交流或来往，是为了防止疫病扩散以及安全区健康动物的误入而对疫区或其动物群采取划区隔离、扑杀、销毁、消毒和紧急免疫接种等强制性措施，是把疫病控制在一定范围内就地扑灭的兽医行政行为。

这里所称的危害严重的动物疫病，是指根据《中华人民共和国动物防疫法》（简称《动物防疫法》）中明确规定的一类动物疫病、呈暴发性流行的二、三类动物疫病，以及外来病，也就是重大动物疫情。很明显，这些疫病能引起大范围流行，严重危害养殖业生产，甚至危及人体健康。因而，必须采取紧急、严厉的控制、扑灭措施。历史的经验及最新的研究均表明要控制、扑灭这些危害严重的动物疫病，则必须实施封锁。只有这样才能有效地阻止疫病继续扩大流行，保证周围广大地区的易感动物和易感人群不会感染发病，把疫病控制在封锁区内予以扑灭。

封锁能有效地控制、扑灭动物疫病。当发生危害严重的动物疫病时，必须实行封锁。由于封锁后需禁止与传播疫病有关的动物、动物产品、人员和车辆等随意进出封锁区，封锁区内的动物饲养、动物和动物产品的生产、加工、经营活动等与封锁区外基本处于隔绝状态，不可避免地会对封锁区的生产和人民生活造成较大的影响，尤其在人员往来、商品交换高度发展的地区。因此封锁行为不得随意实施，必须保证封锁行为既准确又慎重，依法实施，严格控制。实施封锁的重要前提是全面准确的疫情报告。因此疫情报告应有迅速、准确的诊断结论，应全面掌握疫病流行情况及正确地估计疫病的发展趋势。只有这样，才能使决策部门及时、准确地做出是否封锁的决定，以及确定适当的封锁区域。

实施封锁同样应遵守扑灭动物疫病的"早、快、严、小"原则。《动物防疫法》第三十一条规定："发生一类动物疫病时，当地县级以上地方人民政府兽医行政管理部门应当立即派人到现场，划定疫点、疫区、受威胁区，调查疫源，及时报请本级人民政府对疫区实行封锁"。因此，发现疫情要早报告，尽早采取相应措施，尽早通知毗邻地区注意防范，尽可能在流行早期发布封锁令，完成封锁的速度要快，实施封锁措施要严厉严格，封锁范围要尽量小些。实施封锁管理的主体应严格执行封锁管理制度，对封锁管理对象而言应严格遵守封锁管理制度。封锁区域的划分应在保证能切断动物疫病传播的前提下，其范围应尽可能小，以尽量减少对群众生产、生活的影响。

封锁与隔离相比，在限制动物、动物产品、人员和车辆等不得随意进出某一特定区域，及按照规定对动物进行扑杀、销毁、消毒、紧急免疫接种等强制性控制、扑灭措施方面完全相同。所不同的是，从适用对象上看，封锁只适用于发生了危害严重的动物疫病，即一类动物疫病和呈暴发性流行的二、三类动物疫病，隔离则适用于各种疫病及各种流行规模，甚至尚未确诊，仅怀疑为疫病时也适用；从二者的相互关系上看，封锁措施肯定包括隔离措施，但隔离措施可单独采用；从决定和发布机关来看，封锁由县以上各级地方人民政府审批和发布，而隔离由其所属的兽医行政管理部门及动物防疫监督机构决定。

任何传染病总是少数动物在局部先发病，再感染周围动物，并逐步扩大范围。因而总是存在着一个以发病动物为中心，其外围依次为感染动物、可疑感染动物和健康动物的不同区带。要控制、扑灭疫病，首先就必须依据这些动物的不同情况而划定不同的区域，以便采取不同的控制扑灭措施。这种必须划定的区域就是疫点、疫区和受威胁区。

从发病感染情况看，疫点内的猪为发病动物和可疑感染动物，疫区（除疫点以外）内的猪为假定健康动物，受威胁区内的猪则为健康动物。

按照《动物防疫法》的规定，当发生需要封锁的疫病时，"当地县级以上地方人民政府兽医行政管理部门应当立即派人到现场，划定疫点、疫区、受威胁区。有的地方防疫条例也规定：疫点、疫区、受威胁区由县级以上兽医管理部门根据疫病发生的地点、种类、危害程度划分。划分疫点、疫区、受威胁区时，应适当考虑当地的饲养环境和河流、山脉等天然屏障。因而，划定疫点、疫区和受威胁区是县级以上地方人民政府兽医行政管理部门的法定职责。畜牧兽医行政管理部门在划定这些范围时应充分考虑到疫病流行的规律、实际流行情况、当地的自然地理状况、交通运输及饲养习惯等多种因素。范围划小了，达不到控制、扑灭疫情的目的；相反，范围划大了，又会造成人力、物力和财力的浪费，对当地群众也会造成不必要的影响。因而划定这些区域界限时应极为慎重。一般地说，疫区的范围为以疫点为中心，半径不超过 3km；受威胁区的范围为疫区周围外延不少于 5km。如口蹄疫，疫点一般为患病动物所在的养殖场（户）或其他有关屠宰、经营单位，若为农村散养，则为自然村；疫区一般以疫点为中心，半径 3km 范围内的区域；受威胁区一般为疫区外延 5km 范围内的区域。若为山地、交通阻隔、疫病传播速度慢及动物活动范围小等，则疫区、受威胁区的范围可相应减少。疫点、疫区和受威胁区的划定应极为慎重，但也不是一经划定就固定不变。在控制、扑灭过程中，若发现疫情有新的发展，应及时调整或重新划定其相应的范围。

根据《中华人民共和国动物防疫法》和《重大动物疫情应急条例》的规定，实施封锁时应采取如下措施。

1. 疫点应当采取的措施

（1）扑杀并销毁染疫动物和易感染的动物及其产品。

（2）对病死的动物、动物排泄物、被污染饲料、垫料、污水进行无害化处理。

（3）对被污染的物品、用具、动物圈舍、场地进行严格消毒。

2. 疫区应当采取的措施

（1）在疫区周围设置警示标志，在出入疫区的交通路口设置临时动物检疫消毒站，对出入的人员和车辆进行消毒。

（2）扑杀并销毁染疫和疑似染疫动物及其同群动物，销毁染疫和疑似染疫的动物产品，对其他易感染的动物实行圈养或者在指定地点放养，役用动物限制在疫区内使役。

（3）对易感染的动物进行监测，并按照国务院兽医主管部门的规定实施紧急免疫接种，必要时对易感染的动物进行扑杀。

（4）关闭动物及动物产品交易市场，禁止动物进出疫区和动物产品运出疫区。

（5）对动物圈舍、动物排泄物、垫料、污水和其他可能受污染的物品、场地，进行消毒或者无害化处理。

3. 受威胁区应当采取的措施

（1）对易感染的动物进行监测。

（2）对易感染的动物根据需要实施紧急免疫接种。

4. 封锁的解除

封锁区的疫情得到扑灭后，为使当地群众尽快恢复正常的生产、生活秩序，应适时解除封锁。

解除封锁令的条件是疫区内（包括疫点）最后一头发病动物被扑杀或痊愈后，经过该病一个潜伏期（口蹄疫为14d）以上的监测、观察，未再出现新的患病动物时，经彻底消毒，验收合格后，报原发布封锁令的政府发布解除封锁令。发布解除封锁令的同时，应通报毗邻地区和有关部门。

疫区解除封锁后，有些疫病的病愈动物在一定时间内有带菌（毒）现象，仍有传染性，因此对这些动物应限制其活动，尤其注意不要将它们调入安全区去，防止造成新的流行。对病愈动物进行控制的时间长短需视其带毒时间而定。

三、病猪的扑杀与治疗

扑杀是一种独特的动物传染病控制方法，是在兽医行政部门的授权下，宰杀感染特定疫病的动物及同群可疑感染动物，并在必要时宰杀直接接触动物或可能传播病原体的间接接触动物的一种强制性措施。我国《中华人民共和国动物防疫法》规定，发生一类动物疫病时，采取隔离、封锁、扑杀等强制性措施，以迅速扑灭疫病。实施扑杀的强制性措施时，疫点内的所有猪群，一律予以宰杀，尸体通过焚烧或深埋予以销毁。此外，发生外来疫病与人畜共患病时，也要求采取扑杀政策。扑杀政策不是单独进行的，往往与隔离、封锁、销毁、消毒、无害化处理、紧急免疫接种等强制性措施结合使用。扑杀感染猪群是消灭传染源的可靠方法。从养猪业发展全局出发，这种措施对传染病的扑灭和净化也是有利的，许多国家的经验已证明了这一点。扑杀政策需要强大的经济支持，在某些情况下，这一措施不能完全执行时，可以在经过允许的情况下采用改良扑杀政策。大多数国家在口蹄疫流行时，采取的控制政策都是宰杀感染区内所有偶蹄动物；非洲猪瘟等外来病传入时则采取整群扑杀的政策。

对于传染病病猪，除了扑杀政策外，在必要的时候也是需要进行治疗的。猪传染病的治疗，一方面是为了挽救病猪，减少损失；另一方面也是为了清除传染源，是综合性防控措施中的一个组成部分。传染病的特征是传染性群发病，传染病的治疗首先考虑有助于该传染病控制与扑灭，同时还应考虑经济问题，应以最少的花费取得最佳治疗效果。当病畜无法治愈；或治疗需要很长时间，所有医疗费用超过病畜痊愈后的价值；或当病畜对周围的人畜构成严重的传染威胁时，可以淘汰扑杀。尤其是当某地传入一种过去没有发生过的危害性较大的新病时，为了防止传染病蔓延扩散，造成难以收拾的局面，应在严密消毒的情况下将病畜淘汰处理。既要反对那种只管治疗不管预防的单纯治疗观点，又要反对那种只做预防不做治疗的单纯预防观点。

传染病病畜的治疗与一般普通病不同，特别是那些患有流行性强、危害严重的传染病病畜，必须在严密封锁或隔离的条件下进行治疗，务必使治疗的病畜不至于成为散播病原的传染源。治疗原则是：尽早治疗，标本兼治，特异性和非特异性结合，药物治疗与综合性措施相配合。治疗用药坚持因地制宜、勤俭节约。既要考虑针对病原体，消除其致病作用，又要采取综合性的治疗方法，注意调整、恢复动物机体的生理机能，帮助增强一般性抗病能力。应尽量减少诊疗工作的次数和时间。以免经常惊扰而使病畜得不到安静的休养。

1. 针对病原体的疗法

在家畜传染病的治疗方面，该法能帮助机体杀灭或抑制病原体，或消除其致病作用。一般可分为特异性疗法、抗生素与化学药物疗法等。现扼要介绍如下。

（1）特异性疗法　应用针对某种传染病的高免血清、痊愈血清或全血、单克隆抗体（单抗）等特异性生物制品进行治疗，因为这些制品只对某种特定的传染病有疗效，面对其他种病无效，故称为特异性疗法。例如，破伤风抗毒素血清只能治疗破伤风，对其他病无效。特异性生物制品须由获得有生产批准文号，有农业部认可的 GMP（良好生产操作规范）车间生产的产品方可应用。

高免血清常用于以下几项传染病的治疗，如猪瘟、猪丹毒、猪肺疫、炭疽、破伤风等，在确诊的传染病的早期注射足够剂量的高免血清，常常能够取得良好疗效。但高免血清价格比较贵，生产的量少，并不容易获得。如缺乏高免血清，可以使用耐过动物或疫苗免疫动物的血清或血液替代，也可起到一定的作用。若使用异种动物血清，需要注意防止过敏反应。

（2）抗生素与化学药物的疗法　抗生素作为细菌性急性传染病的主要治疗药物，其在兽医实践中应用十分广泛。使用有效的化学药物帮助动物机体消灭或抑制病原体的治疗方法，称为化学疗法。抗生素与化学药物的种类很多，必须了解其性质、药物作用及用途。

合理地应用抗生素与化学药物，是发挥其疗效的重要前提。不合理地盲目应用或滥用抗生素与化学药物，一方面容易使敏感病原体对药物产生耐药性，筛选并扩散耐药菌株；另一方面破坏动物体内的微生态平衡，降低宿主的定植抗力，并可能引起机体不良反应，甚至引起中毒。使用抗生素与化学药物时一般要注意如下几个问题：

①掌握抗生素与化学药物的适应证　各种抗生素等各有其主要适应症，可根据诊断致病菌种，选用适当药物。最好对分离的病原菌进行药物敏感性试验，选择对此病原菌敏感的药物用于治疗，并尽量使用窄谱药物，避免使用广谱抗菌药物以保护有益菌。

②考虑用量、疗程、给药途径、不良反应、经济效益等问题　菌血症等全身感染开始剂量宜大，以便集中优势药力抑杀病原菌，以后再根据病情酌减用量；胃肠道用药尽量使用小剂量，以减少对胃肠道生理性菌群的破坏。疗程应根据疾病的类型、病畜的具体情况决定，一般急性感染的疗程不必过长，可于感染控制后3d左右停药。

③不滥用药物　滥用抗生素与化学药物等不仅对病畜无益，反而会产生种种危害。例如，常用的抗生素对大多病毒性传染病无效，一般不宜应用，即使在某种情况下应用于控制继发感染，但在病毒性感染继续加剧的情况下，对病畜也是无益而有害的。此外，还应注意，猪在屠宰前一定时间不准使用抗生素等药物治疗，因为这些药物在猪肉产品中的残留对人类是有危害的。

④掌握抗生素、化学药物的联合应用　合理的联合应用可通过协同作用增进疗效，如青霉素与链霉素的合用、土霉素与链霉素合用等主要可表现协同作用。但是，不适当的联合使用（如青霉素与氯霉素的合用、土霉素与链霉素合用常产生对抗作用），不仅不能提高疗效，反而可能影响疗效，甚至会产生毒副作用，而且增加了病菌对多种抗生素等的接触机会，更易产生广泛的耐药性，因此，用药中要熟知药物的配伍禁忌。

抗生素和化学药物的联合应用，亦常用于治疗某些细菌性传染病，如链霉素和磺胺嘧啶的协同作用可防止病菌迅速产生对链霉素的耐药性。这种方法可用于布鲁菌病的治疗。青霉素与磺胺嘧啶的联合应用常比单独使用的抗菌效果好。喹诺酮类化学药物为高效广谱抗菌药，对革兰阴性及阳性菌以及支原体均有作用。由于其低毒、副作用少，不易产生耐药性，与其他抗菌药物无交叉耐药性。目前，在兽医临诊上广泛使用的有诺氟沙星、环丙沙星、乙基环丙沙星等。但该类药物不能与氯霉素联合使用，否则将使本类药的抗菌作用降低，甚至完全消失。

（3）抗病毒疗法　目前，有明显疗效的抗猪病毒型传染病的化学药物仍然很少。一些中药成分或中药制剂对某些传染病具有一定的疗效，如黄芪多糖、金银花、板蓝根等。有研究报道，α-干扰素对猪繁殖与呼吸综合征具有一定疗效。

2. 针对猪群机体的疗法

在治疗染疫动物的工作中，既要考虑帮助机体消灭或抑制病原体，消除其致病作用，又要帮助机体增强一般的抵抗力，调整恢复生理机能，依靠机体战胜传染病，恢复健康。

（1）加强护理　对病猪的护理是治疗工作的基础，直接影响到疗效好坏。传染病病猪的治疗须在严格隔离的条件下进行，隔离房舍应注意保暖或降温。圈舍光线充足，通风良好，保持干燥，清洁并经常进行消毒，严禁闲人入内。应该给予动物足够的饮水，必要时亦可注射葡萄糖、维生素及其他营养物品以维持其基本代谢需求。此外，应根据具体情况、病的性质和病畜的临阵特点进行适当的护理工作。

（2）对症疗法　在传染病的治疗中，为了缓解或消除某些严重的症状，调节和恢复机体的生理机能而进行的内、外科疗法，均称为对症疗法。如使用退热、止血、止痛、镇静、兴奋、强心、利尿、清泻、止泻及防止酸中毒或碱中毒，调节电解质平衡等药物以及某些急救手术和局部治疗等，都属于对症疗法的范畴。

四、消毒

在猪场刚开始出现疫情时，或者因出现重大疫情而实施隔离、封锁、扑杀等强制性措施时，为了及时消灭传染源排出的病原体，还需要进行消毒。这时候的消毒既有紧急消毒，也可能有终末消毒、预防消毒。

1. 紧急消毒

紧急消毒的消毒对象是病猪或带菌（毒）猪及其排泄物、分泌物欲污染的栏舍、用具、场地、宿舍、食堂等，其特点是需多次反复地进行。主要的具体消毒方法如下。

（1）猪场清洗和消毒　首先清理粪便、污物、饲料、垫料等，对地面和各种用具等彻底冲洗，并用水洗刷栏舍等，对所产生的污水进行无害化处理；猪场的金属设施设备如栏杆等可采取火焰消毒，圈舍、场地等可采取喷洒消毒液的方式消毒，污染的饲料、垫料等作深埋、发酵或焚烧处理；粪便等污物作深埋、堆积密封发酵或焚烧处理；疫点内的办公区、宿舍、食堂、道路等场所，用消毒液进行喷洒消毒；污水沟可投放生石灰或漂白粉进行消毒。

（2）交通工具清洗消毒　在出入疫点、疫区的交通要道设立临时性消毒点，对出入人员、运输工具及有关物品进行消毒；对疫区内所有可能被污染的运载工具进行严格消毒。同时，车辆上的物品也要做好消毒，从车辆上清理下来的垃圾、粪便及污水污物必须作无害化处理。

（3）生猪交易市场消毒　生猪交易市场用消毒液喷洒消毒；饲料和粪便等要深埋、发酵或焚烧；刮擦和清洗笼具等所有物品，并彻底消毒，产生的污水作无害化处理。

（4）屠宰加工、贮藏等场所消毒　发生疫情的生猪屠宰厂以及检出染疫的猪肉产品、屠宰加工与贮藏等场所应按要求进行消毒。对待宰生猪的栏舍、笼具、过道和舍外区域要先清洗后用消毒液喷洒消毒；所有设备设施、场地、墙壁等要冲洗干净，用消毒剂喷洒消毒；所用衣物用消毒剂浸泡后清洗干净，其他物品都要用适当方式消毒，产生的污水作无害化处理。

2. 终末消毒

出现疫情或重大疫情后，实施了隔离、封锁等强制性措施，在传染病得到扑灭后，需要解除隔离、封锁。在解除隔离、封锁之前需要进行一次彻底的终末消毒，以消灭疫区内可能残留的病原体，消毒对象是传染源污染和可能污染的一切栏舍、场地、饲料、饮水、用具等。

3. 预防消毒

主要有两种情况。一是当一个猪场局部栋舍、圈舍开始出现发病时，对其他尚未发病的栋舍及其相关排泄物、污染物、用具等进行若干次消毒，这个时候的消毒频率应较平常快些；一是某地出现疫情并实施了划区、隔离、封锁等强制性措施时，在受威胁区内进行的消毒，同样其消毒频率应较无疫情时快些。

五、无害化处理

对患传染病死亡的病猪尸体、疫区内死亡或被扑杀的猪及其产品、清理出的猪粪、被污染的饲料、其他废弃物等必须进行化学或生物的杀灭处理，使之成为无传染性的无害物，这对防控传染病和维护公共卫生安全都具有重要意义。常用的无害化处理方法如下。

1. 焚烧

采用焚尸炉焚化，也可采用浇油焚烧，这是最为彻底的消灭病原体与传染来源的方式，对于一类动物疫病与二类动物疫病中的猪传染病的患病动物及其尸体、污染的饲料、垫草等最好采取焚烧方式进行无害化处理。

2. 深埋

选择一个远离居民住宅区、交通要道、水源、地下有足够厚的土层防漏、能防止水流冲毁的合适地点，挖坑，填埋。这是比较彻底的消灭病原体与传染来源的方式，患有传染病的病猪及其尸体、污染的饲料、垫草、垃圾、粪便等也可采取这种深埋方式进行无害化处理。填埋时在坑的最底层可铺撒生石灰，对要填埋的病猪尸体与污染物等可喷洒消毒液，其上层铺撒漂白粉或生石灰，再覆盖15cm厚度以上的土层，最上层表面与周边持平，并设置警示标志。

3. 化制

将病死猪和扑杀的猪进行高温处理，既达到了消毒目的，同时又可保留许多再利用价值的东西、如骨粉、肉粉、肉骨粉等。但化制处理需要一定的设备条件，目前的应用较少。

此外，还有熏蒸等无害化处理方法

六、紧急免疫接种

可分为两种情况。一是当一个猪场局部栋舍、圈舍开始出现传染病疫情，并继续扩散，确诊后如果不需要采取封锁等强制性措施时，可考虑对尚未发病的其他猪群进行相应的紧急免疫接种，以阻止疫情继续快速蔓延，将疫情控制在局部猪舍与猪场内部。另一种某地出现疫情并实施了划区、隔离、甚至封锁等强制性措施时，对受威胁区、疫区内尚未发病的易感猪群进行紧急免疫接种，以期在受威胁区内建立起免疫隔离带，阻止疫病扩散。紧急免疫按从外到内的顺序进行，对免疫动物建立免疫档案，实行免疫标识管理。

七、人员防护

猪场发生人畜共患传染病时，需要对密切接触染疫动物或可能感染的人员进行的必要的生物安全防护措施。

1. 人员范围

主要包括：饲养人员，现场管理人员，兽医，参加采集病料、诊断、隔离、封锁、扑杀、无害化处理、清洗消毒、紧急免疫接种等控制与扑灭措施的工作人员等。

2. 防护措施

不同疫病有不同的防护措施，在实践中要因地制宜，采取相应的防护措施。注意防护服、手套、口罩、鞋帽等防护用具在进入疫区前就要穿戴上，在离开疫区时脱下，并对防护用具进行消毒或销毁处理。

3. 健康监测

所有暴露于感染或可能感染人畜共患传染病的人员均应接受卫生与疾病防控部门的监测；出现相关感染症状的人员应尽快接受卫生与疾病防控部门的检查，其家人应接受医学监测；应密切关注采集病料、扑杀处理动物和清洗消毒工作人员及饲养员等的健康状况。

第五节　猪传染病的净化

疫病净化是指在某一限定地区或猪场内，根据特定疫病的流行病学调查结果和疫病监测结果，及时发现并淘汰各种形式的感染动物，使限定猪群中某种疫病逐渐被清除的疫病控制方法。疫病净化对动物传染病控制起到了极大的推动作用。

实施疫病净化需要有良好的技术基础和经济实力。从技术基础来看，一种疫病要实施净化措施，需要有内在质量优良的疫苗，其免疫效力可靠，经过一定年限的疫苗预防接种后得到了良好控制，仅在局部地区、局部猪场呈现散发或地方性流行的特点，容易区分疫苗免疫动物和自然感染动物。目前国内符合这个技术条件的猪疫病主要有两种传染病：猪瘟和伪狂犬病，这也是当前危害我国养猪业的重要传染病，尤其是对种猪的危害更大。同时，随着我国经济实力的显著增强，目前已具备了相应的经济实力来对一些疫病实施局部地区、乃至全国范围内的净化。

我国的猪瘟兔化弱毒疫苗是当前全世界质量最好的猪瘟疫苗，一些国家在使用我国的猪瘟兔化弱毒疫苗后，结合使用检测与淘汰猪瘟阳性感染猪的措施，很快就控制、消灭了猪瘟。因此，对猪瘟实施净化在理论上与技术上是完全可行的。一个地区、一个猪场，只要坚持长期持续做好猪瘟疫苗的预防免疫，对猪场的种猪、尤其是种猪场的种猪定期进行采样、检测、淘汰病原学阳性猪或多次免疫后的抗体水平低下的猪，每年3～4次，持续2～3年，就可达到净化猪瘟的目的。

伪狂犬病病毒gE基因缺失疫苗也是一种质量良好的伪狂犬病疫苗，并可通过检测伪狂犬病病毒gE蛋白抗体的有无来区分疫苗免疫猪与野毒感染猪，欧美一些国家在使用伪狂犬病病毒gE基因缺失疫苗后，通过检测与淘汰伪狂犬病病毒野毒感染猪，数年时间就控制、消灭了猪的伪狂犬病。因此，完全可借鉴国外净化猪的伪狂犬病的成功经验。相似的是，一个地区、一个猪场，只要坚持长期持续做好伪狂犬病疫苗的预防免疫，对猪场的种猪、尤其是种猪场的种猪定期进行采样、检测、淘汰gE蛋白抗体阳性猪，每年3～4次，持续2～4年，就可达到净化猪的伪狂犬病的目的。

第五章 5

ZHONGZHU DE ZHONGYAO JIBING

种猪的一类疫病

第一节 口 蹄 疫

口蹄疫（foot and mouth disease，FMD）是由口蹄疫病毒引起的牛、猪、羊、鹿等偶蹄动物的一种急性、烈性、接触性传染病，以成年动物的口腔黏膜、蹄部和乳房皮肤发生水疱和溃烂、幼龄动物出现心肌损害而导致高死亡率为特征。口蹄疫发病急、传播快、易形成流行和大流行，不易控制和扑灭，其造成的经济损失大、政治影响坏，危害极大，又称之为"政治经济病"。世界动物卫生组织（OIE）曾将口蹄疫列入 A 类传染病之首，目前本病属于 OIE 法定通报性疾病名录之一，我国将其列为一类动物疫病。

口蹄疫曾呈世界性分布，给畜牧业造成了极大经济损失。世界各国高度重视口蹄疫，采取了疫苗免疫、扑杀病猪等综合防控措施来控制与扑灭口蹄疫，取得了明显效果。澳大利亚、美国、加拿大、墨西哥、日本、韩国等国家先后宣布消灭了口蹄疫；但是，日本、韩国曾再次暴发口蹄疫。总的来说，口蹄疫在世界范围内得到了比较有效地控制。目前，口蹄疫仍然在南美、非洲、欧洲、亚洲等一些国家和地区呈地方性流行，有时会出现局部地区暴发。

口蹄疫在我国流行已久。早在 1893 年，云南西双版纳地区曾流行过类似口蹄疫的疾病；1902 年甘肃酒泉一带发生过口蹄疫大流行，此后，该病相继在新疆、青海、江苏、安徽、河北等地发生。1997 年台湾省发生猪口蹄疫大流行，对当地经济发展造成了严重的影响。

一、病原

口蹄疫病毒（FMDV）属于微核糖核酸病毒科、口蹄疫病毒属。病毒粒子直径为 20～30nm，呈球形，没有囊膜。口蹄疫病毒基因组为单股正链 RNA，具有感染性，长度约为 8.5kb。病毒基因组的基本结构是 5′非翻译区（5′-UTR）-L 蛋白-结构蛋白 P1-非结构蛋白 P2 与 P3-3′非翻译区（3′UTR）-poly（A）。病毒结构蛋白含有 4 种（VP1-VP4）多肽，VP1-VP3 组成核衣壳蛋白亚单位，VP4 则与 RNA 紧密结合而构成病毒粒子的内部成分。VP1 是主要病毒抗原，不仅是主要的型特异性抗原，能够诱导免疫保护力，而且包含病毒受体结合区，故 VP1 与中和抗体及抗感染免疫有关。病毒非结构蛋白 P3 包括 3A、3B、3C、3D，全病毒灭活疫苗中这些非结构蛋白很少或无，故在使用灭活疫苗免疫的前提下，可通过检测 3AB 或 3ABC 的抗体来区分口蹄疫的疫苗免疫抗体与野毒感染抗体。

口蹄疫病毒容易变异，其中主要是 VP1 基因容易变异。不同毒株存在着抗原差异，根据血清学反应的抗原关系，目前口蹄疫病毒具有 7 个血清型，分别是 O 型、A 型、C 型、亚洲 1 型（Asia I）、南非 1 型（SAT1）、南非 2 型（SAT2）、南非 3 型（SAT3）。不同血清型之间的变异主要源自于 VP1 基因的变异。各型口蹄疫病毒之间的交叉免疫关系很小；同型内不同毒株之间的交叉免疫关系也是大小不一，这给口蹄疫的免疫防控带来很大的困难。虽然存在多种血清型，但不同血清型引起的患病动物的临床症状相同。因此，从免疫学角度来看，口蹄疫相当于是偶蹄动物的 7 种疫病，一个畜群发生过某一型口蹄疫，或用某一型疫苗免疫过，当其他型口蹄疫侵袭时，畜群照样发病。

不同血清型的口蹄疫病毒在世界上具有一定的地理分布，欧洲主要流行 O、A、C 型；亚洲主要流行 O、A、C 和 Asia I 型，中东地区少数国家流行 SAT1 型；非洲口蹄疫病毒具有不同的特点，毒型众多，疫情复杂，不仅有 O、A、C 型，还有独特流行于非洲南部各国的 SAT1、STA2、SAT3 型；南美洲主要流行 O、A、C 型。

口蹄疫病毒对外界环境的抵抗力强，存活时间与其存在基质、病毒浓度及环境条件的关系非常密切。在自然条件下，含毒组织与污染的饲料、饮水、垫料、皮毛、土壤等所含病毒能存活数日至数周。病毒耐干燥，在低温条件下较为稳定，如在 $-70℃$ 以下能够存活 3 年以上，在 4℃ 置于 50% 甘油生理盐水中则能够存活 1 年以上，故常用此方法保存与运输病料。但是，口蹄疫病毒对热敏感，对紫外线也很敏感，在自然条件下，阳光照射温度升高和紫外线共同作用下可使病毒失活。口蹄疫病毒颗粒对酸、碱都特别敏感，在 pH5.5 的缓冲液中，每分钟灭活 90 个病毒；pH5.0 时，每秒钟灭活 90 个病毒；在 pH3.0 的缓冲液中，口蹄疫病毒的感染性瞬间消失。当 pH 大于 9.0 以上时，口蹄疫病毒即被迅速灭活，如 2% 氢氧化钠（NaOH）、4% 碳酸钠溶液能在 1 分钟内灭活口蹄疫病毒。口蹄疫病毒在 pH 7.2～7.6 时稳定性较好。肉品在屠宰后充分排酸（pH<5.7）可灭活病毒，但淋巴结与骨髓产酸不良，病毒可存活很长时间，而病毒在宰后未经排酸的肉品中也可长时间存活，这两种情况容易造成病毒散播乃至口蹄疫暴发。超声波、食盐对口蹄疫病毒没有明显的灭活作用。口蹄疫病毒没有囊膜，因此脂溶剂，如乙醚、氯仿、丙酮、酒精等对口蹄疫病毒没有灭活作用。2% 氢氧化钠、5% 福尔马林、0.5% 过氧乙酸、5% 次氯酸钠等是口蹄疫病毒的良好消毒剂。

二、流行病学

1. 易感动物

口蹄疫病毒主要感染偶蹄动物，如牛、猪、羊、骆驼、鹿等，均极易感染口蹄疫病毒而发病，常呈大流行性传播蔓延。幼龄动物的易感性大于成年动物。据流行病学调查和实验感染证明，口蹄疫可感染 30 多种动物。马、骡、驴等单蹄动物和鸡、鸭、鹅等家禽不感染口蹄疫病毒。

2. 传染源

患病动物和带毒动物是本病最主要的传染源。口蹄疫病毒能感染许多动物，被感染动物无论是家畜还是野生动物，不管发病与否，均能长期带毒和排毒。有学者认为羊是"贮存器"，保存病毒常常无症状表现；猪是"放大器"，可将弱毒株变为强毒株；牛是"指示器"，对口蹄疫病毒最敏感。

口蹄疫病毒可以通过发病动物呼出的气体、唾液、乳汁、精液、眼鼻分泌物、粪便、尿以及母畜分娩时的羊水等排出体外；急性感染期屠宰的动物及污水可以排放大量病毒；病畜的肉品、内脏、皮、毛均可带毒成为传染源，被污染的圈舍、水源和草场等亦是天然的疫源地。

猪发病后的排毒期一般为 4～5d。猪在发病开始的急性期，即水疱刚开始形成时，达到排毒的高峰期。病猪一天可从呼出的气体排出 $10^{8.0}$ ID$_{50}$ 病毒，从粪便排出 $10^{5.5～6.5}$ ID$_{50}$ 病毒。猪是发病动物中产生气源性病毒滴度最高者。

污染的泔水是该病的一个重要的"隐性"传染源。泔水的污染主要来自于染毒的肉，乳等制品，不宜检测或易被疏忽，具有隐蔽性。

3. 传播途径与方式

传播途径：被感染动物和排泄物与易感动物直接接触传染，病毒可以通过接触、饮水和空气传播，带毒动物和带毒畜产品如肉、下水、皮、毛等的移动和调运，带毒的野生偶蹄类动物、鸟类、鼠类、猫、犬和昆虫等均可传播此病。此外，各种污染物品亦是传播的重要媒介。

传播方式：一是蔓延性传播；二是跳跃式发生、传播；三是在一些老疫区，疫病继续发生，零星疫情辗转不断，周而复始。

4. 流行特征

本病的发生没有严格的季节性，但其流行却有明显的季节规律，往往在不同地区，口蹄疫流行于不同季节。有的国家和地区以春、秋两季为主。一般冬、春季较易发生大流行，夏季减缓或平息。但在大群饲养的猪舍，本病并无明显的季节性。易感动物的卫生条件和营养状况也能影响流行的经过，畜群的免疫状态则对流行的情况有着决定性的影响。由于曾患过病的被新成长的后裔所代替，在数年之后又形成一个有易感性的畜群，从而构成一次新流行的先决条件，据大量资料统计和观察，口蹄疫的暴发流行有周期性的特点，每隔一二年或三五年就流行一次。

当前，口蹄疫的流行过程主要有 3 种形式，即散发、地方性流行性和流行，有时候出现局地暴发。口蹄疫的地方性流行分为两类：不间断的地方性流行，具有流行高峰；经常的地方性流行，流行高峰与无病期交替出现。有的地区不是大面积的大批动物发病，而是个别零星散发。

三、症状

猪口蹄疫的潜伏期为 1～2d。病初体温高达 40～41℃，精神沉郁，食欲不振或废绝。口腔、蹄部、乳房等部位出现水疱、烂斑。以蹄部水疱症状为主要特征，在蹄冠、蹄叉、蹄踵部位出现水疱、烂斑，跛行，继发感染时可造成蹄匣脱落。有的在口腔、鼻镜、乳房等处出现水疱。怀孕母猪可能发生流产、死胎。哺乳仔猪最敏感，常因急性胃肠炎和心肌炎而突然死亡，病死率可高达60％以上，有时甚至整窝死亡。

四、剖检变化

病变主要出现在病猪的口腔、蹄部、乳房、咽喉、气管、胃肠道、心脏等。皮肤、黏膜的水疱和水平破溃后的烂斑，表面覆有棕黑色痂块。口腔黏膜可见弥散性口炎，乳头可见出血性浸润和肿胀，咽喉、鼻腔、气管和支气管黏膜有溃疡。蹄间的水疱破裂后，通常出现继发感染，表现深部组织坏死及化脓。仔猪可见急性出血性胃肠炎变化，心包膜有出血点，心肌松软似水煮过、有灰黄白色条纹和斑点，称"虎斑心"。仔猪可因心肌严重受损而病死率大大升高。

五、诊断

口蹄疫的临床症状比较典型，结合流行病学资料、疫病来源、流行特点、传播速度、患病动物以及不同年龄病畜的不同症状进行分析，一般可做出初步诊断。为了与类似症状疾病鉴别及毒型的鉴定，须按照以下程序进行实验室检查。

1. 病料采集与送检

采集病猪水疱皮、水疱液、脱落的是组织、血清、死亡动物的淋巴结、心脏、肾脏等组织，将病料（不包括血清）浸入 50％甘油磷酸盐缓冲液（0.04mol/L，pH 7.4）中密封，低温保存，严格防止外漏，及时快速送检。

2. 病毒核酸的 RT-PCR 检测

对采集的病料，经样品处理后，提取总 RNA，以总 RNA 为模板进行反转录（RT）合成 cDNA，以 cDNA 为模板用一对口蹄疫病毒的特异性引物

（上游引物：5′-TTA CAAACCTGTGATGGCCTC-3′，下游引物：5′-CGCAG GTAAAGTGATCTGTAGCTT-3′，预期扩增产物大小：189bp）在 DNA 聚合酶作用下进行 PCR 扩增，扩增出的 PCR 产物用琼脂糖凝胶电泳进行检测。RT-PCR 方法的特异性高、敏感性高、简便、快捷，是当前实验室快速检测与诊断口蹄疫的重要方法。如使用口蹄疫病毒的型特异性引物，还可对口蹄疫病毒进行血清型鉴定。

3. 病毒分离与鉴定

对病料进行处理后，取上清，接种乳仓鼠肾细胞或仔猪肾细胞等细胞系、或 3～5 日龄乳鼠等实验动物，进行病毒分离培养，然后用 RT-PCR 方法与补体结合试验、中和试验、液相阻断 ELISA 等血清型方法进行检测与鉴定。该方法需要在 P3 实验室进行。

4. 血清学检测

采集发病早期与恢复期的双份血清样品（前后相差 2 周以上），用中和试验、液相阻断 ELISA 来测定口蹄疫病毒的中和抗体滴度上升情况，若升高 4 倍以上即可确诊为口蹄疫。该方法采样时间跨度长、不能用于口蹄疫的早期快速诊断。

此外，液相阻断 ELISA 可用于口蹄疫疫苗抗体的免疫监测；间接夹心 ELISA 可用于鉴定病毒血清型；基于病毒非结构蛋白 3AB 或 3ABC 的间接 ELISA 可用于区别口蹄疫野毒感染动物与疫苗免疫动物，因为 OIE 规定口蹄疫免疫不允许使用弱毒疫苗。

六、防控措施

口蹄疫是一种具有重大经济、政治影响的动物疫病，各个国家都高度重视与防范。各国宜根据实际情况采取相应的适宜对策。目前，不同国家和地区防控口蹄疫的策略主要有两类，一是扑杀策略，二是免疫接种为主、扑杀为辅的策略。无口蹄疫国家或地区，往往采取扑杀策略，平时注意杜绝疫源传入，一旦暴发本病则采取封锁疫区、扑杀患病动物及其同群动物、消灭疫源的扑灭措施。有本病的国家或地区，多采取疫苗免疫为主、扑杀为辅的综合防控措施。

我国防控口蹄疫的方法基本上属于第二类。平时要采取综合预防措施，建立定期和快速的动物疫病报告与记录系统，严禁从口蹄疫流行地区进入种猪及其产品，对来自非口蹄疫疫区的种猪及其产品及各种运输工具要进行严格的检疫和消毒，防止病原传入；同时，使用与流行毒株相同的血清型疫苗进行免疫接种。当某地暴发口蹄疫时，则需要采取封锁、扑杀、紧急消毒、紧急免疫接种等扑灭措施，以尽快扑灭疫情。

1. 疫苗免疫

当前，口蹄疫疫苗首选全病毒灭活疫苗。应用与当地流行毒株相同的血清型疫苗进行免疫接种，如果有多种血清型毒株流行则需要接种口蹄疫多价苗。种公猪1年免疫2～3次，怀孕母猪分娩前1.5个月免疫1次或1年免疫2～3次，仔猪在30～40日龄进行首次免疫、60～70日龄进行第二次免疫、若饲养超过180d则需要在150～160日龄时提前进行第3次免疫。对于大型猪场，最好对口蹄疫的免疫效果及时进行抗体监测，根据抗体消长情况来决定免疫程序。

2. 扑灭措施

一旦暴发口蹄疫，必须立即上报疫情，迅速做出确诊，划定疫点、疫区与受威胁区，按照"早、快、严、小"的原则，分别进行严厉的封锁和监督，禁止人、动物和动物产品的流动；在封锁的基础上，扑杀患病动物及其同群动物，并对其尸体进行无害化处理；对疫区与受威胁区内的动物进行紧急接种，在受威胁区周围建立免疫隔离带以防疫情扩散；对被污染的饲料、饮水、场地、道路、圈舍、产品及其他物品进行彻底消毒。当疫区内最后1头动物被扑杀后14d没有出现新病例时，经检疫和彻底的终末消毒后，报原封锁令发布机关批准解除封锁。

第二节　猪　　瘟

猪瘟（classical swine fever，CSF）是由猪瘟病毒引起的猪的一种高度接触性传染病，其特征为急性型发病时高热稽留，多个器官与组织的广泛出血、梗死和坏死等病变。猪瘟流行广泛，发病率、死亡率高，危害极大。OIE曾将猪瘟列为A类传染病，目前本病属于OIE法定通报性疾病名录之一，我国将其列为一类动物疫病。

猪瘟曾呈世界性分布，给养猪业造成了巨大损失，世界各国也高度重视本病，先后采取了综合防控措施，取得了显著成效。澳大利亚、新西兰、加拿大、美国、匈牙利、西班牙、法国、荷兰、丹麦、英国等国家已消灭了猪瘟，有些国家已经基本控制了猪瘟，有些国家正在实施对猪瘟的净化措施。值得注意的是，已经宣布消灭猪瘟的部分国家，后来又突然暴发了猪瘟的流行。20世纪90年代，欧洲的意大利、德国、英国、比利时、法国、荷兰等国家也相继再次暴发了猪瘟。目前，猪瘟在东南亚、南美、中美、西欧等一些国家与地区呈地方性流行。

20世纪50年代以前，猪瘟在我国的流行非常普遍，给养猪业造成了极为惨重的经济损失。1955年，我国成功的研制出了猪瘟兔化弱毒疫苗，该疫苗具有高度安全性、良好的免疫原性和很好的免疫保护效力。1956 年起该疫苗在我国广泛使用，为我国有效控制猪瘟做出了巨大的贡献，有些国家还借此成功消灭了猪瘟。近年来，猪瘟在其病原特性、流行特点、临床症状及病理变化等方面均有所变化，仍然需要高度重视。

一、病原

猪瘟病毒（CSFV）属于黄病毒科、瘟病毒属，该属成员还有牛病毒性腹泻病毒与羊边界病病毒，它们在结构与抗原性方面具有相似性，能够产生交叉免疫学反应与交叉保护作用。猪瘟病毒粒子呈球形，平均直径 40～50nm。该病毒具有囊膜。猪瘟病毒基因组为单链线状正义 RNA，具有感染性，长度约为 12.3kb。猪瘟病毒基因组只有 1 个大的开放阅读框（ORF），编码结构蛋白 C、E^{rns}、E1、E2 和非结构蛋白 N^{pro}、p7、NS2、NS3、NS4A、NS4B、NS5A、NS5B。其中 E^{rns}、E2、N^{pro} 与病毒毒力相关，E^{rns}、E2、NS2、NS3 与病毒抗原性相关，且 E2 可诱导完全免疫保护，故可用来制作亚单位疫苗。

目前猪瘟病毒只有 1 个血清型，但不同毒株之间存在毒力强弱之分，在强、中、弱、无毒株之间存在毒力逐渐过渡的各种毒株，目前尚未发现区分毒力强弱的抗原标志。根据猪瘟病毒毒力的强弱，通常将其分为两个群：1 群和 2 群。第 1 群包括强毒株及其衍生变异株（弱毒株），如我国的石门系和 C 株；第 2 群包括从自然界分离的中毒、低毒、无毒株，如从所谓温和型猪瘟病猪分离到的自然弱毒株，该群毒株在抗原性方面与牛病毒性腹泻病毒的亲缘关系较第 1 群密切，能够被牛病毒性腹泻病毒抗血清所中和，不会引起急性猪瘟。

猪瘟病毒野毒株毒力差异较大。强毒株多引起急性感染，死亡率高；中等毒力的毒株通常引起亚急性感染或慢性感染；低毒株感染可引起新生仔猪发生亚急性、慢性或隐性感染，也可造成妊娠母猪带毒综合征，使胎儿发生胎盘感染、死亡及新生仔猪先天感染、免疫耐受和终身带毒、排毒等状况。此外，猪瘟病毒的毒力不太稳定，低毒株经猪体传几代后，毒力可明显增强。

猪瘟病毒对环境的抵抗力不强，存活时间主要取决于所含病毒的基质。血液中的病毒在 56℃处理 60min 或 60℃处理 10min 失去感染性，在 37℃可存活 10d，在室温能够存活 2 个月以上。脱纤血中的病毒经 68℃处理 30min 仍不能灭活。圈舍和粪便中的病毒在 20℃可存活 2 周、在 4℃可存活 6 周以上，而冷冻猪肉和猪肉制品中的病毒可存活 4 个月以上。病毒在 pH 5～10 的条件下稳定，pH 过高或过低均会使病毒的感染力迅速丧失。脂溶剂，如乙醚、氯仿、脱氧胆酸盐和皂角素等去污剂能使病毒快速灭活。常用消毒剂均能够使猪瘟病毒迅速灭活，但 2%氢氧化钠是最适宜的消毒剂。

二、流行病学

1. 易感动物

在自然条件下，本病只感染猪。无猪瘟病毒抗体的猪，不分品种、性别、年龄大小，都易感。

2. 传染源

病猪和带毒猪是最重要的传染源。病后带毒猪、潜伏期带毒猪、隐性感染猪等均可成为传染源。感染猪在潜伏期便可排出病毒，发病猪在整个病程中都向外大量排毒，康复猪在产生高滴度的特异性抗体前仍然排毒。病猪全身多个器官与组织中均可含有病毒，其中以脾脏与淋巴结中的病毒含量最多。带毒与排毒时间的长短，因毒株毒力强弱和病程长短而异。感染高毒力毒株后，在10～20d内向外界大量排放，直至猪死亡；康复猪在产生较高滴度的特异性抗体前仍然排毒。慢性感染猪能够持续排毒或间歇排毒，直至死亡。新生仔猪感染低毒力毒株后，多以短期排毒为特征。妊娠母猪感染低毒力或中等毒力毒株时，母猪本身常常没有相应症状而不引起人们的注意，但病毒可以通过胎盘侵袭胎儿，形成猪瘟的先天性感染。这种先天性感染常常导致母猪流产、产木乃伊胎、死胎、弱仔及震颤的仔猪，也可产下貌似健康的仔猪。弱仔在出生后不久死亡。貌似健康的仔猪往往带毒，这些带毒仔猪可持续数月时间排出大量的病毒而不出现临床症状，也检测不出抗体。带毒种猪几乎全部表现为隐性感染，不出现临床症状和眼观病理变化，但能够终身带毒、排毒。

因此，无临床症状的带毒猪和持续感染猪是本病最危险的传染源。猪瘟病毒强毒株通常比中等毒力或低毒力株在猪群中传播快，慢性感染猪能不断地排毒或间歇排毒，直到死亡。

3. 传播途径

主要通过口、鼻、眼泪、尿、粪便等途径向外排毒，污染饲料、饮水、圈舍、用具、车辆等，种公猪还可通过精液排毒。本病主要经呼吸道、消化道与眼结膜传播，也可经生殖道、皮肤伤口传播，还可经胎盘垂直传播。在种猪场，要特别注意种母猪是否带毒、种公猪精液是否带毒。其他动物、节肢动物、人员等媒介也可传播本病。病猪与带毒猪、带毒的猪肉及猪肉制品等的长途运输均可造成本病的长距离传播。污染的屠宰下脚料、厨房或食堂泔水也是传播本病的不可忽视的途径。

4. 流行特征

本病一年四季均可发生。在新疫区，发病率与死亡率很高，可达90％以上。易感猪群初次感染猪瘟病毒时，常引起急性暴发。先是少量几头发病，病程短，死亡快；随后病猪不断增多，1～3 周达到高峰，多数呈急性经过与死亡；3 周后逐渐趋向缓和，病猪转为亚急性或慢性，少数慢性病猪在 1 个月左右死亡或康复，流行终止。在老疫区，猪群具有一定的免疫力，发病率和死亡率较低。

近年来，由于国内普遍进行疫苗预防接种，大多数猪群已具有一定的免疫力，大面积、急性暴发流行的情况已不多见。加上自然低毒力猪瘟毒株与带毒种猪的出现，导致猪瘟的流行和发病特点发生了很大的变化。猪瘟的流行形式已从频繁发生的大流行转为周期性、波浪式、地区性的流行。在发病形式上，出现了所谓的非典型猪瘟、温和型猪瘟和隐性猪瘟，时常在免疫猪群中发生。发病率低，多为散发；临床症状明显减轻或不明显，病程较长，病理变化不典型；育成猪及哺乳仔猪死亡率较高，成年猪较轻或耐过、但往往隐性带毒或持续带毒。

三、症状

自然感染的潜伏期一般为 5～10d，最短 2d，最长达 21d。根据病程长短和症状性质，可将其分为 6 种，即最急性型、急性型、亚急性型、慢性型，繁殖障碍型、温和型。

1. 最急性型

病猪突然发病，发热、体温可达 41℃ 以上、高热稽留，可视黏膜和腹部皮肤发绀、有出血点，全身痉挛、四肢抽搐，倒卧地上，很快死亡，病程 1～4d。多见于新疫区流行初期，目前临床上少见。

2. 急性型

病猪精神沉郁、行动迟缓、弓背畏寒、喜卧嗜睡、少食或不食；高热稽留、体温可达 41℃ 以上。眼结膜炎、流泪并有脓性分泌物，严重时眼睑粘连在一起。初便秘，后腹泻，粪便带有黏液或血液，严重者便血，个别有呕吐。公猪包皮积尿，有恶臭。病初皮肤充血发红，继而发绀，后期在耳、颈部、腹下、臀部、外阴、四肢内侧等处皮肤出现出血点或出血斑，逐渐扩大连成片，甚至有皮肤坏死区。有的病猪耳尖及尾巴由于出血、坏死，由红色变成紫色甚至蓝黑色，逐渐干枯。少数病猪出现神经症状，磨牙、抽搐、惊厥，局部麻痹、昏睡。死亡前数小时，体温下降至正常以下。病程 1～3 周，病死率可达 80% 以上，耐过者转为亚急性或慢性。

3. 亚急性型

症状与急性相似，但较急性型缓和，体温先升高后下降，然后又可上升，直到死亡。病程长达 21～30d，皮肤有明显的出血点，耳、腹下、四肢、会阴等可见陈旧性出血点，或新旧交替出血点，仔细观察可见扁桃体肿胀溃疡。病猪日渐消瘦衰竭，行走摇晃，后驱无力，站立困难。病死率 60% 以上，多见于流行中后期或老疫区。

4. 慢性型

病程一个月以上，临床症状不典型，有人根据症状与血象变化将病程分为三期。第一期为急性期，病猪出现精神沉郁、厌食、发热、白细胞减少等症状。数周后转入第二期，临床症状好转，食欲和一般状况明显改善，体温正常或稍高，白细胞仍然减少。第三期病情再度恶化，病猪重新出现沉郁、厌食、发热、持续到死亡；或者精神、食欲、体温再次恢复正常但却生长不良，皮肤出现损害，常常弓背站立。有的慢性病猪可存活 100d 以上，病死率低，但很难完全康复。食欲、精神时好时坏，体温时高时低，便秘腹泻交替，病情时轻时重，是慢性猪瘟的临床特点。

5. 繁殖障碍型

有的妊娠母猪感染后并不发病，但可长期带毒，并可通过胎盘感染胎儿。有的妊娠母猪出现流产、产死胎、木乃伊、弱小或有颤抖症状的仔猪，或外表健康的仔猪。有的仔猪在在生后短时间内发病，症状类似急性型，死亡率高，有的能够存活较长时间。外表健康的仔猪，多数带毒，可能在相对长的时间不发病，几个月后才出现轻度精神沉郁、厌食、结膜炎、皮炎、腹泻、运动失调、局部麻痹、但体温正常，虽然可存活 6 个月以上，最终仍难免死亡。

6. 温和型

近年来，一些地区常见一些"温和型猪瘟"，因临床症状不典型，又叫"非典型猪瘟"。临床症状较轻，体温 40～41℃，很少有典型猪瘟表现的皮肤与黏膜广泛性出血、眼脓性分泌物等症状，有的病猪耳、尾、四肢末端皮肤坏死，生长缓慢，后期站立行走不稳，后肢瘫痪，部分病猪跗关节肿大。

四、剖检变化

猪瘟的病理变化，因病毒毒力强弱、机体抵抗力大小、病程长短而各不相同。

1. 最急性型

缺乏特征性病变，多见出血、皮肤、淋巴结、喉头、膀胱、肾脏以及回、盲肠襻出现瘀点和瘀斑，白细胞减少、血小板减少，淋巴结或扁桃体肿胀和出血较常见，脾脏边缘梗死少见。

2. 急性型

以多发性出血为特征的败血症变化为主，皮肤、浆膜、黏膜、实质器官等广泛性出血，以淋巴结与肾脏出血最为常见。全身淋巴结，特别是颌下、支气管、腹股沟、肠系膜淋巴结肿大、出血，呈大理石或红黑色外观。肾脏表面有针尖状出血点或大的出血斑，数量不等；皮质与髓质表面有出血点，肾乳头出血。消化道出血，口腔黏膜、齿龈、舌尖黏膜出血，胃肠黏膜充血、出血、滤泡肿胀、出血，肝出血，胆囊出血。脾脏不肿大，多数病例边缘出现紫黑色出血性梗死灶，大小不一、从粟粒大到黄豆大，数量不等、一两个到十几个，具有诊断意义。呼吸道出血，喉头、会厌软骨出血，扁桃体出血、坏死，胸膜出血、肺出血。泌尿生殖道出血，膀胱、尿道出血。心脏冠状沟出血、心包膜出血，心肌松软。有的脑膜下也有出血点。

3. 亚急性型

出血性病变较急性型轻，主要是淋巴结、肾脏、心外膜、膀胱、胆囊等组织器官出血，扁桃体肿大、溃疡，纤维素性肺炎、化脓性肺炎，坏死性肠炎。

4. 慢性型

全身出血性变化不明显，在肾脏表面有陈旧性针尖状出血点，肾脏皮质、肾盂、肾乳头可见到不易察觉的小出血点。主要变化是坏死性肠炎，特征性病理变化是在回肠末端、盲肠或结肠出现纽扣状溃疡、坏死，具有诊断价值。另外，由于钙磷代谢障碍，从肋骨、肋软骨联合到肋骨近端常见一条紧密、突起的骨化线，具有诊断价值。

5. 繁殖障碍型

有的怀孕母猪出现感染后先天性猪瘟病毒感染可引起胎儿死亡、木乃伊化、畸形。死胎与弱仔常出现脱毛、积水与皮下水肿。胎儿畸形包括头、四肢变形，肌肉发育不良、内脏器官畸形。生后不久死亡仔猪的皮肤与内脏器官常见有出血点。胸腺萎缩，外周淋巴器官中淋巴细胞与生发滤泡严重缺乏。

6. 温和型

此型病理变化不太明显，大多数病猪无猪瘟的典型病变。主要变化是：扁桃体充血、出血、溃疡；胆囊肿大，胆汁浓稠；胃底呈片状充血或出血，有的有溃疡；淋巴结肿大，出血轻或无；肾脏有散在不一的出血点，脾脏有少量的小梗死灶，回盲瓣很少出现纽扣状溃疡，但有溃疡与坏死变化。

五、诊断

对于典型猪瘟，根据流行病学、临床症状与病理变化，如病程长短与病情发展情况、持续发热、皮肤出血、脾脏梗死、回盲肠纽扣状坏死、肋骨钙化线等多个指标做出确诊。但近年来猪瘟的流行和发病特点发生了很大变化，出现了非典型猪瘟、迟发性猪瘟、隐性猪瘟等，发病不明显，难以见到具有诊断意义的特征性症状与病理变化。因此，实验室检查是猪瘟诊断必不可少的方法，主要有病毒抗原检测、病毒核酸检测、抗体检测、病毒分离鉴定、动物接种试验等。

1. 病毒核酸的 RT-PCR 检测

采集病猪的脾脏、淋巴结、肾脏、回肠远端等组织，经样品处理后，提取总 RNA，反转录（RT）合成 cDNA 后作为模板用一对猪瘟病毒的特异性引物（上游引物：5′-AGCAAGTGAGACCAGGGAAGTC-3′，下游引物：5′-GTTGACGCAG TCTTGTAGTAATC TTT-3′，预期扩增产物大小：200bp）进行 PCR 扩增与琼脂糖凝胶电泳检测。RT-PCR 方法的特异性高、敏感性高、检测时效快，是当前实验室快速检测与诊断猪瘟的首选方法。

此外，也可以采集血液与扁桃体来进行检测与诊断猪瘟。猪的扁桃体组织可以活体采集，对猪无明显不良反应，故该方法还可用于流行病学调查和隐性带毒猪的筛选。在种猪场，对种公猪、基础母猪和后备猪，可活体采集扁桃体，用 RT-PCR 方法检测猪瘟病毒核酸，根据检测结果来淘汰带毒猪，进行猪瘟的净化工作。

2. 病毒抗原的荧光抗体检测

对采集的病猪脾脏、淋巴结、肾脏、回肠远端、扁桃体等组织，制作冰冻切片，也可制作抹片，进行直接免疫荧光抗体染色（FA）或间接免疫荧光抗体染色（IFA）来检测猪瘟病毒抗原。在发病初期，扁桃体中的病毒抗原检出率很高；在病程长的病例，回肠组织中的病毒抗原检出率高于其他组织。经验丰富的检测人员可根据荧光强度与分布来区分强、弱毒株感染，弱毒株病毒抗原通常只能见于扁桃体隐窝上皮的细胞质内，荧光较弱；强毒株病毒抗原的荧光较强，除隐窝上皮外，在许多上皮细胞与淋巴细胞的胞浆内也可见到荧光。该方法快速、既可用于猪瘟的实验室快速诊断，也可用于猪瘟的流行病学调查与种猪场猪瘟的净化工作；但该方法对检测人员的技术要求高，其敏感性不如 RT-PCR 方法，故要注意 FA 阴性并不能完全排除隐性猪瘟带毒猪。

3. 病毒抗原的免疫酶染色检测

该方法与荧光抗体检测方法相似，把荧光抗体换成酶标抗体即可，观察细胞染色情况。细胞质染成棕黄色或深褐色者为阳性，染成黄色或无色者为阴性；兔化毒则染成微褐色，与强毒株染色区别明显。

4. 抗原捕获 ELISA

全血、血清、血沉棕黄层、组织匀浆都可以作为检测材料，对仔猪血清样品的敏感性明显高于成年猪或隐性带毒猪。由于目前的抗原捕获 ELISA 方法的敏感性与特异性不高，其仅适用于检测具有临床症状的猪或有猪瘟剖检病理变化的样品，不适用于猪瘟的流行病学调查与种猪场猪瘟的净化工作。

5. 血清学检测

长期以来，我国普遍实行猪瘟兔化毒弱毒疫苗的预防免疫，猪的血清中几乎都有猪瘟病毒抗体，所以常规血清学方法很难区分疫苗免疫猪与野毒感染猪。目前用于检测猪瘟病毒抗体的血清学方法主要有中和试验、ELISA、正向间接血凝试验等。

（1）中和试验　采集发病早期与恢复期的双份血清样品（前后相差 2 周以上），用中和试验来测定猪瘟病毒的中和抗体滴度上升情况，若升高 4 倍以上即可确诊为猪瘟。该方法虽既可用于猪瘟的诊断，也可用于猪瘟的免疫检测；但由于采样时间跨度长、且操作繁琐，故不能用于猪瘟的早期快速诊断。

（2）ELISA　主要有间接 ELISA 与竞争 ELISA，操作简便、快速，但其难以区分疫苗免疫抗体与野毒感染抗体，故目前国内主要用于猪瘟疫苗的免疫抗体监测。

（3）正向间接血凝试验　该方法要求条件低、操作简单，便于基层使用，但敏感性与特异性一般，一般认为间接血凝抗体滴度在 1∶16 以上时能够抵抗强毒攻击。

6. 病毒分离与鉴定

取病猪扁桃体、淋巴结、脾或肾等组织，制备组织悬液，加入青霉素与链霉素，过滤、离心后取上清，接种 PK15 细胞，接种后 48～72h，用前述中的方法 1—3 等检查细胞培养物。

7. 动物接种试验

主要有家兔交叉免疫试验、本动物接种试验，准确可靠，但耗时太长。

六、防控措施

控制和消灭猪瘟是一项系统工程，它不仅需要系统、科学、有效的综合防控技术，更需要强有力的法律、法规、政策及监督管理制度，多方面密切配合，坚持不懈的努力，只有这样才能逐步实现防控乃至消灭猪瘟的目标。

目前，不同国家和地区防控猪瘟的策略主要有两类，即扑杀策略、以免疫接种为主的策略。

无猪瘟的国家和地区，主要采取扑杀策略。禁止从有猪瘟的国家和地区引进生猪、猪肉及其产品等，防止猪瘟病毒传入。如出现猪瘟病例，则立即采取扑杀政策，扑杀、销毁整个感染群，追踪传染源和可能的接触物、彻底消毒污染场所。在猪瘟仅为散发的国家和地区也可采用这种策略。如欧盟国家按其相关法规规定，对猪瘟不能采用疫苗接种，一旦发生猪瘟，则立即圈定范围，实施全部扑杀政策。这种策略的代价是高昂的，需要良好的经济基础。

有猪瘟地方性流行的国家和地区，常采用疫苗接种，或疫苗接种辅以扑杀政策，以控制猪瘟。

我国是一个养猪大国，目前经济尚不太发达，还不能实行全部扑杀的政策，长期以来将接种猪瘟疫苗作为控制猪瘟的主要手段。针对我国当前猪瘟的流行与发病特点以及养猪业现状，符合我国国情、行之有效的猪瘟综合防疫技术主要包括如下内容。制定科学、合理的免疫程序、做好疫苗免疫，以提高群体免疫力，并做好免疫抗体的定期监测；把好引种关，防止将持续感染猪与带毒者引入猪场；加强净化，对种猪及后备猪实行严格检疫，及时淘汰带毒种猪，建立健康种群，繁育健康后代；实行科学合理的饲养管理与保健，采用全进全出的生产方式，定期消毒；加强对其他疫病的协同防疫，如存在其他疫病，则还需同时采取其他疫病的综合防疫措施。其中，疫苗免疫和净化是2个主要技术措施。

1. 疫苗免疫

我国研制出的猪瘟兔化弱毒疫苗，对各种猪群均具有高度的安全性和优良的免疫原性，免疫效果确实可靠，接种后5～7d即可产生免疫力，免疫期可持续半年以上，是目前世界上使用最广泛和免疫效果最好的猪瘟疫苗。该疫苗在我国广泛使用，对我国控制猪瘟取得了巨大成效。该疫苗在国外使用，同样取得了良好效果，不少国家借此疫苗消灭了猪瘟。目前国内市场上主要有两种猪瘟弱毒疫苗，即细胞苗和兔体组织苗。细胞苗由传代细胞培养制作，培养过程中使用胎（小）牛血清，需要注意防止牛病毒性腹泻病毒的污染。兔体组织苗有成年兔脾淋苗或脾苗，也有乳兔苗，需要注意防止细菌污染。一般而言，兔体组织苗的免疫效果优于细胞苗，但引起的免疫接种反应会大于细胞苗。

疫苗接种需要制定科学合理的免疫程序，有条件的猪场应对猪群进行抗体水平监测。猪瘟病毒间接血凝抗体滴度应达到1∶16以上，最好达到1∶32以上。母源抗体会干扰仔猪的猪瘟疫苗接种效果。因此，不同猪场需要依照猪群的抗体水平、生产类型与方式，因地制宜，制定出相应的免疫程序，才能获得良好的免疫效果。

目前国内没有统一的猪瘟免疫程序。一般情况下，种猪可以采用一年普免2～3次，或种母猪跟胎免疫；仔猪可以采用20日龄一免、60日龄二免，或者乳前一免、35日龄二免、70日龄三免的免疫程序。此外也可根据猪瘟疫苗的种类和质量以及流行情况确定免疫程序。

乳前免疫，也叫超前免疫、零时免疫，是指在仔猪出生后不让吸吮初乳，待疫苗接种后一定时间（1～2h）再吸吮。这种方法能够较好地解决母源抗体干扰问题，安全、有效，但在生产中完全实行存在一定的难度，因为母猪多在晚上产仔，劳动强度较大。但是，如果哺乳仔猪阶段存在猪瘟，则需要采用乳前免疫方法，以尽快有效控制猪瘟。

猪瘟免疫失败时有发生，其原因较多。主要是由于环境中低毒力猪瘟病毒的存在，隐性感染猪瘟病毒的妊娠母猪经胎盘传给胎儿，感染胎儿有的死亡，有的存活下来，出生后可终身带毒，形成持续性感染和免疫耐受，多数对猪瘟疫苗的免疫反应低下而难以产生坚强免疫力，从而发生迟发性猪瘟、慢性猪瘟、非典型猪瘟。因此，对隐性感染猪瘟病毒的猪，最好实施淘汰、净化的策略。

2. 猪瘟的净化

在普遍实施疫苗免疫的前提下，实施猪瘟净化是当前我国控制猪瘟的一个主要技术措施。由于目前的猪瘟多以非典型、慢性、隐性的形式出现，一个猪场中各类猪群均可能遭受感染，采用全群扑杀的方法是不现实的。种猪一旦感染猪瘟病毒后，除水平传播外、还可造成垂直传播，因而是造成一个猪场猪瘟病毒持续性感染的最重要的根源。尤其是种猪场，面向市场大量提供种猪，如果所售出种猪携带猪瘟病毒，其危害更大。因此，种猪场必需实施猪瘟净化措施，尽快净化猪瘟。一般情况下，主要是对种猪、后备猪施行猪瘟净化措施，对全场所有种猪和后备猪逐一活体采集扁桃体，进行猪瘟病毒的核酸 RT-PCR 检测或病毒抗原荧光抗体检测，凡检测阳性者一律淘汰，结合做好疫苗免疫、消毒与其他综合防控措施以建立核心健康种猪群。每3～6个月1次活体采集扁桃体检测1次，一般情况下经过2～3次后，猪瘟便可得到良好控制，效果非常明显。

3. 发生猪瘟时的紧急措施

当发现疑似猪瘟病猪时，要立即采取隔离措施，迅速进行确诊，划定疫点、疫区范围，根据实际情况进行封锁。及时把猪群划分为病猪群、可疑感染群和假定健康群，扑杀病猪，扑杀的病猪与死亡猪只应采取深埋和烧毁等措施严格销毁。全场进行紧急消毒，对污染场所、污染物、废弃物、器具及人员进行严格消毒，并加强定期消毒措施。禁止人、物的随意流动，隔离、封锁期间禁止猪群调动和生猪交易。对可疑猪群和假定健康猪群进行紧急免疫接种。随后可根据需要执行定期检疫、淘汰带毒猪的净化措施。

第三节　高致病性猪蓝耳病

高致病性猪蓝耳病是由猪繁殖与呼吸综合征（俗称蓝耳病）病毒变异株引起的一种急性热性高致死性传染病，其临床特征是仔猪发病率可达100%、死亡率可达50%以上，母猪流产率可达30%以上，育肥猪也可发病死亡。本病传播速度快，流行广泛，发病率高，病死率高，对养猪业的危害极大。猪繁殖与呼吸综合征属于 OIE 法定通报性疾病名录之一，我国将其列为二类动物疫病；而高致病性猪蓝耳病的危害更甚，故我国将其列为一类动物疫病。

猪繁殖与呼吸综合征（porcine reproductive and respiratory syndrome, PRRS）呈世界性分布，给世界养猪业造成了巨大的经济损失。2006 年，高致病性猪蓝耳病，俗称"高热病"，在中国南方地区暴发流行，很快蔓延到其他许多地区，给养猪业造成了巨大的经济损失。目前，该病已经得到了较好程度的控制，但仍在一些地区不时发生；同时，该病引起猪的免疫抑制，导致其它疫病的免疫失败，常造成多种病原混合或继发感染，严重威胁着养猪业的发展。因此，高致病性猪蓝耳病是当前养猪业需要重点防控的主要疫病之一。

一、病原

猪繁殖与呼吸综合征病毒（PRRSV）属于动脉炎病毒科、动脉炎病毒属，病毒粒子有多种形态、但以球形为主，直径为 40～60nm，具有囊膜。PRRSV 基因组为单链线状正义 RNA，有感染性，长度约为 15kb。PRRSV 有 9 个开放阅读框（ORF），分别是 ORF1a、ORF1b、ORF2a、ORF2b、ORF3-ORF7，在 3′端有 poly（A）尾。ORF1a 与 ORF1b 占病毒基因组的 80% 左右，编码病毒 RNA 酶和聚合酶，共 13 个非结构蛋白。ORF2-ORF7 的基因长度约为 3.5kb，编码病毒结构蛋白，其中 ORF5-ORF7 编码 3 种主要结构蛋白，分别是囊膜（E）蛋白、基质（M）蛋白、核衣壳（N）蛋白。E 蛋白主要诱导中和抗体产生，但产生慢；N 蛋白具有良好的免疫原性，诱导抗体产生快，临床抗体检测往往检测的是 N 蛋白抗体。

PRRSV 变异株是高致病性猪蓝耳病的病原，其编码的 Nsp2 基因存在 30 个氨基酸的缺失，其中在一段基因序列中连续缺失 29 个氨基酸，可作为区别 PRRSV 变异株的基因标记。

目前，PRRSV 变异株只有一个血清型，属于美洲型，但不同毒株之间存在毒力差异。同时，PRRSV 变异株与 PRRSV 美洲型毒株之间存在交叉免疫反应，故免疫 PRRSV 变异株疫苗与免疫 PRRSV 美洲型疫苗均可产生一定程度的交叉免疫保护作用。

PRRSV 变异株对外界环境的抵抗力不强，对紫外线、高温敏感。PRRSV 的热稳定性差，56℃处理 45min 或 37℃处理 48h 完全失去活性；低温下有较好稳定性，4℃可保存 1 个月，－70℃下可保存数年。PRRSV 对于酸碱度敏感，在 pH 为 3～7 的环境中可以稳定存在，但在小于 3 和大于 7 的条件下，其感染力可下降 90% 以上。病毒粒子在潮湿环境中具有较好的稳定性，但在干燥环境中迅速丧失感染性。病毒对有机溶剂比较敏感，如氯仿、乙醚等都可使其迅速灭活。常用消毒剂对其都有良好的杀灭作用。

二、流行病学

1. 易感动物

自然条件下，猪是本病唯一的易感动物。不分品种、年龄、大小与性别都可感染，但以妊娠母猪和新生仔猪最为易感。

2. 传染源

感染猪是主要的传染源。猪在感染 PRRSV 变异株后，不论发病与否，都能通过口腔、鼻、眼分泌物、排泄物排毒，污染饲料和饮水。流产母猪是重要的传染源，其死产胎儿、胎衣及子宫排泄物含有大量病毒，污染环境。康复期病猪在临床症状消失后的在相当长的一段时间内（可长达 15 周）仍向体外排毒，在其呼吸道和扁桃体内可分离到病毒。种公猪在感染后的相当长的一段时间内的精液带毒。

3. 传播途径

本病主要经呼吸道感染，通过直接接触传播、眼结膜传播，空气传播与运输传播也是本病的主要传播方式，还可经垂直传播。自然交配或人工授精也是主要的传播途径之一，针头和注射器接触了带毒猪后再次注射健康易感猪也可传播病毒。

4. 流行特征

本病传播速度快，易出现流行性暴发，3～5d 可传染整个猪群，并迅速向周边地区扩散，呈现地区性暴发流行。发病率高，病程长，病程一般为 2～3 周，发病 5～7d 后出现大批死亡，死亡高峰期持续 7d 左右，21d 后死亡率逐渐减少。不同阶段猪群病死率不同，哺乳仔猪、保育猪、生长育肥猪、母猪病死率可分别达 100%、70%、20%、10%。

三、症状

潜伏期 7d 左右，主要以高热，皮肤发红，精神沉郁，粪干，呼吸困难，鼻腔分泌物、后期鼻液带血为特征。病猪持续高热（41℃以上），精神沉郁，食欲减退或废绝，饮水减少，喜卧扎堆或卧地不起。病猪皮肤发红，耳部、腹下和四肢内侧等多处皮肤有紫红色斑块，部分猪在臀部和脊背部出现玉米粒大到豌豆大的丘疹，个别猪在背部皮肤毛孔处有铁锈色出血点。病猪呼吸困难，咳嗽，打喷嚏，流鼻液，死前个别猪从鼻孔流出血性分泌物，大部分猪有结膜炎症状。多数便秘，排球状粪便，少数腹泻。尿混浊，颜色加深或呈浓茶色，量减少。病程较长的病猪表现全身苍白的贫血症状，背毛粗乱，后肢无力。

不同阶段的猪群均可发病，但大多数猪场首先为母猪或生长育肥阶段的猪先发病，再传到保育猪。病程一般为 1～3 周，一般从发病 5～7d 开始死亡，病程最长可达 3 周；病死率 20%～50%，有混合感染时病死率可达 80% 以上。一部分猪可以耐过而逐渐康复。妊娠母猪在不同阶段均可感染发病，并发生流产，流产率可达 30% 以上，流产以产死胎为主，大部分死胎充血而呈红色。

四、剖检变化

所有病猪有不同程度的肺部病变。肺肿大、变硬，呈弥散性、间质性肺炎，似橡皮状。病猪肺部有不同程度的混合感染，呈花斑样或大理石样病变，斑驳颜色从乳白色到土褐色不等；部分猪肺的膈叶腹侧呈现紫红或灰红色，部分猪肺有出血；个别肺有化脓灶，间质明显增宽，充满纤维素浆液。

全身淋巴结肿大、出血，尤其是肺门淋巴结、肠系膜淋巴结、腹股沟淋巴结最为严重。病猪多发性浆液纤维素性胸膜炎和腹膜炎，肺浆膜与胸腔膜或心包膜纤维素性粘连，个别心肌与心包或胸腔隔膜粘连。

肾肿大，淤血，颜色变深，有的表面有出血点，呈褐色或土黄色，质地变脆，皮质、髓质以及肾盂、肾乳头有淤血。肝脏肿大，颜色变淡，呈土黄色，个别病猪肝脏有白色坏死灶，质脆。病死猪脾脏肿大，颜色变深，呈紫褐色，个别边缘有锯齿状出血点，质脆。胃充盈，多有胃溃疡，甚至出血。肠道充盈，有溃疡或出血。膀胱积尿，有的有出血点。还有部分病猪的心内外膜、喉头有出血点。

五、诊断

本病根据流行病学、症状与剖检变化可做出初步诊断。如见到：体温明显升高，可达 41℃ 以上；眼结膜炎、眼睑水肿；咳嗽、气喘等呼吸道症状；部分猪后躯无力、不能站立或共济失调等神经症状；仔猪发病率达 100%、死亡率达 50% 以上，母猪流产率达 30% 以上，成年猪也可发病死亡；肺肿胀，呈大理石病变，多见于肺部的间叶和心叶；脾脏边缘或表面出现梗死灶；肾脏呈土黄色，表面可见针尖至小米粒大出血点斑；皮下、扁桃体、心脏、膀胱、肝脏和肠道均可见出血点和出血斑；部分病例可见胃肠道出血、溃疡和坏死；即可初步诊断为高致病性猪蓝耳病，确诊则需要实验室诊断。

实验室诊断主要是病原学诊断，主要包括以下两种方法。

1. 病毒核酸 RT-PCR 诊断

采集病猪血清、肺脏、淋巴结、脾脏等组织，提取病毒核酸，反转录（RT）合成 cDNA 后用一对 PRRSV 的特异性引物（上游引物：5′-TGGGC GACAATGTCC C-3′，下游引物：5′-GCTGAGTATTTTGGGCG-3′，预期扩增产物大小：418bp；该对引物还可同时检测 PRRSV 非变异株，其扩增产物大小为 508bp）进行 PCR 扩增与检测。RT-PCR 方法特异、敏感、快速，是实验室快速诊断高致病性猪蓝耳病的主要方法。

2. 病毒分离鉴定

取病猪淋巴结、肺、脾或肾等组织，制备组织悬液，加入青霉素与链霉素，过虑、离心后取上清，接种 Marc-145 细胞或仔猪肺泡巨噬细胞，接种后 48～72h 观察细胞病变，并用 RT-PCR 方法或间接免疫荧光方法进行检测与鉴定。

六、防控措施

高致病性猪蓝耳病传染性强、传播快速，一旦发生将造成很大的经济损失，需要严格采取综合防控措施。

1. 平时的预防措施

（1）加强检疫措施，防止病原传入。猪场在引入新的种猪前要进行检疫，阴性猪场只能引入病原与抗体都是阴性的种猪，引入时要至少隔离 3 周，且抗体阴性者方可向阴性猪群混群；阳性猪场则要避免引入携带其他毒株的猪群。

（2）加强饲养管理与保健，搞好环境卫生与消毒，保障猪舍内良好的小气候，减少应激，执行全进全出制饲养方式，加强饲料营养。

（3）受威胁猪群可进行疫苗接种。目前有高致病性猪蓝耳病的弱毒疫苗和灭活疫苗。灭活疫苗用于强制免疫，但保护力有限；弱毒疫苗效果较好，但需要注意安全性。

（4）通过平时检疫，发现阳性猪群做好隔离与消毒工作，污染群中的猪不得作为种用，应全部育肥屠宰。

（5）发病早期可用替米考星、猪 α-干扰素进行治疗，具有一定效果。也可考虑使用一些具有临床确切疗效的中药制剂进行治疗，可收到较好效果。无细菌继发感染的不要滥用抗生素治疗，有细菌继发感染的可应用合适的抗生素予以治疗。

2. 发生疫情时的措施

发现本病后，要按照《高致病性猪蓝耳病防治技术规范》进行处理。

（1）发现疑似高致病性猪蓝耳病疫情时，要及时上报疫情。

（2）疑似疫情的处置　对发病场/户实施隔离、监控，禁止生猪及其产品和有关物品移动，并对其内、外环境实施严格的消毒措施。对病死猪、污染物或可疑污染物进行无害化处理。必要时，对发病猪和同群猪进行扑杀并无害化处理。

（3）确认疫情的处置　首先划定疫点、疫区、受威胁区，然后封锁疫区，在疫区周围设置警示标志，在出入疫区的交通路口设置动物检疫消毒站，对出入的车辆和有关物品进行消毒；关闭生猪交易市场，禁止生猪及其产品运出疫区。在疫点要扑杀所有病猪和同群猪，对病死猪、排泄物、被污染饲料、垫料、污水等进行无害化处理，对被污染的物品、交通工具、用具、猪舍、场地等进行彻底消毒。在疫区要对被污染的物品、交通工具、用具、猪舍、场地等进行彻底消毒，对所有生猪用高致病性猪蓝耳病灭活疫苗进行紧急强化免疫，并加强疫情监测。在受威胁区对所有生猪用高致病性猪蓝耳病灭活疫苗进行紧急强化免疫，并加强疫情监测。同时，要进行疫源分析与追踪调查，对疫情进行扩散风险评估。当疫区内最后一头病猪扑杀或死亡后14d以上，未出现新的疫情，实施终末消毒后，可解除封锁。

第四节　猪水疱病

猪水疱病（swine vesicular disease，SVD）是由猪水疱病病毒引起的一种急性传染病，以猪的蹄部、口、鼻及乳头等部位的皮肤、黏膜发生水疱，流行性强，发病率高为临床特征。猪水疱病在症状上与口蹄疫极为相似，属于OIE法定通报性疾病名录之一，我国将其列为一类动物疫病。

本病于1966年首次在意大利报道，1971年在中国香港分离出病毒，随后许多欧洲国家、日本、中国台湾先后报道此病，2004年葡萄牙与意大利又暴发了猪水疱病。目前，我国大陆地区尚无本病发生的报道。

一、病原

猪水疱病病毒（SVDV）属于小核糖核酸病毒科肠道病毒属，病毒粒子呈球形，直径22～30nm。该病毒无囊膜。病毒基因组为单链正义RNA，长度约7.4kb，编码一个由2 815个氨基酸组成的多聚蛋白。该多聚蛋白在翻译后分成11个蛋白，其中4个蛋白（1A、1B、1C、1D）形成病毒衣壳，3B蛋白连于病毒RNA，非结构蛋白（2A、2B、2C、3A、3B、3C、3D）参与病毒复制。

猪水疱病病毒只有1种血清型，但与人肠道病毒柯萨奇B5病毒有抗原关系，可产生明显的交叉中和反应。

猪水疱病病毒对环境的抵抗力较强，受时间和温度的影响较大。病毒在污染的猪舍中能存活 8 周以上，病猪皮肤、肌肉、肾脏在 -20℃ 条件下保存 10 个月后病毒滴度未见明显下降，病猪肉腌制后 3 个月仍可检出病毒。病毒经 50℃ 60min 处理后仍能保持感染性，但 60℃ 30min、70℃ 10min、85℃ 1min 即可杀死病毒。病毒对乙醚、氯仿、酒精有抵抗力。病毒耐酸，在 pH 3.0 经 1h 仍能保持感染性。一般消毒剂在常规浓度下均难以在短时间内杀死该病毒，3％NaOH 溶液 24h 能杀死水疱皮中的病毒，10％甲醛溶液 60min、1％过氧乙酸 60min 可杀死该病毒，含氯、碘的消毒剂对该病毒有较好的杀灭作用。

二、流行病学

1. 易感动物
猪是猪水疱病病毒的主要易感动物，不同年龄、性别、品种的猪都可感染，牛、羊也可短期带毒但不发病，仅猪发病。此外，人和小鼠也可被感染。

2. 传染源
病猪和带毒猪是主要传染源。病毒主要分布于上皮组织、心肌、脑、淋巴结、血液中，尤其是水疱液中含有大量的病毒，感染 1d 后即可从血液中分离出病毒。

3. 传播途径
通过口、鼻、粪、尿、乳、水疱液等途径排出病毒，主要通过皮肤与黏膜伤口、消化道等途径感染。饲喂污染的饲料、饮水、泔水、屠宰下脚料，感染猪的运动、迁移、交易，污染的运输工具、饮水、饲料、垫草、用具、人员等造成容易本病的传播。

4. 流行特征
该病传染性强、发病率高，但病死率很低，常呈地方性流行，无明显季节性。

三、症状

自然感染潜伏期一般为 2~4d，有的可达 5~8d 或更长。临床上可分为典型、温和型和隐性型 3 种类型。

1. 典型型
病猪常有短暂发热（可达 41℃），起初局部上皮肿胀、发白，36~48h 后水疱明显凸出，里面充满水疱液，通常水疱很快破溃，但有时可维持数天。水疱破溃后形成鲜红色溃疡面。常常环绕蹄冠的皮肤与蹄壳裂开，病情严重时蹄壳脱落。由于蹄部受到损伤，病猪举步困难、跛行或卧地不起。除蹄部发生水疱外，水疱也见于鼻盘、口腔、舌面、唇和母猪乳头上。病猪体温升高至41℃左右，食欲减退，精神沉郁，水疱破溃后体温恢复正常。若无继发感染，一般在10d左右可自愈。其特征性水疱多见于趾的蹄冠上。

2. 温和型

只有少数猪只出现水疱，传播缓慢，症状轻微，不易察觉。

3. 隐性型

猪只不表现任何临床症状，但从血液中可检测出病毒，也可检测出高滴度的抗体，但能够排毒，造成同居感染。

四、剖检变化

除蹄部、鼻盘、唇、舌面、乳房出现水疱外，其他组织难见眼观病变。水疱破裂后，水疱皮脱落，创面有出血、溃疡。典型病例常首先在蹄踵与冠状带的连接处出现病变，严重时甚至蹄匣脱落。口、唇、鼻盘的病变不太常见，舌病变短暂并可迅速愈合，胸腹部皮肤偶尔出现病变。

五、诊断

猪水疱病病毒、口蹄疫病毒、水疱性口炎病毒、水疱性疹病毒都能使动物产生相似的临床症状，故仅靠临床症状、病理变化要区分它们是困难的，必须依靠流行病学与实验室诊断加以区分。实践中主要需要注意猪水疱病与口蹄疫。常用的实验室诊断方法主要有病毒核酸检测、病毒抗原检测（主要有抗原捕获 ELISA、反向间接血凝试验、免疫荧光抗体试验）、病毒分离鉴定、血清学诊断等。

1. 病毒核酸检测

采集水疱皮、水疱液、淋巴结等组织，提取总 RNA，反转录（RT）后用一对猪水疱病病毒的特异性引物（上游引物：5′-TGGTCCAGTACCCAC AAAGG-3′，下游引物：5′-TATGCGTTGCCTATGCCAATG-3′，预期扩增产物大小：125bp）进行 PCR 扩增，可以快速的鉴定猪水疱病病毒。

另外，可将此对引物与一对口蹄疫病毒的特异性引物（上游引物：5′-TTA CAA ACCTGTGATGGCCTC-3′，下游引物：5′-CGCAGGTAAAGTG ATCTGTAGCTT-3′，预期扩增产物大小：189bp）进行双重 PCR 扩增，从而可以快速的区分猪水疱病与口蹄疫。

2. 抗原捕获 ELISA

采集水疱液、水疱皮（需制作悬液取上清），用兔抗 SVDV 和 FMDV 的抗血清包被酶标板来捕获待检病料中的病毒抗原，然后加豚鼠抗 SVDV 和 FMDV 的血清，再加兔抗豚鼠的酶标二抗，显色后检测。此法是 OIE 推荐的 SVDV 和 FMDV 的抗原定型检测方法。

3. 反向间接血凝试验

用豚鼠抗 SVDV 和 FMDV 的抗血清致敏绵羊红细胞，然后与不同稀释的待检抗原进行反向间接血凝，也可快速诊断猪水疱病和口蹄疫。

4. 免疫荧光抗体试验

采取淋巴结、水疱皮等组织制作冰冻切片或涂片，进行免疫荧光抗体染色检测 SVDV 抗原。

5. 病毒分离与鉴定

水疱皮、水疱液、淋巴结等组织样品常用于病毒分离培养，对分离病毒可用上述方法来进行鉴定。

6. 血清学诊断

常用 ELISA 和微量中和试验，一般用于流行病学调查、免疫监测和检疫。

六、防控措施

我国大陆地区尚未发现本病，故要严格防范，杜绝病毒传入；而一旦发生疫情，则需要断然采取封锁与扑杀措施、予以就地扑灭。

平时加强进口检疫，对进口的活猪、猪肉及其产品要进行严格的本病的检疫，对运输工具与装载器具要进行彻底的消毒，确认无 SVDV 感染与携带者，方可引入，以防止 SVDV 传入。

一旦发生疫情，则要采取断然措施，按照发生一类动物疫情进行处置，实施封锁、扑杀策略，立即扑杀病猪和同群猪、并就地焚毁或无害化处理，对污染和可能污染的区域与物品进行全面彻底的消毒，以消灭疫源，对受威胁区内的猪可选用高免血清或灭活疫苗进行紧急接种，以防止扩散。

国外有疫苗来预防本病。弱毒疫苗安全性存在问题，灭活疫苗安全可靠，接种后 10d 即可产生免疫力，免疫保护率在 75% 以上，免疫期在 4 个月以上。

第五节　非洲猪瘟

非洲猪瘟（African swine fever，ASF）是由非洲猪瘟病毒引起的猪的一种急性、高致死性传染病，其临床特征是高热、皮肤发绀以及淋巴结和内脏器官的严重出血，病死率可高达 100%。非洲猪瘟在临床症状和病理变化上与猪瘟很相似，但其病原则完全不同。非洲猪瘟属于 OIE 法定通报性疾病名录之一，我国将其列为一类动物疫病。

1921 年本病首次在东非肯尼亚报道，之后曾在非洲、欧洲、中美洲、南美洲等 30 多个国家和地区流行，给这些国家的养猪业造成了巨大经济损失。目前，ASF 仅在非洲亚撒哈拉国家及意大利的撒丁岛呈地方性流行，在其他地方则被成功的根除了。我国尚无本病发生。

一、病原

非洲猪瘟病毒（ASFV）属于非洲猪瘟病毒科、非洲猪瘟病毒属。病毒粒子呈二十面体立体对称结构，直径为 175～215nm，具有囊膜。病毒基因为双链线性 DNA，全长为 170～190kb，含有 151 个开放阅读框（ORF），编码 5 个多基因家族。非洲猪瘟病毒是一种非常复杂的病毒，至少有 28 种结构蛋白，在感染的猪巨噬细胞中有 100 种以上的病毒诱导蛋白，其中至少有 50 种能够与感染猪或康复猪的血清进行反应，40 种能够与病毒粒子相结合。自然感染和人工感染非洲猪瘟病毒后都不产生典型的中和抗体，但康复猪能抵抗同源毒株的再感染。部分病毒蛋白，如 p12、p30、p54、p73 等具有良好的抗原性，虽然其中和抗体不足以提供免疫保护，但可用于血清学诊断。

目前非洲猪瘟病毒只有 1 种血清型，不同毒株之间的毒力存在差别。部分非洲猪瘟病毒具有吸附猪红细胞的特性，而病毒抗血清可阻断此特性。不过，经细胞培养后的非洲猪瘟病毒则失去了吸附猪红细胞的特性。

非洲猪瘟病毒在自然环境中的抵抗力很强，对酸性环境不敏感。在 pH 3.9～13.4 条件下 2h 仍有感染性；室温干燥或冷冻数年仍可存活，室温下经 18 个月仍能够从血液中分离出病毒，在某些腌制的猪肉制品中非洲猪瘟病毒能够存活 140d；但是非洲猪瘟病毒对高热的抵抗力不强，60℃ 30min 可使病毒很快失活。对许多脂溶剂和常用消毒剂敏感，10% 苯基苯酚是非常有效的消毒剂。

二、流行病学

1. 易感动物

猪、野猪、大林猪、疣猪等是非洲猪瘟病毒的自然宿主，但仅猪和野猪感染后发病。非洲钝缘蜱、伊比利亚半岛的游走性钝缘蜱等软蜱是重要的保毒宿主。

2. 传染源与传播途径

病猪和带毒猪是传染源，可从其各种分泌物、排泄物、组织器官中分离出病毒。可通过直接接触、呼吸道、消化道等传播，也可经人员、车辆、器具之间的机械性传播，多种软蜱是重要的传播媒介。在非洲，非洲猪瘟病毒以循环感染非洲野猪和软蜱的方式传播；在欧洲，患病动物与健康动物的直接接触是主要传播途径。

3. 流行特征

本病传播迅速，发病率和死亡率都很高。

三、症状

该病自然感染的潜伏期为 4～19d，人工感染为 2～5d，临床症状与猪瘟相似。根据病毒毒力、感染的剂量和途径的不同，本病可表现出最急性、急性、亚急性、慢性、隐性型。

1. 最急性型

本型很少有临床症状，突然死亡。

2. 急性型

表现为食欲减退，高热（40～41℃）稽留 4d 左右，精神沉郁，站立困难、行走无力，呼吸急促、咳嗽，鼻端、耳、腹部、四肢等处皮肤发绀、出血，白细胞减少。妊娠母猪流产。病程 4～7d，在死亡前 24h 内体温明显下降，病猪昏迷，病死率 80% 以上。在非洲，本病主要呈急性型。

3. 亚急性型

亚急性型与急性型相似，但病情相对较轻，病程较长（6～10d），病死率 60% 以上。

4. 慢性型

慢性型症状很不一致，表现有精神萎靡，发热，肺炎与呼吸急促，皮肤溃疡、坏死，妊娠母猪流产，病程 1 个月以上；有的除生长缓慢外无其他症状；病死率低，但多数带毒。在非洲以外地区，亚急性型和慢性型最常见。

5. 隐性型

该型在非洲野猪中常见，在家猪中则可能是感染了低毒力毒株所致、或是由亚急性型和慢性型转变而来。外观体征健康，但带毒。

四、剖检变化

非洲猪瘟的病变随病毒毒力的不同而异，急性和亚急性型表现为广泛性出血和淋巴组织损伤，慢性和隐性型的病变少或无。急性型主要大体病变出现于脾脏、淋巴结、肾脏、心脏。脾脏呈红黑色，肿大、可达原来的几倍，梗死、变脆。淋巴结出血、水肿和变脆，严重的像血块。有的肾脏皮质、肾盂切面出血。有些病例可见心包膜出血、心包积液，胸膜出血、胸水增多，肺水肿；整个消化道水肿和出血、腹水增多，肝脏和胆囊充血，膀胱黏膜出血等。

亚急性型与急性型相似，只是病变较轻，主要表现为淋巴结和肾脏的出血，脾脏肿大和出血，肺脏淤血和水肿等。慢性型主要出现呼吸道的变化，病变包括纤维素性胸膜炎、心包炎、胸膜粘连，肺炎，淋巴网状组织增生。

五、诊断

非洲猪瘟在临床症状和病理变化上和猪瘟等出血性疾病相似，所以临床诊断难度很大，想确诊此病必须借助实验室手段。常用的实验室诊断方法主要有病毒核酸检测、病毒抗原检测、血细胞吸附试验、病毒分离鉴定、血清学诊断等。

1. 病毒核酸的 PCR 检测

采集组织样品和血液，提取病毒 DNA，用一对特异性引物（上游引物：5′-ATGGATACCGAGGGAATAGC-3′，下游引物：5′-CTTACCGATAATGATGATAC-3′，预期扩增产物大小：278bp）进行 PCR 扩增，可快速检出非洲猪瘟病毒，从而做出诊断。

2. 病毒抗原检测

采取淋巴结、肾、脾、肺等组织器官制作冰冻切片或触片，进行直接免疫荧光染色检测组织中非洲猪瘟病毒抗原，对诊断急性型非洲猪瘟具有快速、经济、敏感性高的特点，但对诊断亚急性与慢性型的敏感性不高。

3. 血细胞吸附试验

利用红细胞能够吸附在体外培养的感染非洲猪瘟病毒的巨噬细胞表面周围形成典型的玫瑰花环，其特异性和敏感性高，可作为确诊方法。但一些毒株能够诱导巨噬细胞出现细胞病变而不能出现血细胞吸附现象。

4. 血清学诊断

由于 ASF 没有疫苗，所以其抗体出现表明动物已受感染，非洲猪瘟病毒诱导的抗体出现时间早且持续时间长，因此，病毒抗体检测具有重要意义。目前常用的抗体检测方法有间接免疫荧光试验、ELISA 和免疫印迹试验等，除检测血清外，也可检测组织渗出液。

5. 病毒分离与鉴定

组织样品和血液可用于病毒分离，对分离病毒可用直接免疫荧光法、血细胞吸附试验、PCR 法等进行鉴定。

六、防控措施

我国大陆地区尚未发现本病，故要严格防范，杜绝病毒传入；而一旦发生疫情，则需要断然采取封锁与扑杀措施，予以就地扑灭。

平时加强进口检疫，要严禁从疫区进口生猪及其产品，在港口和国际机场要严加防范，对进口的活猪、猪肉及其产品要进行严格的本病的检疫，加强血清学检测以检出带毒猪，对运输工具与装载器具要进行彻底的消毒，确认无非洲猪瘟病毒感染与携带者，方可引入，以防止本病传入。

对感染猪群和发生本病的猪场，要实施封锁、扑杀策略，以尽快消灭疫源。

目前尚无有效的疫苗来预防非洲猪瘟，灭活疫苗没有保护作用。疫苗在根除非洲猪瘟的计划中不是必需的。由于非洲猪瘟会引起很大的经济损失，也没有有效疫苗来预防此病，所以无此国家预防非洲猪瘟病毒的传入十分重要。非洲猪瘟病毒的一个主要来源是国际机场和港口的被病毒污染的垃圾，因此，飞机和轮船的残余食品应全部焚毁。

第六章

ZHONGZHU DE ZHONGYAO JIBING

种猪重要的二类病毒性疫病

第一节　猪繁殖与呼吸综合征

猪繁殖与呼吸综合征（porcine reproductive and respiratory syndrome, PRRS），现国内称为经典猪蓝耳病，是由猪繁殖与呼吸综合征病毒（PRRSV）经典株引起的猪的一种高度接触性急性传染病，其临床特征是母猪的繁殖障碍与呼吸道症状、仔猪呼吸道症状与死亡率增高。母猪的繁殖障碍表现为妊娠晚期流产、产弱胎与死胎，种公猪感染后精液质量下降，哺乳仔猪与断奶仔猪发病与死淘明显增加，生长肥育猪发病率增加、生长变慢。猪繁殖与呼吸综合征还可引起免疫抑制，容易出现继发感染与混合感染，因此，对养猪业的威胁极大，是当前危害世界养猪业的最重要疫病之一。本病属于 OIE 法定报告疫病之一，在我国属于二类动物疫病。

PRRS 于 1987 年首次在美国暴发，1990 年在德国暴发，随后迅速遍及全世界大部分地区，给全球的养猪业造成了惨重的经济损失。国内最早于 1996 年发生本病，给养猪业造成了极大的经济损失。目前，PRRS 呈世界性分布，世界各国高度重视本病。虽然不少国家和地区采取疫苗免疫来防控该病，也取得了一定成效，但该病仍然在大多数国家和地区广泛存在，仍然是困扰当前世界养猪业的最主要疫病之一。

2006 年，高致病性 PRRS（高致病性猪蓝耳病）在我国南方暴发并快速席卷全国大部分地区，由此造成了极其惨重的经济损失，并在一定时期内在一定程度上掩盖了 PRRS（经典猪蓝耳病）的危害。但近年来，随着高致病性 PRRS 得到一定程度的控制，PRRS 在国内一些地区呈反弹之势，并出现了一些新的变化。因此，地区在控制好高致病性 PRRS 的同时，仍然需要高度重视防控 PRRS。

一、病原

本病的病原是猪繁殖与呼吸综合征病毒（PRRSV）经典毒株，其分类地位、形态与大小、基因组大小与组成结构及功能等方面同 PRRSV 变异株。有所不同的是，PRRSV 经典株编码的 Nsp2 基因无 30 个氨基酸的缺失，以此可与 PRRSV 变异株相区分。

PRRSV 经典株有两个血清型，一个是欧洲型，代表毒株为 Lelystad 毒株；另一个是美洲型，代表毒株为 VR-2332 病毒；二者在核苷酸序列与抗原性方面都存在很大差异，但都引起同一种疾病。PRRSV 容易变异，经常发生核苷酸的点突变、缺失、插入和毒株间基因重组，使得同一血清型的 PRRSV

毒株之间也存在着较大的差异。PRRSV 基因组中容易变异的区域主要是 Nsp2、ORF5、ORF3。当前国内流行的 PRRSV 经典株绝大多数属于美洲型毒株。不同 PRRSV 经典毒株之间存在毒力差异。同时，PRRSV 经典株与 PRRSV 变异株之间存在交叉免疫反应，故免疫 PRRSV 经典株疫苗与免疫 PRRSV 变异株疫苗均可产生一定程度的交叉免疫保护作用。

PRRSV 经典株对外界环境、消毒剂的抵抗力与 PRRSV 变异株基本相同。有所不同的是，PRRSV 经典株对酸的敏感性明显大于 PRRSV 变异株，只能在 pH 5～7 的环境中的才可以稳定存在，但在小于 5 和大于 7 的条件下，其感染力可下降 90% 以上。

二、流行病学

1. 易感动物

不同品种、年龄、性别的猪都可感染，其中以妊娠母猪和哺乳仔猪的易感性最强，容易出现典型症状。其他动物没有自然感染发病的报道。

2. 传染源与传播途径

病猪和隐性带毒猪是主要的传染源，病毒随着鼻腔分泌物、唾液、尿液排出，哺乳母猪还通过乳汁排毒，公猪还通过精液排毒，通过粪便排毒相对较少。耐过猪可长期带毒并不断向体外排毒。呼吸道是最主要感染途径，空气传播、直接接触传播是主要传播方式，自然交配与人工授精也是重要的传播途径。本病还可垂直传播，妊娠后期的母猪容易经胎盘传播而感染胎儿。

3. 流行特征

本病传播迅速，是一种高度接触性传染病。PRRSV 经典株感染容易形成持续性感染，猪群一旦感染将在长时间内持续带毒、排毒。发病时不同阶段猪群的发病率、病死率有明显的年龄差异，年龄越小，发病率与病死率越高，哺乳仔猪病死率可达 50% 以上，成年猪的病死率很低。PRRS 发生有 2 种形式，一种是流行性或大流行，见于新疫区或流行初期，妊娠母猪容易出现流产风暴。另外一种是地方流行性或散发，见于老疫区和流行后期。此外，PRRSV 毒株的毒力，猪群抵抗力、环境与管理、混合感染、应激等因素都可以影响 PRRS 的发生与发展，从而影响疾病的严重程度。

三、症状

PRRS 的潜伏期长短不一，自然感染一般为 7～14d。临床症状在不同感染猪群中有很大差异，并与毒株、年龄、免疫状态以及管理因素和环境条件有关系。猪群感染 PRRSV 经典株后主要表现为 3 种类型，分别是急性型、慢性型、隐性型。不同生理阶段猪群的急性型症状如下。

1. 妊娠母猪

突然厌食、发热、精神沉郁、嗜睡，咳嗽、打喷嚏。少数猪耳朵尖发绀，皮下出血一过性血斑，有的出现肢体麻痹性症状。妊娠后期母猪出现流产、早产、产死胎、弱胎及木乃伊等。

2. 仔猪

以哺乳仔猪发病后症状最为明显，早产仔猪多在生后几天内死亡。多数仔猪发病后出现呼吸急促、咳嗽、嗜睡，厌食、发热（体温可达 40℃以上）；被毛粗乱，生长缓慢；眼结膜炎、眼睑水肿；有的耳朵与躯体末端皮肤发绀；肌肉震颤、后肢麻痹、共济失调、腿外翻；有的出现腹泻。常因继发感染而使病情恶化。由发病母猪所产仔猪的病死率可达 50% 以上，哺乳仔猪感染后的病死率可达 30%，断奶仔猪感染后的病死率可达 20%。

3. 育成育肥猪

发病率较低，仅出现短时间的发热、厌食、轻度呼吸道症状，发生眼结膜炎、眼肿胀，有的出现腹泻，病死率很低，但常常因继发感染而加重病情，导致增重变慢、死淘增加。

4. 种公猪

与育肥猪的症状相似，出现短暂的发热、厌食、沉郁、咳嗽、打喷嚏，性欲减弱，精液的数量与质量下降，并可通过精液传播病毒，从而影响母猪繁殖性能。

除急性型外，PRRS 以慢性型和隐性型更为常见，这两种类型对仔猪、育成育肥猪的影响主要是引起免疫抑制，尤其是慢性型往往导致其他病原侵害呼吸系统而引起继发性呼吸道传染病。

四、剖检变化

主要剖检病理变化是间质性肺炎，发病哺乳仔猪肺脏出现多灶性、弥散性黄褐色肝变，有的出现脾脏肿大，淋巴结肿大、出血，心脏肿大、心包积液，腹腔积液，眼睑及阴囊水肿等变化。感染母猪的子宫、胎盘、胎儿与新生仔猪常常无肉眼可见变化。

五、诊断

本病可根据流行病学、临诊症状、病理变化等可做出初步诊断，当猪群出现呼吸道症状、生产性能不佳、母猪繁殖障碍时，应当怀疑是否发生 PRRS，但确诊必须进行实验室诊断。主要有病毒核酸检测、病毒抗原检测、病毒分离鉴定、抗体检测。

1. 病毒核酸 RT-PCR 检测

采集病猪血清、肺脏、淋巴结、脾脏、精液、流产胎儿等，提取病毒核酸，反转录合成病毒 cDNA 后用一对 PRRSV 的特异性引物（上游引物：5′-TGGGCGA CAATGTCCC-3′，下游引物：5′-GCTGAGTATTTTGGGCG-3′，预期扩增产物大小：508bp。需要注意该对引物还可同时检测 PRRSV 变异株，但其扩增产物大小为 418bp）进行 PCR 扩增与检测。该方法是实验室快速诊断 PRRS 的主要方法，但需要注意与其弱毒疫苗株的区分，可通过定量 PCR 方法检测病毒含量来加以区分。

2. 病毒抗原检测

对疑似 PRRS 病猪的肺脏、淋巴结、脾脏、精液、流产胎儿等病料，利用免疫荧光染色、免疫过氧化物酶染色法、免疫胶体金法等检测 PRRSV 经典株抗原，但此法需要注意与 PRRSV 变异株的区分。

3. 病毒分离鉴定

采集疑似 PRRS 病猪的淋巴结、肺脏、脾脏等病料，处理后接种 Marc-145 细胞或仔猪肺泡巨噬细胞，培养 2～3 代甚至更多代，出现细胞病变者可使用 RT-PCR 方法、免疫学方法等进行病毒鉴定。

4. 血清学检测

目前，不少猪场实施 PRRSV 经典株疫苗和/或 PRRSV 变异株疫苗的预防免疫，未免疫猪场也大多存在隐性感染，所以常规血清学方法很难诊断 PRRS，必须采集双份血清才能用于 PRRS 诊断。目前用于检测 PRRSV 抗体的血清学方法主要有中和试验、ELISA。

（1）中和试验　采集发病早期与恢复期的双份血清样品（前后相差 2 周以上），用中和试验来测定 PRRSV 的中和抗体滴度上升情况，若升高 4 倍以上即可确诊为 PRRS。该方法虽既可用于 PRRS 的诊断，但由于采样时间跨度长、PRRSV 中和抗体产生缓慢、且操作繁琐，故不能用于 PRRS 的早期快速诊断，同时也难以区分 PRRS 与高致病性猪蓝耳病。

（2）ELISA　主要是间接 ELISA，操作简便、快速，但其难以区分疫苗免疫抗体与野毒感染抗体，故主要用于感染抗体或免疫抗体的监测。

5. 鉴别诊断

本病要主要注意与繁殖障碍型猪瘟、伪狂犬病等相区分。可采集病料，用 RT-PCR 方法检测猪瘟病毒与猪繁殖与呼吸综合征病毒，用 PCR 方法检测伪狂犬病病毒来进行区分。

六、防控措施

本病目前无特效药物疗法，需要采取以下综合防控措施。

由于 PRRS 病猪在康复期开始后可产生免疫力，PRRSV 经典株又容易变异，因此，一个要建立稳定的种猪群，引入种猪前要做好检疫措施，引种前要进行采样与 RT-PCR 检测，阴性猪场要防止 PRRSV 任何毒株传入，阳性猪场则要防止新的 PRRSV 毒株传入。

要特别做好产房和保育猪舍的全进全出，保持猪舍、饲养管理用具及环境的清洁卫生，定期对猪舍和环境进行消毒，特别注意人员流动控制和运输工具的清洗消毒，定期做好粪污的无害化处理。

做好各阶段猪群的饲养管理，保证不同阶段猪群的必需营养需要与饲料供给，保持猪舍内合适的饲养密度、温度、湿度、空气质量等小气候，减少应激。

定期检测猪群中 PRRSV 的感染状况，发现阳性猪群做好隔离与消毒工作、阳性猪只不要留作种用，如猪群 PRRSV 抗体水平参差不齐时，需要采取合适措施来阻止发病。

受威胁猪群与阳性猪场可进行疫苗接种，现主要是弱毒疫苗，有较好保护效果，但有时可能会出现安全性问题，需要引起重视。

发病猪群可进行合理的药物治疗，可考虑使用阿司匹林等解热镇痛药物来缓解急性症状，使用替米考星或某些具有较好疗效的中药进行治疗，用康复猪的血清给哺乳仔猪注射有一定效果，存在继发性细菌感染时可应用头孢霉素、替米考星、恩诺沙星、强力霉素、氟苯尼考等广谱抗菌药物进行控制。

第二节　猪伪狂犬病

伪狂犬病（pseudorabies，PR）是由伪狂犬病病毒引起的家畜和多种野生动物共患的一种病毒性传染病。伪狂犬病病对猪的危害最大，其临诊特征主要是妊娠母猪死亡繁殖障碍、初生仔猪的神经症状与消化道症状及急性致死性经过、公猪的繁殖障碍与呼吸道症状、成年猪多为隐性感染。本病传播速度快，流行比较广泛，主要影响种猪和仔猪，对养猪业的危害很大。伪狂犬病属于 OIE 法定通报性疾病名录之一，我国将其列为二类动物疫病。

伪狂犬病最早在 1813 年发现于美国的牛群中，因为病牛的临床表现与狂犬病相似而称为伪狂犬病，1902 年匈牙利科学家 Aujeszky 证明病原为非细菌性致病因子，故又名奥耶斯基病（Aujeszky's disease，AD）。猪伪狂犬病于

20世纪中期在东欧及巴尔干半岛的国家开始流行，当时猪被感染后其症状比较温和，没有给养猪业中造成重大经济损失。但在20世纪60～70年代，由于强毒株的出现，猪场暴发伪狂犬病的数量显著增加，而且各种日龄的猪都可感染发病，其症状明显加剧。随后，此病相继传入其他国家和地区，曾在世界范围内流行。伪狂犬病能够引起妊娠母猪流产、产死胎，公猪不育，新生仔猪的大量死亡，育肥猪呼吸困难、生长停滞等，给全球养猪业造成了巨大经济损失，引起许多国家的高度重视。随着伪狂犬病基因缺失疫苗的问世，一些国家在20世纪80～90年代相继制定和启动了该病的根除计划，取得了很好的成效。目前，伪狂犬病仍然在亚洲、非洲、欧美的一些国家和地区呈地方性流行。

1948年，伪狂犬病在我国首次发现。随着规模化和集约化养猪的发展，猪伪狂犬病在20世纪80～90年代在我国一些地区比较广泛存在，并带来了很大经济损失。随着疫苗免疫防控的普遍实施，猪伪狂犬病在我国得到了较好控制。近年来，我国一些地区和部分大型猪场正积极启动该病的净化与根除计划。但是，最近几年，伪狂犬病在其病原特性、流行特点等方面出现了一些新的变化，需要引起重视。

一、病原

伪狂犬病病毒（PRV）属于疱疹病毒科、α疱疹病毒亚科、猪疱疹病毒属，完整病毒粒子呈球形，平均直径150～180nm，具有囊膜。病毒囊膜与感染性有密切关系，无囊膜的病毒粒子虽也有感染性，但其感染力较有囊膜的病毒粒子低近80%。病毒基因组为双链线状DNA，长度在142kb以上，G+C含量高达70%以上，具有典型的疱疹病毒基因组结构特征，由长独特区（UL）、独特短区（US）、US两侧的末端重复序列（TR）与内部重复序列（IR）所组成。在病毒与宿主的相互作用中，病毒的糖蛋白起着重要作用。现已发现伪狂犬病病毒至少有11种糖蛋白，其中，gB、gC、gD、gE与gI与病毒的毒力有关，而编码gC、gE、gG、gI、gM与gN的基因则不是病毒复制所必需的。此外，胸苷激酶（TK）、蛋白激酶、核苷酸还原酶等几种酶也与病毒的毒力密切相关，其中TK是病毒最主要的毒力基因。在病毒诱导机体免疫保护方面，以糖蛋白gB、gC、gD最为重要。因此，往往通过缺失病毒的gE基因、甚至是TK基因、gI基因等非病毒复制所必需的毒力基因来制作基因缺失疫苗，其中gE基因是通常需要缺失的基因。这样，可通过检测gE基因或其蛋白抗体来区分疫苗免疫与野毒感染。

伪狂犬病病毒只有一个血清型，但不同毒株在毒力和生物学特征等方面存在差异。同时，伪狂犬病病毒具有泛嗜性。

伪狂犬病病毒对外界环境具有较强的抵抗力。8℃可存活 46d，24℃可存活 30d，37℃可存活 7h，55℃可存活 50min，80℃可存活 3min，100℃可将病毒瞬间杀灭。短期保存病毒时，4℃较−20℃保存的活性更好。在低温潮湿环境下，病毒在 pH 为 6～9 保持稳定，在污染的猪舍中能够存活 1 个月以上，在猪肉中能够存活 7d 以上。病毒对紫外线敏感，在干燥条件下，特别是有阳光直射，病毒很快失活。5％石炭酸 2min 处理可灭活病毒，但 0.5％石炭酸处理 32d 后病毒仍具有感染性。2％氢氧化钠可迅速使其灭活。病毒对 75％酒精等常用化学消毒剂都敏感。

二、流行病学

1. 易感动物

猪对本病易感，其易感性存在明显年龄差异，仔猪日龄越小，发病率越高，越容易出现神经症状，病死率也越高。

此外，牛、羊、犬、猫、兔等多种动物等也对本病易感，感染后往往出现奇痒症状，并以死亡告终。鼠类对本病也易感。

2. 传染源

病猪、带毒猪以及带毒鼠类为本病主要的传染源。猪是伪狂犬病病毒的贮存宿主，特别是耐过的和隐性感染的成年猪是重要传染源，因为伪狂犬病病毒容易潜伏在三叉神经节，当隐性感染的猪在受到应激或给予免疫抑制性药物时，潜伏感染可被激活，导致潜伏在三叉神经节的伪狂犬病病毒活化、排出而感染其他易感猪，从而可能引起疾病的传播与流行。由于感染种猪和仔猪可长期带毒，成为本病长期流行、难以根除的主要原因。另外，带毒猫、犬也是重要传播媒介。

3. 传播途径

在猪场，伪狂犬病病毒主要通过带毒猪排毒而传给健康猪，可通过直接接触传播本病。病毒主要随病猪的分泌物（鼻分泌物、唾液、尿、乳汁和精液等）排出，污染饲料、饮水、垫草及栅栏等周围环境，主要通过呼吸道、消化道途径传播，也可经空气传播，也可经皮肤伤口感染，也可经交配传播。哺乳仔猪可通过吃带有病毒的奶而感染，存在于病猪胴体中的病毒可通过肉食动物传播。妊娠母猪可垂直传播给胎儿，造成胎儿感染发病、死亡，形成繁殖障碍。被伪狂犬病病毒污染的工作人员和器具在传播中起着重要的作用。

4. 流行特征

伪狂犬病的发生具有一定的季节性，多发生在寒冷的季节，但其他季节也有发生。本病的发生存在明显的年龄分布特征，猪的日龄越小，发病率与病死率越高。

三、症状

潜伏期 3～6d，最短的仅 36h，长的可达 10d。伪狂犬病病毒的临诊表现主要取决于感染病毒的毒力和数量，以及感染猪的年龄。其中，感染猪的年龄是最主要的，以幼龄仔猪感染后的病情最为严重。病毒侵嗜呼吸、神经、繁殖系统，因此多数症状与这两个器官系统的功能障碍有关。神经症状多见于哺乳、断奶仔猪，呼吸症状多见于育成、育肥、成年猪，种猪则还出现繁殖障碍。

不同年龄与生理阶段的猪群感染发病后的主要症状如下。

1. 哺乳仔猪

潜伏期短，一般为 2～4d，日龄越小越严重，新生仔猪发病率和病死率可高达 100%。首先出现发烧、腹泻、厌食、倦怠，呼吸道症状，有的呕吐；接着出现中枢神经系统症状：开始为震颤、唾液增多、眼球震颤、运动障碍与共济失调，发展至角弓反张、突发样癫痫，有的转圈或侧卧、四肢划水乱动，有的后躯麻痹、呈犬坐式，最后衰竭而亡。有神经症状的或吐出黄色内容物者很快死亡。

2 周龄以内发病的哺乳仔猪的病程不超过 72h，病死率接近 100%。3～4 周龄的仔猪的临诊症状大体相似，病程稍长，有便秘，发病率稍低，病死率40%～60%，耐过者常留有偏瘫、生长受阻等后遗症。

2. 断奶仔猪

症状类似哺乳仔猪，但病程延长，症状较轻。多以呼吸道症状为主，打喷嚏、流鼻涕、咳嗽、甚至呼吸困难，有神经症状者明显减少，少数出现神经症状的难免死亡，病死率不超过 20%。病猪康复后生长明显变慢。

3. 育成、育肥猪

2 月龄以上的猪的发病率高，但病死率低，主要为呼吸道症状，发烧、厌食、生长停滞，偶有神经症状。5 月龄以上的育肥猪多出现一过性精神沉郁及呼吸症状或隐性感染，但可长期带毒和排毒。

4. 妊娠母猪

妊娠母猪一般表现为咳嗽、发热、精神不好，流产，产死胎、木乃伊和弱仔，以产死胎为主，胎儿大小比较一致。妊娠母猪很少死亡，可能出现屡配不孕、返情率明显升高。流产时间多发生在感染后 10～20d，若是临近足月时母猪感染则通常产出弱仔猪和延迟分娩，弱仔猪在生后 1～2d 开始发病，出现呕吐、腹泻、神经症状，往往在 24～36h 以内死亡。

5. 种公猪

种公猪感染后发病容易出现睾丸肿胀、萎缩，丧失种用功能。

四、剖检变化

伪狂犬病一般无特征性病变。肾脏有针尖状出血点，肿大，部分病例可见肾皮质和乳头有瘀血点。肝、脾等实质脏器常可见灰白色坏死病灶，肺充血、水肿和坏死点。坏死性扁桃体炎、咽炎，严重者鼻黏膜和咽部黏膜存在出血。不同程度的卡他性胃炎和肠炎。脑膜充血，有过量的脑脊髓液。怀孕母猪子宫内感染后可发展为溶解坏死性胎盘炎。

五、诊断

对于典型的伪狂犬病，根据流行病学、临床症状与病理变化，如哺乳仔猪大量死亡，日龄越小死亡率越高；发病的哺乳仔猪有明显的神经症状、腹泻；母猪流产，产死胎和弱仔，可做出初步诊断。确诊需要进行实验室检查，主要有以下方法。

1. 病毒核酸的 PCR 检测

采集病猪的脑组织、三叉神经节、扁桃体、淋巴结、脾脏、肺脏等组织，经样品处理后，提取病毒 DNA，用一对伪狂犬病病毒 gE 基因的特异性引物（上游引物：5′-CGCTGGGCTCCTTCGTGA-3′；下游引物：5′-GCCATAGTTGGGTCCATTCGT-3′；预期扩增产物大小：404bp）进行 PCR 扩增与琼脂糖凝胶电泳检测。PCR 方法的特异性强、敏感性高，以三叉神经节的检出率最高，达到 100%，是当前实验室快速检测伪狂犬病病毒与诊断伪狂犬病的首选方法。

此外，也可以活体采集血液与扁桃体来进行检测与诊断伪狂犬病，故该方法还可用于流行病学调查和隐性带毒猪的筛选，但血液中的检出率低于扁桃体。在种猪场，对种公猪、基础母猪和后备猪，可活体采集扁桃体，用 PCR 方法检测伪狂犬病病毒 gE 基因，根据检测结果来淘汰带毒猪，进行伪狂犬病的净化工作。

2. 病毒抗原的荧光抗体检测

对采集的病猪脑、扁桃体等组织，制作冰冻切片，也可制作抹片，进行直接免疫荧光抗体染色（FA）或间接免疫荧光抗体染色（IFA）来检测伪狂犬病病毒抗原。该方法快速，但敏感性不如 PCR 方法。

3. 血清学诊断

多种血清学方法可用于伪狂犬病的诊断，应用最广泛的有中和试验、ELISA 等。

（1）血清中和试验 该方法特异性、敏感性都是最好的，并且被 OIE 列为法定的诊断方法。但中和试验的技术条件要求高、时间长。

（2）ELISA 该方法特异性强、敏感性高。随着伪狂犬病病毒 gE 基因缺失疫苗的广泛使用，可使用能够区分疫苗免疫抗体与野毒感染抗体的 gE-ELISA 试剂盒，该方法在伪狂犬病的净化技术中具有重要作用。另外，也可使用检测疫苗免疫抗体的试剂盒（如 gB-ELISA）来进行免疫监测。

4. 病毒分离鉴定

病毒的分离是诊断伪狂犬病的可靠方法。患病动物的多种组织如脑、扁桃体、内脏等均可用于病毒的分离，但以脑组织和扁桃体最为理想，另外，鼻咽分泌物也可用于病毒的分离。病料处理后可直接接种敏感细胞，如猪肾传代细胞 PK-15，在接种后 24～72h 内可出现典型的细胞病变。若初次接种无细胞病变，可盲传 3 代。对分离培养的病毒可使用 PCR 方法、免疫荧光抗体试验等进行鉴定。

5. 动物接种试验

可将处理的病料肌内注射接种家兔，根据家兔的临诊表现做出判定。通常家兔在接种后 36～48h 在注射部位出现奇痒，啃咬注射部位皮肤，随后出现四肢麻痹、角弓反张，抽搐死亡，据此可诊断为伪狂犬病。

六、防控措施

目前本病没有特性药物疗法，如果发病可以使用高免血清进行治疗，可降低死亡率。控制和消灭为狂犬病，需要采取综合防控措施，主要包括一般性预防措施、疫苗免疫和净化等技术措施。

防控本病的发生，主要措施是加强动物卫生管理，消灭传染源，切断传播途径，通过疫苗接种保护易感动物，种场进行种猪净化等工作。

1. 一般性预防措施

实行单元式饲养，实行全进全出制度；定期进行猪舍与环境的消毒、杀虫、灭鼠，尤其是消灭猪场的鼠类；严禁饲养牛、羊等其他家畜，严格控制犬、猫、兔、鸟类和其他禽类进入猪场；做好猪场粪污的无害化处理；严格控制人员、物品、运输工具的流动，做好防疫消毒。引入猪群时要做好检疫，提前采集拟引入猪群的血液，检测伪狂犬病病毒 gE 抗体，只引入 gE 抗体阴性的猪群；引入后要严格隔离饲养 2 个月，再次采集血清来检测伪狂犬病病毒 gE 抗体，gE 抗体阴性者方可混群饲养，并做好伪狂犬病疫苗免疫。

2. 疫苗免疫

接种伪狂犬病疫苗能够阻止临床发病，减少病毒排出，缩短排毒时间疫苗，因此，疫苗免疫是预防和控制伪狂犬病的重要措施。猪的伪狂犬病疫苗主要有灭活疫苗和基因缺失疫苗。基因缺失疫苗有多种类型，但首选 gE 基因缺失疫苗，这样可通过检测 gE 基因或 gE 蛋白抗体来区分疫苗免疫与野毒感染。在选用伪狂犬病基因缺失疫苗时，需要注意两个事项，一是不同厂家的每头份疫苗所含有的病毒载量或抗原剂量存在明显差异；二是在一个猪场最好只使用一种基因缺失疫苗，以避免可能的病毒基因重组现象。

疫苗免疫需要科学合理的免疫程序，有条件的猪场最好对猪群的伪狂犬病疫苗免疫抗体进行定期监测。目前国内尚无统一的伪狂犬病免疫程序。一般情况下，种猪可以采用一年普免 2～3 次，或种母猪在产前 1 个月免疫 1 次（跟胎免疫）；种用的仔猪在断奶时免疫 1 次、间隔 4 周后加强免疫 1 次，或 3 日龄时滴鼻免疫 1 次、35 日龄二免、70 日龄三免，然后再配种前 1～2 个月免疫 1 次，以后参照种猪免疫程序；育肥用的仔猪在断奶时免疫 1 次即可，但在种猪场最好在间隔 4 周后再加强免疫 1 次。具体可行的免疫程序需要根据伪狂犬病疫苗的种类和质量以及流行情况来合理确定。

滴鼻免疫，受母源抗体或残留抗体的干扰较小，所产生的抗体滴度和免疫保护效果优于肌注免疫，但操作有一定难度，故在生产中主要用于仔猪。伪狂犬病疫苗的滴鼻免疫主要用于 7 日龄以内的仔猪。在刚刚发生伪狂犬病流行的猪场，用高滴度的伪狂犬病弱毒疫苗进行鼻内免疫，可以取得很快控制疫情的效果。另外，在伪狂犬病病毒野毒感染率很高的猪场，进行滴鼻免疫，对快速降低野毒感染率也有较好的效果。

3. 伪狂犬病的净化

疫苗免疫能够有效地防止临床上发生伪狂犬病，但是不能完全阻止伪狂犬病病毒野毒感染，这导致在目前情况下，规模化猪场中的伪狂犬病更多的是呈现隐性感染、潜伏感染的形式，并且能够排毒，从而感染其他猪群包括抗体阳性猪群。因此，在规模化猪场，尤其是种猪场，有必要对伪狂犬病实施净化措施，因为这在技术上是完全容易可行的。一般情况下，主要是对种猪、后备猪施行伪狂犬病的净化措施。首先，对全场所有猪群进行伪狂犬病病毒 gE 基因缺失疫苗的全程免疫；其次，对全场所有种猪和后备猪逐一采集血液，分离血清，进行猪瘟病毒的核酸 RT-PCR 检测或病毒抗原荧光抗体检测，活体采集扁桃体，进行伪狂犬病病毒 gE 基因的 PCR 检测，根据检测结果，因地制宜选取净化方案，一般可分为以下 3 种情况。

（1）gE 抗体阳性率低于 10% 此种情况下，凡 gE 抗体检测阳性者一律淘汰；每 3～4 个月一次，一般经过 3～5 次便可基本达到净化目标。

（2）gE 抗体阳性率高于 10%但低于 50% 此种情况下，可同时采集扁桃体组织，用荧光定量 PCR 方法检测 gE 基因，凡 gE 基因检测阳性者一律淘汰，而单独的 gE 抗体阳性者可暂不淘汰；每 3～4 个月一次，直至 gE 抗体检测阳性率低于 10%时，按照第 1 种情况处理。

（3）gE 抗体阳性率高于 50% 此种情况下，暂时不采取净化措施，全群全程高强度连续免疫伪狂犬病病毒 gE 基因缺失疫苗，种猪可 3～4 个月免疫一次，仔猪在出生后 1 周内滴鼻免疫一次，之后再免疫 2～3 次。经过 1～3 年后抽样检测伪狂犬病病毒 gE 抗体，若 gE 抗体阳性率下降到 50%以下，可按照第 2 种情况处理；若 gE 抗体阳性率下降到 10%以下时，可按照第 1 种情况。

总支，坚持执行疫苗免疫、检测、淘汰的技术策略，伪狂犬病便可得到良好控制，效果非常明显。

第三节 猪圆环病毒病

猪圆环病毒病（porcine circovirus type 2 disease，PCVD）是由猪圆环病毒 2 型引起的或与其相关的多种疾病的总称，又称为猪圆环病毒相关疾病（PCVAD）。PCVD 的临诊症状复杂多样，主要以 5～16 周龄仔猪（包括断奶仔猪和育成期仔猪）出现进行性消瘦、皮肤苍白、呼吸道症状，全身淋巴结肿大等为特征。PCVD 流行广泛，不仅发病率、病死率较高，还是一个重要的免疫抑制性疾病，在临床上容易导致与其他病原的并发或继发感染，对养猪业的危害很大，我国将其列为二类传染病。

常见 PCVD 主要包括猪断奶后多系统衰竭综合征（postweaning multisystemic wasting syndrome，PMWS）、猪皮炎与肾病综合征（porcine dermatitis and nephropathy syndrome，PDNS）、繁殖障碍、猪呼吸道疾病综合征（porcine respiratory disease complex，PRDC）、增生性坏死性肺炎、肠炎和先天性震颤等，其中以 PMWS 的危害最为严重。PMWS 于 1991 年首次发现于加拿大，随后蔓延流行到许多养猪国家和地区，给养猪业造成了巨大经济损失。

我国在 2000 年首次报道猪群中存在 PCV2 感染现象，2002 年 PMWS 在全国范围内暴发流行。目前，PCV2 在各地猪群中的感染极为普遍，每年因 PCVD 给猪场造成的直接和间接经济损失十分严重，是当前养猪业需要高度重视的一种传染病。

一、病原

猪圆环病毒 2 型（porcine circovirus type 2，PCV2）属于圆环病毒科、圆环病毒属，病毒粒子呈球形，平均直径 17～22nm，是目前已知的最小的动物病毒之一。该病毒没有囊膜。PCV2 基因组为单链环状 DNA，长度约 1.76kb。PCV2 基因组有 2 个主要的开放阅读框（ORF），ORF1 编码一种非结构蛋白，其与病毒复制密切相关；ORF2 编码病毒的衣壳（Cap）蛋白，这是病毒的主要结构蛋白，具有良好的免疫原性，能够刺激机体产生特异性的免疫保护反应，可用来制作亚单位疫苗。

目前，PCV2 只有 1 种血清型，但有 4 种基因型，即 PCV2a、PCV2b、PCV2c、PCV2d。目前，PCV2c 仅见于丹麦猪群，PCV2d 见于美国猪群，我国流行的基因型为 PCV2a 和 PCV2b，其中 PCV2b 及其变异型为近年来国内流行的优势基因型。不同基因型之间的毒力有所差异，不同分离株的致病性也存在差异。

PCV2 对外界的抵抗力强，在 pH 为 3 的酸性环境中可以存活很长时间，在 75℃ 下加热 15min 仍然有感染性，80℃ 或以上加热 15min 可被灭活。病毒对氯仿、碘酒、乙醇等有机溶剂不敏感，但对苯酚、氯制剂、氢氧化钠和氧化剂等较敏感。需要使用强力消毒剂才能够对 PCV2 有较好的消毒效果，如优氯净、农福、2% 氢氧化钠等消毒剂。

二、流行病学

1. 易感动物

猪是 PCV2 的天然宿主，野猪的易感性也很高。不同年龄大小的猪都可以感染，但以哺乳期和育成期的猪最易感，尤其是 5～16 周龄的仔猪，一般于断奶后 2～3 周开始发病。不同品种的猪对 PCV2 的易感性存在一定差异，长白猪比大白猪、杜洛克猪更易发病。

2. 传染源与传播途径

病猪和带毒猪是本病的传染源，尤其是带毒猪在本病的传播上具有重要意义。PCV2 随带毒猪或发病猪的呼吸道分泌物、唾液、乳汁、尿液、粪便以及感染公猪的精液等排出，经过直接接触方式传播，也可以通过 PCV2 污染的饲料、饮水、空气以及精液等经消化道、呼吸道与阴道等途径间接传播。PCV2 还能够通过胎盘或产道垂直感染胎儿。

3. 流行特征

猪群中 PCV2 感染率高，但多为隐性感染，一般呈散发或地方流行性，少数呈暴发流行，病死率较高。PCV2 感染是否引起临床疾病受到多种因素的影响，如猪体的免疫水平、营养状态、病毒毒力、饲养管理水平、各种环境因素、与其他病原微生物的混合感染、应激等因素，其相关疾病往往是一种多因子疾病。PCV2 引起断奶后多系统衰竭综合征具有典型的年龄特征，多在 5～16 周龄（包括保育猪阶段、育成猪的前期阶段）发生。

三、症状

自然感染 PCV2，潜伏期较长，胚胎期或出生后早期感染时，多在断奶后陆续出现临诊症状。实验感染 PCV2 的断奶仔猪其潜伏期一般在 7～14d。

1. 断奶后多系统衰竭综合征

断奶后多系统衰竭综合征（PMWS）主要发生于 5～16 周龄的仔猪，也就是断奶仔猪（也叫保育猪）和育成期仔猪。一般情况下，其发病率和死亡率低，但在与猪繁殖与呼吸综合征病毒、猪细小病毒、猪肺炎支原体等混合感染引起的急性发病猪群中，病死率可高达 50%。PMWS 病猪的临床症状主要有：进行性消瘦、皮肤苍白、被毛粗乱、厌食、精神沉郁，出现以咳嗽、喷嚏、呼吸加快甚至呼吸困难等呼吸系统症状，10%～20% 的猪的皮肤和可视黏膜可见黄疸，猪群的死亡率增加，体表淋巴结特别是腹股沟浅淋巴结肿大，有的还表现腹泻和中枢神经症状。这些征候可以单独或联合出现，有些症状可能由于继发感染导致或加剧，但进行性消瘦是其最主要的临床症状。在通风不良、过分拥挤、空气污浊、混养以及感染其他病原等因素时，病情会明显加重，有的患猪可长期呈亚临床感染。PMWS 的临床症状和病变的严重程度与感染猪的年龄、感染病毒的载量及有无 PCV2 抗体等因素有关。发病的不同阶段、对猪群的饲养管理以及与其他疾病混合感染等因素，常常使 PMWS 的症状复杂化、严重化。

2. 猪皮炎与肾病综合征

主要表现为全身或部分皮肤出血性梗死，以后肢和会阴部皮肤最常见。首先在后躯、腿部和腹部皮肤表面出现圆形或不规则形的隆起、红色或紫色、中央发黑的斑点、斑块及丘疹，随后发展到胸部、背部和耳部。斑点常融合成大的斑块，有时可见皮肤坏死。皮肤病变区域通常可逐渐消退，偶尔留下疤痕。病猪精神不振、食欲减退，易受惊，常可自动恢复。轻微感染的猪不发热，严重者发热、厌食、体重减轻、跛行、步态僵硬。PDNS 病程短，严重感染的猪在临诊症状出现后几天内就死亡，耐过猪一般在临诊症状出现后 7～10d 开始恢复。本病常零星发生，发病率小于 1%，但当受到不良应激时发病率会升高。病死率一般为 10%～25%，但大于 3 月龄病猪的死亡率可接近 100%，小于 3 月龄的病猪死亡率也有时可高达 50%。

3. 繁殖障碍

多见于初产母猪和阴性种猪群，主要是妊娠后期流产胎数、死胎数、木乃伊数增多及断奶前仔猪死亡率增加。

四、病理变化

1. 断奶后多系统衰竭综合征

PMWS 的大体病理变化主要有猪只消瘦，贫血，皮肤苍白，黄疸。PMWS 最显著的剖检变化是全身淋巴结，特别是腹股沟浅淋巴结、肠系膜淋巴结、支气管淋巴结的肿大，切面呈白色；肝脏发暗，表现不同程度的炎症。肺脏常见肿胀、间质增宽、似橡皮样，其上散在有大小不等的褐色实变区；肾脏水肿、苍白、被膜下有坏死灶，部分病猪肾脏可见皮质和髓质有分散的大小不一的白点，有的肾脏呈腊样外观；肠道尤其是回肠和结肠段肠壁变薄，肠管内液体充盈；脾脏轻度肿胀。发生细菌混合感染时，淋巴结可见炎症和化脓性病变，使病变复杂化。继发细菌感染的病例可出现相应疾病的病理变化，尤其是继发感染了副猪嗜血杆菌后会出现胸膜炎、心包炎等，将造成病死率明显增加。

组织学病理变化有，淋巴细胞减少，常见 B 细胞滤泡消失，T 细胞区扩张。淋巴结内有大量组织细胞、巨噬细胞和多核巨细胞浸润。在组织细胞和树突状细胞内可见病毒包涵体。胸腺皮质常萎缩。脾髓发育不良，淋巴滤泡少见，脾窦内有大量炎性细胞浸润，脾实质内有含铁血红素沉着。肺泡间隔增厚，肺泡内有单核细胞、嗜中性粒细胞及嗜酸性粒细胞渗出。疾病初期可见支气管周围纤维化及纤维素性支气管炎。肝细胞退化、消失和坏死，肝小叶融合、小叶间结缔组织增生，单核和巨噬细胞浸润，有时可见大量的多核巨细胞；慢性死亡病例和疾病后期可见中等程度的黄疸，肝小叶周围纤维化。肾皮质和髓质萎缩，皮质部出现淋巴细胞、组织细胞浸润，少数病例有肾盂肾炎和急性渗出性肾小球炎。肠绒毛萎缩，黏膜上皮完全脱落，固有层内有大量炎性细胞浸润。心肌内有多种炎性细胞浸润，呈现多灶性心肌炎。胰腺上皮萎缩，腺泡明显变小。

2. 猪皮炎与肾病综合征

PDNS 的常见病理变化是坏死性皮炎和间质性肾炎。病猪的后肢、会阴部、臀部、前肢、腹部、胸和耳部边缘皮肤病变周围皮下呈现程度不同的水肿。双侧肾脏苍白肿大（可达正常的 3~4 倍），表面呈细颗粒状，皮质部有出血、淤血斑点或坏死点。病程长的出现慢性肾小球肾炎病变。全身坏死性脉管炎。淋巴结肿大，偶见出血，淋巴细胞缺失，伴有组织细胞和多核巨细胞浸润引起的肉芽肿性炎症。有时可见间质性肺炎病变。

3. 繁殖障碍

主要见死胎全身皮肤充血、出血，肝充血，心脏肥大、心肌炎。

五、诊断

PCVD临诊表现复杂，而且常与其他疾病混合发生。因此，确诊该病需要结合流行特征、临诊表现、病理变化及实验室诊断结果，进行综合诊断。

（一）临诊诊断

1. 断奶后多系统衰竭综合征

PMWS 的临诊诊断主要是从流行病学和症状两个方面。一是 PMWS 多见于 5～16 周龄的仔猪，发病率一般不高，病程较长、多在 10d 以上，病死率一般较高；二是病猪出现明显的进行性消瘦、皮肤苍白，体型较同群猪要明显偏小。当一个猪群中有部分出现这些临床变化后应该怀疑是发生了 PMWS，需要采集病猪的血液和组织样品，来进行进一步的实验室检测与综合诊断。

2. 猪皮炎肾病综合征

多见于 12～16 周龄育肥猪，发病率不高，但病死率较高。当皮肤（以后肢和会阴部皮肤多见）出现典型的不规则红斑或丘疹，剖检以肾脏苍白肿大，皮质部有淤血斑点或坏死点为主要病变时，应当怀疑为 PDNS。

3. 繁殖障碍

当妊娠后期流产、木乃伊胎或死胎，部分胎儿心脏肥大，呈现弥散性非化脓性、坏死性或纤维素性心肌炎时，可疑似为与 PCV2 感染有关的繁殖障碍性疾病，但要注意与其他繁殖障碍性疾病相鉴别。

（二）实验室诊断

实验室诊断 PMWS 主要有两个方面，一是病理组织学诊断，二是病原学诊断。PDNS 和繁殖障碍的实验室诊断则主要依靠病原学诊断。

1. PMWS 的病理组织学诊断

PMWS 的组织学病理变化主要表现为淋巴细胞减少，常见 B 细胞滤泡消失，T 细胞区扩张；淋巴结内有大量组织细胞、巨噬细胞和多核巨细胞浸润，在组织细胞和树突状细胞内可见病毒包涵体。

2. 病原学检测

病原学诊断 PCVD 是检测 PCV2 的病毒粒子、抗原或核酸，主要有 PCR

技术尤其是荧光定量 PCR 技术、免疫组化、原位杂交、抗体检测、病毒分离鉴定等方法。

（1）病毒抗原的免疫组化检测 对淋巴结、脾、肺、肝、肾等组织脏器用 10％福尔马林或 4％的多聚甲醛固定后，制成石蜡切片，应用免疫组化方法检测组织中的 PCV2 及其分布。该方法操作比较繁琐。

（2）病毒核酸的原位杂交检测 取淋巴结、脾、肺、肝、肾等组织脏器，制成石蜡或冰冻切片，与地高辛标记的 PCV2 特异的核酸探针杂交，检测组织中的病毒核酸。该方法操作比较繁琐。技术要求较高。

（3）病毒载量的荧光定量 PCR 检测 PCV2 载量的高低是诊断 PCVD 的一个重要指标，可使用荧光定量 PCR 方法检测 PCV2 载量。采集血液、淋巴结、脾、肺、肝、肾等组织脏器，提取病毒 DNA，使用 1 对 PCV2 特异性引物（上游引物：TGCCAGTTCGTCACCCTTT；下游引物：CAGTATATAC GACCAGGACTACAAT ATC；预期扩产物大小：188 bp）进行荧光定量 PCR 来检测 PCV2 载量，只有 PCV2 载量高于 $10^5 \sim 10^6$ 拷贝/mL 血液或 $10^7 \sim 10^8$ 拷贝/g 组织，才可诊断为 PCVD。该方法能够做到快速诊断。

3. 血清学检测

单纯的 PCV2 抗体阳性并不意味着 PCVD 的发生。需要采集发病早期与恢复期的双份血清样品（前后相差 2 周以上），用中和试验、间接 ELISA 来测定 PCV2 抗体滴度上升情况，若升高 4 倍以上即可确诊 PCVD。该方法不能用于 PCVD 的早期快速诊断。

4. 病毒分离

将采集的组织脏器制成 1∶5 的组织悬液，冻融 3 次后，离心，取上清过滤除菌后，接种于 PK-15 细胞，在 5％ CO_2 条件下于 37℃培养 48～72h，再应用 PCR 技术、免疫过氧化物酶单层试验（IPMA）或间接免疫荧光等方法检测病毒。该方法比较繁琐。

这些方法中，以荧光定量 PCR 方法检测病毒载量相对简单快速，并可以替代病理组织学诊断。因此，诊断 PCVD 尤其是 PMWS 可先根据病猪的典型发病年龄（5～16 周龄）、出现典型的进行性消瘦症状来在临床上做出初步诊断，然后采集病猪血液或淋巴结等组织样品用荧光定量 PCR 方法检测 PCV2 核酸载量，根据病毒载量多少来做出综合诊断。

六、防控措施

本病目前无特效药物疗法，需要采取以下综合防控措施。

PCV2 感染后危害最严重的是 PMWS，而 PMWS 是一种多因子疾病，故对 PCVD 需要采取综合防控措施，主要包括平时的一般性预防措施、疫苗免疫、发病后的合理治疗措施。

1. 平时的一般性预防措施

（1）改进饲养方式　严格实行全进全出制度，避免将不同年龄、不同来源的猪混养，以减少和降低猪群之间 PCV2 的接触感染机会。

（2）做好消毒工作　将消毒卫生工作贯穿于养猪生产的各个环节，最大限度地降低猪场内污染的病原微生物，减少或杜绝猪群继发感染的概率，在消毒剂的选择上应考虑使用过氧乙酸、氢氧化钠、氯制剂及复合季铵盐类等消毒剂。

（3）提高营养水平　提高断奶仔猪日粮中氨基酸、维生素、微量元素等水平，提高断奶猪的采食量，给仔猪饲喂湿料或粥料（可饮用食用柠檬酸），保证仔猪充足的饮水。

（4）改进饲养管理，降低猪群的应激因素　避免饲喂发霉变质或含有真菌毒素的饲料；做好猪舍的通风、换气，改善猪舍的空气质量，降低氨气浓度；夏天做好降温工作，冬天做好保温工作，保持适宜温度；保持猪舍干燥；降低猪群的饲养密度。

（5）做好重要疫病的预防工作　做好猪瘟、猪繁殖与呼吸综合征、猪细小病毒病、猪气喘病、伪狂犬病等传染病的预防免疫，定期合理驱虫。

（6）控制继发细菌性感染　定期在饲料中添加适量的泰乐菌素、强力霉素、氟苯尼考、支原净及头孢类抗生素等药物，预防与控制住肺炎支原体、多杀性巴氏杆菌、副猪嗜血杆菌等细菌性感染。

（7）延期断奶　如果一个猪场的保育猪在断奶后很快就发生 PMWS，可将断奶时间延期到 35 日龄，可明显降低 PMWS 发生率。

2. 疫苗免疫

疫苗免疫接种是降低 PCVD 发生率的有效措施，目前的商业 PCV2 疫苗主要包括亚单位疫苗、灭活疫苗，灭活疫苗又包括 PCV2 全病毒灭活疫苗、猪圆环病毒嵌合病毒（PCV1-2）灭活疫苗。

（1）亚单位疫苗　该疫苗是应用杆状病毒表达系统表达的 PCV2 核衣壳蛋白制成的疫苗，安全性高，主要用于仔猪免疫，一般在仔猪 2～3 周龄时进行接种，可以为仔猪提供良好的免疫保护，提高成活率和增重。

（2）全病毒灭活疫苗　这类疫苗有两种。一种是 PCV2 全病毒灭活疫苗，该疫苗是由灭活的 PCV2 细胞毒配以佐剂而制成的全病毒灭活疫苗，既可用于仔猪免疫，也可用于母猪免疫。仔猪在 3～4 周龄进行首次免疫，间隔 3 周加强免疫一次；后备母猪于配种前免疫 2 次，两次免疫间隔 3 周，产前一个月再加强免疫一次；经产母猪按照胎次进行免疫，在产前一个月接种一次。这样可使仔猪获得保护，提高存活率；降低母猪繁殖障碍率，而且通过母猪免疫，可以使仔猪获得被动免疫，对新生仔猪产生一定保护。

还有一种是嵌合猪圆环病毒灭活疫苗，是将具有致病性的 PCV2 的 ORF2 克隆到无致病性的 PCV-1 基因组骨架中，即以 PCV2 ORF2 基因取代 PCV1 ORF2 基因所构建的 PCV-1-PCV2 嵌合活病毒粒子，将该嵌合活病毒灭活后制成嵌合病毒灭活疫苗。该疫苗主要用于 4 周龄以上仔猪，可为猪群提供较好的免疫保护。

3. 发病后的治疗措施

对于发病猪群可进行合理的药物治疗，可考虑使用头孢霉素、替米考星、恩诺沙星、强力霉素、氟苯尼考等广谱抗菌药物进行治疗控制。病死率很高时，也可考虑使用康复猪或成年感染猪的血清或血浆进行注射，有一定效果。

第四节　猪细小病毒病

猪细小病毒病（porcine parvovirus disease，PPVD）是由猪细小病毒引起的母猪繁殖障碍性传染病，其临床特征是受感染的母猪，主要是初产母猪发生流产，产死胎、木乃伊、畸形胎、弱仔、屡配不孕等，而公猪和其他年龄的母猪受到感染后一般不表现明显的临床症状。本病主要危害初产母猪，我国将其列为二类动物疫病。

自 1967 年首次在英国报道猪细小病毒病以来，欧、美、亚洲及大洋洲很多国家均报道了本病的发生。目前，该病在世界范围内广泛分布，在大多数感染猪场呈地方性流行。1983 年，我国首次从上海分离到本病病原，目前国内大部分地区都存在猪细小病毒感染。猪群一旦感染本病后很难彻底净化，从而可能造成持续的经济损失，是危害养猪业的重要繁殖障碍性疾病之一。

一、病原

猪细小病毒（PPV）属于细胞病毒科、细小病毒属。成熟病毒粒子呈球形或六角形，直接约为 20nm。病毒没有囊膜。病毒基因组为单链线状负义 DNA，全长 5kb 左右。病毒基因组含有 2 个主要的开放阅读框（ORF），ORF1 编码病毒非结构蛋白 NS1、NS2、NS3，主要参与病毒的基因组复制、转录和病毒组装；ORF2 编码病毒结构蛋白 VP1、VP2，VP2 完全重叠于 VP1 中，构成病毒衣壳，主要与病毒的免疫原性、致病性及免疫保护有关，可用来制备亚单位疫苗。同时，NS1 具有抗原性，在病毒持续性感染时可刺激机体产生相应抗体，而使用灭活疫苗和亚单位疫苗进行免疫的猪则不会产生

NS1 的抗体，因此，可利用体外表达的猪细小病毒 NS1 蛋白作为抗原来建立间接 ELISA 鉴别诊断方法，来区分猪细小病毒的自然感染猪与其灭活疫苗、VP2 蛋白亚单位疫苗的免疫猪。

猪细小病毒具有血凝特性，能够凝集豚鼠、小鼠、大鼠、鸡、猫、猴、人的红细胞，其中以凝集豚鼠红细胞为最好，在凝集鸡红细胞时存在个体差异；但是不能凝集猪、仓鼠的红细胞。同时，这种血凝特性能够被特异性抗体所抑制，故可利用血凝试验（HA）与血凝抑制试验（HI）来鉴别病毒、检测抗体效价。通常在常温、pH 接近中性的条件下，使用豚鼠红细胞来进行 HA,HI 试验。

PPV 只有一种血清型，病毒很少发生变异，但与细小病毒科几种其他属的成员具有抗原相关性。按照毒力可把病毒分为强毒株和弱毒株。强毒株如 NADL-8，血清阴性妊娠母猪感染后将出现病毒血症，并可通过胎盘垂直感染而致死胎儿；弱毒株如 NADL-2，血清阴性妊娠母猪感染后不能通过胎盘垂直感染，故可以作为弱毒疫苗株使用。部分弱毒株感染细胞中存在病毒缺损干扰颗粒，可干扰或延缓病毒复制，有助于为宿主建立免疫保护作用提供足够的时间。

猪细小病毒对外界环境有很强的抵抗力，对热不敏感，56℃ 30min 或 70℃ 2h 处理不影响其感染性和血凝活性，但 56℃ 48h 或 80℃ 5min 可使其丧失感染性和血凝活性。病毒对乙醚、氯仿等有机溶剂有抵抗力。病毒对紫外线的敏感性低，能够耐受 pH 3。病毒对一般消毒剂的抵抗力很强，对甲醛蒸汽的敏感性低，但在 0.5％漂白粉或氢氧化钠溶液中 5min 即可被杀死。

二、流行病学

1. 易感动物

猪是唯一的自然宿主，不同品种、年龄、性别的猪都可感染，但只影响胎儿，胎龄越小，影响越大。野猪也可感染，此外在牛、绵羊、猫、豚鼠、小鼠、大鼠的血清中也可存在本病病原的特异性抗体。

2. 传染源

病猪与带毒猪是主要的传染源。病毒主要分布于生长旺盛的组织，尤其是淋巴组织，如淋巴结、肾间质、鼻甲骨膜等。感染母猪的胎儿与子宫均含有大量病毒，感染公猪的精子、精索、附睾及副性腺等均存在病毒，并可排毒。

3. 传播途径

感染猪可通过粪、尿、精液等途径排毒，排毒期为 7～15d，排出的病毒污染饲料、饮水、圈舍、器具等，污染圈舍中的病毒至少在 4 个半月仍具有感染性，通过消化道和呼吸道传播给易感猪，也可经交配感染。妊娠母猪可以经胎盘传播给胎儿，导致胎儿发病、死亡，从而形成垂直传播；而且，母猪两侧子宫角内的胎儿可以相互传播。另外，鼠类等也可机械性传播本病。

4. 流行特征

主要流行特点是呈现明显的胎次差异，主要见于初产母猪。目前该病通常呈散发或地方流行性，多危害初产母猪和血清学阴性母猪。所导致的损害与妊娠阶段存在相关性，主要引起妊娠早期的胎儿发病，病死率高达 80%～100%。另外，猪细小病毒还与猪断奶后多系统衰竭综合征有关。

三、症状

各年龄猪的急性感染（包括发生繁殖障碍的妊娠母猪）通常表现为亚临床症状，但是大多数组织器官中存在大量的病毒，其中以淋巴组织中最多。本病仅有的临床症状就是母猪的繁殖障碍，感染结局主要取决于在妊娠期的哪个阶段感染该病毒。母猪可能再度发情；或既不发情，也不分娩；或每窝只产很少的几个仔猪；妊娠母猪的腹围减小，流产，产死胎、木乃伊，以产木乃伊为主。此外，母猪的其他表现还有返情、屡配不孕以及妊娠期、产仔间隔延长等。但是，猪细小病毒感染对种公猪的生产性能和性欲无明显影响。

四、剖检变化

在非妊娠母猪没有发现大体病变和组织病变，妊娠母猪感染也缺乏特异性的大体病理变化。母猪子宫有轻微炎症，胎盘有部分钙化，胎儿被溶解、吸收，或出现充血、水肿、出血、体腔积液、脱水与木乃伊化、坏死。

五、诊断

猪细小病毒病可以依据临床症状和流行病学做出初步诊断。一个猪场如果仅妊娠母猪，特别是初产母猪发生流产、产死胎、木乃伊胎等繁殖障碍症状，同时有证据表明是传染性疾病时，应考虑到猪细小病毒病的可能，但是确诊必须进行实验室诊断。

实验室诊断方法主要有病毒抗原检测、病毒血凝素检测、病毒核酸检测、病毒分离鉴定及抗体检测等。采集病料时需要注意，大于 70 日龄的木乃伊化胎儿、死产仔猪和初生仔猪不宜送检。

1. 病毒核酸 PCR 检测

采集木乃伊或其肺脏、死亡胎儿或其残存组织病料样品，提取病毒 DNA，使用 1 对特异性引物（5′-GGGCTTGGTTAGAATCAC-3′和 5′-TGGTGGTG AGGTT GCTGAT-3′，预期扩增产物大小为 313bp）进行 PCR 扩增，可以快速而准确地鉴定猪细小病毒。

2. 病毒血凝素检测

该方法比较简便，在没有抗体的情况下很有效。把待检组织在稀释液中研磨碎，离心后取上清，用豚鼠红细胞进行血凝试验与血凝抑制试验进行诊断。

3. 病毒抗原检测

采集组织病料，制备冰冻切片，进行免疫荧光染色检测猪细小病毒抗原。若胎儿没有抗体反应，所有胎儿组织都可检测到抗原；即使有抗体，一般在胎儿肺脏中也能检出抗原。

4. 病毒分离与鉴定

从木乃伊病料中难以分离出病毒，多取流产或死产胎儿的新鲜脏器，如肝脏、肠系膜淋巴结、胎盘、肺、肾等，制备组织悬液，离心、除菌后接种敏感细胞，观察细胞病变。进一步鉴定可用 PCR 方法、血凝试验、荧光抗体试验等检查细胞培养物。病毒分离耗时较长，不适合作为快速诊断方法。

5. 血清学诊断

常用的方法包括血凝抑制试验（HI）、乳胶凝集试验、ELISA、中和试验等，其中 HI 试验和乳胶凝集试验是常用的诊断方法。

（1）HI 试验 被检血清通常要经过加热灭活，然后用红细胞（以除去天然存在的血凝素）和高岭土（以除去或减少血凝素的非抗体抑制物）吸附。可采取母猪血清，或 70 日龄以上的感染胎儿的心血或组织浸出液，或未吃初乳的初生仔猪血清。待检血清先经 56℃ 30min 灭活处理，加入 50% 豚鼠红细胞和等量高岭土，混匀后室温放置 15min，2000r/min 离心 10min 后取上清，以除掉血清中的非特异性凝集素和抑制因素，再进行血凝抑制试验。抗原用 4 个血凝单位的血凝素，红细胞用 0.5% 豚鼠红细胞，判定标准为 1∶16。检测母猪血清时宜采取双份样品，采集发病期和发病后 10～14d 的同一病猪血清，或发病母猪和健康母猪的血清（根据免疫接种情况）。

（2）乳胶凝集试验 是利用致敏的乳胶抗原与猪细小病毒阳性血清反应时可以产生肉眼可见的凝集颗粒，该方法简便、快速、经济，适合于现场检测和早期定性诊断。

如果免疫的疫苗是灭活疫苗或亚单位疫苗，则可利用 NS1 蛋白间接 ELISA 鉴别诊断方法。

6. 鉴别诊断

本病应主要注意与猪乙型脑炎相区分。本病具有明显的胎次特征，发病母猪除了繁殖障碍外无其他明显症状，其他猪无症状；猪乙型脑炎具有明显季节性，主要在夏秋季节发生，发病母猪本身也有一定症状，其他猪也可能有症状。此外，也需要注意与猪繁殖与呼吸综合征、繁殖障碍型猪瘟等相区分。

六、防控措施

关于本病的防疫，疫苗预防接种是控制该病的主要措施。由于该病呈广泛性流行，主要威胁生产母猪特别是初产母猪；因此，后备种猪必须确保其在配种前获得主动免疫。目前应用的疫苗主要有灭活疫苗和弱毒疫苗，其中灭活疫苗应用最为广泛。由于母源抗体对细小病毒疫苗接种后产生的主动免疫应答有干扰，而猪细小病毒母源抗体可持续存在 4～6 个月，因此疫苗的接种时间应选择在 5～6 月龄。后备母猪和后备公猪，在配种前 2 个月左右进行疫苗免疫，如果在间隔 2～4 周后再加强免疫一次，效果会更好。

除了免疫接种，预防该病还需要采取其他综合性措施。一是加强检疫，防止引进病猪和带毒猪。如需要引进种猪，必须进行病原检测或 HI 检测，检测合格后才能引进，引进后隔离 2 周再进行检测，合格后方可混群饲养。二是加强预防性卫生措施，改善猪场环境，彻底消毒，限制人、猪的流动。发病猪场要对患猪的排泄物、污染物及死胎和胎衣及其污染的环境与器物等进行妥善处理。消毒时宜选用强力消毒剂，如漂白粉、氢氧化钠、优氯净等。

第五节　猪乙型脑炎

乙型脑炎，又称流行性乙型脑炎或日本乙型脑炎，简称乙脑，是由乙型脑炎病毒引起的一种人畜共患传染病。猪发病后主要表现为母猪流产、产死胎及公猪睾丸炎等症状，人、猴、马、驴发病后则呈现脑炎症状，禽类和其他家畜多呈隐性感染。乙型脑炎具有明显的季节性，由蚊虫传播，夏秋季节多发。猪乙型脑炎主要引起种猪的繁殖障碍，时有发生，对种猪生产的危害较大。乙型脑炎属于 OIE 法定通报性疫病之一，我国将其列为二类动物疫病。

本病首次发现于 1871 年的日本，当时的病例主要是人，对人的危害较大。本病分布广泛，以亚洲国家为主，现在东南亚地区的日本、朝鲜、菲律宾、泰国、印度尼西亚、印度及我国都有发生。乙型脑炎是一种严重危害人类健康的虫媒病毒性人畜共患传染病，被世界卫生组织列为需要重点控制的传染病，也是我国重点防制的传染病之一。

一、病原

乙型脑炎病毒属于黄病毒科、黄病毒属。病毒粒子呈球形，直径30～40nm。该病毒具有囊膜，囊膜表面有含糖蛋白的纤突。与其他黄病毒科成员相似，乙型脑炎病毒基因组为单链正义RNA，长度约为11kb，仅有1个开放阅读框（ORF），编码结构蛋白C（衣壳蛋白或核心蛋白）、PrM/M（膜前体蛋白/膜蛋白）、E（囊膜糖蛋白）和非结构蛋白NS1、NS2a、NS2b、NS3、NS4a、NS4b、NS5，其中E蛋白是诱导保护性免疫的主要抗原蛋白，具有免疫原性，可用于制作亚单位疫苗。

乙型脑炎病毒具有血凝活性，能凝集雏鸡、鸭、鹅、鸽和绵羊的红细胞，含有抗乙型脑炎病毒的特异性血清能够抑制这种血凝活性，故可利用血凝试验和血凝抑制试验来检测乙型脑炎病毒与其抗体及抗体效价。不同毒株的血凝滴度存在明显差异，其减毒株的血凝活性基本消失。

乙型脑炎病毒对外界环境的抵抗力不强。56℃ 30min，70℃ 10min，100℃ 2min都可灭活病毒。在低温下存活时间长，0℃下可存活3周，−20℃下可存活1年，−70℃下可存活多年。在50%甘油缓冲生理盐水中于4℃时，病毒活力可维持数月。病毒存活的最适pH为7.5～8.5，在pH大于10以上或小于7以下，病毒活性很快下降。常用消毒剂都能够使乙型脑炎病毒很快灭活，如3%来苏儿、石炭酸、高锰酸钾、福尔马林等对乙型脑炎病毒均有良好的消毒作用。

二、流行病学

1. 易感动物

乙型脑炎是一种自然疫源性疾病，很多温血动物都可感染，常常在动物间传播流行。自然界有60种以上动物可感染乙型脑炎病毒，人也可感染并发病。在家畜中、马属动物（包括驴、骡）、猪、牛、羊、犬、猫等均易感，鸡、鸭与一些鸟类也可感染。从感染后发病情况来看，马最易，人次之，猪又次之，其他畜禽多为隐性感染。对猪而言，不分年龄和性别均易感，但发病年龄多在性成熟期，主要引起繁殖障碍；其他年龄的猪症状较轻，大多呈隐性感染或良性经过，病愈后不再复发。

2. 传染源

乙型脑炎是一种人畜共患自然疫源性疾病，多种温血动物和人感染后均可成为本病的传染源。乙型脑炎病毒具有明显的神经嗜性，在感染动物的血液中存在的时间很短，主要存在于中枢神经系统、肿胀的睾丸等组织和器官中，肿胀的睾丸中病毒含量最高。在疫源地，畜禽存在高比例的隐性感染情况。在自然情况下，猪是最主要的传染源。因为猪在感染乙型脑炎病毒后产生病毒血症时间较长、病毒含量较高，猪的饲养量较大且更新换代快，而蚊子是主要的传播媒介、自然界里通过猪→蚊→猪循环扩散病毒的方式较为容易，因此猪既是乙型脑炎病毒的主要储藏宿主与增殖宿主、也是主要的传染源。此外，蝙蝠、鹭、过冬蚊虫也可能是该病病毒的储存宿主。

3. 传播途径

本病主要通过带病毒的媒介昆虫叮咬进行传播，当蚊虫叮咬发病、隐性感染或病毒血症期（血液中可带毒 3~7d）的动物时，此蚊虫再叮咬健康的动物或人体，则引起病的传播。病毒进入蚊虫体内，在蚊体内终身存在并繁殖，也可随雌蚊经产卵传代越冬。因此，带毒的越冬蚊子可在次年感染动物和人，所以媒介蚊虫又是乙型脑炎病毒的长期储存宿主，这样病毒在流行地区持续存在。已知伊蚊属、按蚊属、库蚊属的某些种以及库蠓等均能传染此病，在库蚊属和伊蚊属昆虫体内常能分离到病毒。病毒在三带喙库蚊的体内增殖能力极强，可迅速增到 5 万~10 万倍，三带喙库蚊的地理分布和活动季节与本病的流行区和流行期明显吻合，因此三带喙库蚊是本病的主要传染媒介。

4. 流行特征

在热带地区，本病在全年均可发生。在亚热带地区和温带地区，本病具有严格的季节性，主要在 6~9 月的炎热季节，京津冀地区多为 7~8 月。这种季节性与蚊的生态学密切相关，因为蚊虫的繁殖与活动猖獗的时间多在炎热、多雨的季节，因此在京津冀地区 7~8 月往往是流行高峰。此外，乙型脑炎具有一定的周期性，每 4~5 年流行 1 次。本病多呈散发，偶尔表现为地方流行性。

三、症状

潜伏期 2~4d，多数为隐性感染，少数突然发病。突然发热，体温升至 40~41℃，持续数日。病猪减食或不食，饮欲增加，精神萎靡、嗜睡；眼结膜潮红；粪干燥呈球状，表面附有灰黄色或者灰白色黏液；尿呈深黄色；少数猪后肢关节肿胀，轻度麻痹，步行不稳，疼痛跛行；个别出现神经症状，乱冲乱撞，摇头，后肢麻痹，视力减弱，最后倒地不起而死亡。

妊娠母猪突然发生流产，流产多在妊娠后期，流产前只表现轻度减食或发热，常不易发现。母猪流产后体温、食欲恢复正常，少数母猪从阴道流出红褐色或灰褐色黏液、胎衣不下。流产胎儿多为死胎或木乃伊胎，有的大小不一，或濒于死亡。部分存活仔猪虽外表正常，但衰弱不能站立或吮吸乳汁，有的出现神经症状，倒地不起全身痉挛，一般 1～3d 死亡，存活仔猪往往生长良莠不齐。流产母猪的下次配种繁殖不受影响。

病公猪除上述症状外，突出表现为发生睾丸炎。多为一侧或两侧性睾丸肿大，睾丸肿大的程度一般大于正常的一倍左右。患病睾丸的阴囊发亮，皱襞消失，触摸时有温热、肿痛的感觉。经 2～3d 后，睾丸肿胀可消退，或可恢复到正常状态，有的病猪睾丸变硬缩小，性欲减弱，丧失产生精子的功能，失去繁殖能力而被淘汰。如仅一侧睾丸萎缩，则仍有配种能力。

四、剖检变化

肉眼病变主要在脑组织，可见脑脊髓液增多，呈清亮或混浊的黄色，脑膜轻度充血，有的可见出血点、出血斑或水肿；脑组织软化，脑回变浅，切面可见小血管充血或散在小出血点。有时大脑皮层、纹状体、丘脑和中间脑组织可见米粒大液化灶；脑室壁有时可见出血点；脊髓膜水肿、混浊；个别病猪可见脊髓腰段有黄白色小软化灶。脏器中肝、肾可见肿胀、变硬；肺充血、水肿；心内外膜点状出血。胃肠道变化不大，偶见急性浆液性炎症等。

流产母猪子宫内膜水肿、充血，黏膜表面有小点出血，并覆有大量黏性分泌物；发热和流产病例，常见黏膜下组织水肿，胎盘炎性浸润等病理变化。死胎见脑水肿，脑内积液，皮下水肿或血样浸润，头大，肌肉退色似水煮状；胎儿常呈木乃伊化，黑褐色或茶褐色，从拇指大到正常大小。肝、肾肿大，在肝、脾、肾实质中有坏死灶。全身淋巴结出血。肺淤血、水肿或有肺炎灶。

公猪睾丸有不同程度的肿大，切开睾丸可见鞘膜与白质间积液，实质充血或出血，有大小不等的灰黄色颗粒状坏死灶。慢性病例有睾丸萎缩、硬化、体积缩小，阴囊与睾丸粘连。副睾丸变化不明显。

五、诊断

对于猪乙型脑炎，可根据流行特点与临诊症状，如本病在亚热带与温带地区具有严格的季节性、夏季和初秋季节多发、以散发为主，临诊症状主要是母猪流产、公猪睾丸炎，来做出初步诊断，然后进行实验室检测来确诊。实验室检测方法主要有病毒核酸检测、血清学检测、病毒分离鉴定等。

1. 病毒核酸 RT-PCR 检测

采集流产的胎儿、发热期血液等病料，经样品处理后，提取总 RNA，反转录后，使用 1 对特异性引物（5′-CAAGCACGGCATGGAGAAACA-3′和5′-CCAGCAC CTTTGAGTTGGAGC-3′，预期扩增产物大小为 429bp）进行

PCR 扩增，可以快速而准确地鉴定乙型脑炎病毒。

2. 血清学诊断

目前，用于检测乙型脑炎病毒抗体的血清学方法主要有血凝抑制（HI）试验、中和试验、ELISA 等。采集发病早期与恢复期的两份血清样品（前后相差 2 周以上），用血凝抑制（HI）试验或中和试验来测定乙型脑炎病毒抗体滴度上升情况，若升高 4 倍以上即可确诊为乙型脑炎。但该方法不能进行猪乙型脑炎的早期快速诊断，只能用于回顾性诊断、流行病学调查及免疫监测。

另外，机体感染本病毒后 3～4d 即可产生特异性 IgM 抗体，因此检测血清中的 IgM 抗体可以达到早期诊断的目的，其准确率可达 80％以上。

3. 病毒分离与鉴定

在本病流行初期，采集发热期血液或流产的胎儿，经病料处理后接种鸡胚卵黄囊或 1～5 日龄乳鼠脑内，可分离到病毒，但分离率不高。分离获得病毒后，可用 RT-PCR 方法进行检测鉴定，也可用标准毒株和抗乙型脑炎标准免疫血清进行血清学试验，如交叉 HI 试验、交叉中和试验、酶联免疫吸附试验、小鼠交叉保护试验等鉴定病毒。

4. 鉴别诊断

猪乙型脑炎应主要注意与猪细小病毒病、猪布鲁菌病相区分。

猪乙型脑炎具有明显的季节性，在京津冀地区多在 7～8 月份发生；母猪除了繁殖障碍症状外，还有其他症状；公猪有睾丸炎、多为一侧性；其他猪也可能有症状，如发热、关节炎、甚至神经症状等。

猪细小病毒病具有明显的胎次特征，多发生在初产母猪，母猪本身无明显症状，其他猪也无明显症状。

猪布鲁菌病的母猪流产但多为死胎，少有木乃伊，子宫黏膜有粟粒大的化脓灶和干酪化小结节；公猪睾丸炎大多发生两侧性，还有附睾炎，有的还有关节炎，特别是后肢。

六、防控措施

本病重在预防，灭蚊、免疫接种是预防本病的 2 个重要措施。

1. 灭蚊

从发病特点看，消灭传播媒介是预防和控制猪乙型脑炎流行的重要措施。在蚊虫滋生和繁殖季节前，应开展防蚊灭蚊的工作，尤其是三带喙库蚊，应根据其生活规律和自然条件，采取有效措施。搞好猪舍、环境的清洁卫生工作，填平坑、沟等易积水的地方，铲除蚊虫滋生场所，并在猪舍及周围定期喷洒灭蚊药液。

2. 免疫接种

患乙型脑炎转归康复的猪可获得较长时间的免疫力,因此提高畜群免疫力可接种乙型脑炎疫苗,即可预防乙型脑炎流行,还可降低猪只的带毒率,控制本病的传染源。猪乙型脑炎灭活疫苗可用于预防,肌内注射。种猪在配种前1~2个月(6~7月龄)或蚊虫出现前20~30d时接种疫苗,接种2次(间隔10~15d)的效果更好,经产母猪及成年公猪每年接种1次。在乙型脑炎重疫区,为了提高防疫密度,切断传染链,对其他类型猪群也应进行预防接种。在乙型脑炎流行区,可采用乙型脑炎弱毒疫苗在当地蚊虫出现季节的前20~30d接种,免疫一次即可,如果间隔3~4周进行二免,效果更佳。热带地区必须每半年免疫一次。

3. 加强宿主动物的管理

发生乙型脑炎疫病时,按《中华人民共和国动物防疫法》及有关规定,采取严格控制、扑灭措施,防止疫病扩散。患病动物予以扑杀并进行无害化处理。死猪、流产胎儿、胎衣、羊水等,均须无害化处理。猪舍和饲养管理用具要进行严格消毒。在发病疫区,对没有经过夏秋季节的幼龄猪只和从非疫区购进的猪只,均应在乙型脑炎流行前进行疫苗注射,尽力防止夏季蚊虫叮咬。因为这些猪只未曾感染过乙型脑炎,一旦感染,则容易产生毒血症,成为传染源。所以,在乙型脑炎疫区,要特别重视和加强对这些猪只的管理工作。

本病既无好的治疗方法,也无治疗的必要,一旦确诊,最好淘汰。

第七章

种猪重要的二类细菌性疫病

第一节　猪布鲁菌病

布鲁菌病是由布鲁菌引起的一种人畜共患传染病，以生殖器官和胎膜发炎，引起流产、不孕、关节炎和睾丸炎等为特征，简称为布病。患病动物长期带菌，有不同程度的流行，给畜牧业和人类健康带来严重危害。目前本病属于OIE法定通报性疾病名录之一，我国将其列为二类传染病。

本病呈世界性分布，我国布鲁菌病分布较广，在某些地区的流行相当严重。建国初期，羊的布鲁菌病在内蒙古、西北、东北及其他地区普遍流行。在羊布鲁菌病流行地区，人患布鲁菌病也较多。牛布鲁菌病以奶牛场较多，在牧区有的牛群感染率也很高。猪布鲁菌病可能在一些种猪场存在，但总的来说在国内较少，不过由于是一种人畜共患病，故需要引起重视。

一、病原

布鲁菌属包括6个种、20个生物型，分别是马耳他布鲁菌（羊种布鲁菌、有3种生物型）、流产布鲁菌（牛种布鲁菌、有9种生物型），猪布鲁菌（有5种生物型）、绵羊布鲁菌、沙林鼠布鲁菌、犬布鲁菌。不同的种与生物型之间，形态与染色特性等方面无明显差别。

布鲁菌是一种革兰染色阴性、吉姆萨染色呈紫色的短小杆菌，初分离者趋向球形。大小为 $(0.5\sim0.7)$ $\mu m \times$ $(0.6\sim1.5)$ μm，多单在。菌体无鞭毛，不能运动，不形成芽胞和荚膜。此菌为需氧菌。许多菌株在初次分离培养时需 $5\%\sim10\%$ CO_2，最适生长温度为 $37^{\circ}C$，最适 pH 为 $6.6\sim7.4$。布鲁菌对营养要求高，在普通培养基上生长很慢，加入血清后生长较好，但也需要 7d 以上甚至更长时间才能长出圆形菌落。经多次继代培养后，$24\sim72h$ 可长出菌落，在血琼脂平板上长出圆形、灰白色、隆起的不溶血小菌落。

该菌在自然条件下生存能力较强。但由于气温、酸碱度的不同，其生存时间各异。在日光直射和干燥的条件下，抵抗力较弱。在腐败的尸体中很快死亡，直射阳光作用下 $10\sim20min$ 死亡。对湿热敏感，$50\sim55^{\circ}C$ 时 60min 死亡，$60^{\circ}C$ 时 30min 内死亡；$70^{\circ}C$ 时 10min 死亡。在粪便中可存活 $8\sim25d$，土壤中可存活 $2\sim25d$，在奶中存活 $3\sim15d$，在冬季存活期较长，冰冻状态下能存活数月。

布鲁菌对各种物理和化学因子比较敏感。巴氏消毒法可以杀灭该菌，$70^{\circ}C$ 消毒 10min 也可杀死，高压消毒瞬间即亡。布鲁菌对常用消毒药都比较敏感，2%来苏儿 3min 之内即可杀死。布鲁菌对四环素最敏感，其次是链霉素和土霉素。

二、流行病学

1. 易感宿主

在自然条件下，布鲁菌的易感动物范围很广，其中主要是羊、牛、猪。此外还有牦牛、野牛、水牛、羚羊、鹿、骆驼及人等；不同种别的布鲁菌各有其主要的宿主动物，如牛布鲁菌主要感染牛，也能感染绵羊、马、犬、猫、鹿及人等；羊布鲁菌主要感染山羊与绵羊，也能感染牛、猪、鹿及人等；猪种布鲁菌除感染猪外，也可感染牛、马、羊、鹿及人等；其他3种布鲁菌则只能感染本动物。我国人感染的布鲁菌主要是羊型，其次是牛型、猪型最少。动物对布鲁菌的易感性与性成熟和性别有一定关系，似是随性成熟年龄接近而增高，母畜较公畜更易感些。

2. 传染源

猪布鲁菌病的传染源主要是病猪和带菌猪。布鲁菌主要存在于感染母猪的胎儿、胎衣、乳房和淋巴结中，可从乳汁、粪便和尿液中排出病原菌，污染草场、畜舍、饮水、饲料及排水沟等而使病原菌扩散。当病母猪流产时，病菌随着流产胎儿、胎衣、子宫分泌物、阴道分泌物一起大量排出成为最危险的传染源。

人的传染源主要是患病动物，一般不由人传染到人，患者有明显的职业特征，凡与病畜、污染的畜产品频繁接触的人员，其感染发病率明显高于从事其他职业者。

3. 传播途径

经口感染是本病的主要传播途径，健康畜摄取了被病畜污染的饲料、水源等，通过消化道而感染。另外，也有经过阴道、皮肤、结膜侵入机体感染，还有通过自然配种和呼吸道而感染。

4. 流行特征

布鲁菌病的发生通常为地方性流行，一般牧区高于农区。

三、症状

母猪的主要症状是流产，主要是产死胎。流产多发生在妊娠第4~12周，早的在妊娠第2~3周即流产，晚的接近妊娠期满即早产。早期流产常不易发现，因胎儿连同胎衣常常被母猪吃掉。母猪在流产前有前兆症状，常见沉郁、阴唇和乳房肿胀，有时阴道流出黏性或黏脓性分泌液。流产后胎衣滞留情况少见，子宫分泌液一般在8d内消失。少数情况因胎衣滞留，引起子宫炎和不育。

公猪的主要症状是睾丸炎和附睾炎，一侧和两侧睾丸肿大。有时在开始即表现全身发热，局部疼痛不愿配种。有的病猪睾丸在发病后期出现萎缩，性欲减退，丧失配制能力。

公猪、母猪还都可能出现关节炎，多发生在后肢，局部关节肿大、疼痛，导致跛行。个别出现椎骨病变，可能发生后肢麻痹。

四、剖检变化

本病的病理变化主要是子宫内部的变化。在子宫绒毛膜的间隙中有灰色或黄色无气味的胶样渗出物，绒毛膜的绒毛有坏死病灶，表面覆有黄色的坏死物。胎膜水肿肥厚，表面有纤维蛋白和脓液。胎儿的病变多呈败血症变化。浆膜和黏膜有出血点和出血斑，皮下结缔组织发生浆液出血性炎症。脾和淋巴结肿大。肺有支气管肺炎。

公猪睾丸与附睾出现炎性坏死灶和化脓灶，精囊内可能有出血点和坏死点。

常可见到关节炎、有的还出现腱鞘炎和滑液囊炎。发病的后期由于结缔组织广泛增生，可使关节变型。

五、诊断

流行病学资料，症状与剖检变化可以作为猪布鲁菌病的临诊诊断依据。一个猪场出现母猪流产、以产死胎为主，流产母猪的胎衣充血、出血、水肿、坏死、表面有黄色渗出物，公猪睾丸炎和附睾炎，有的出现关节炎等情况时，可初步诊断为猪布鲁菌病。但确诊需要通过实验室诊断才能得出结果。猪布鲁菌病常表现为慢性或隐性感染，其诊断和检疫主要依靠血清学检查，细菌学检查主要用于发生流产的母猪，细菌分离培养鉴定则耗时太长。

1. 涂片镜检

采集流产胎儿的肺、肝、脾及流产胎盘和羊水等，感染猪的阴道分泌物、乳汁、血液、精液、尿液以及子宫、乳房、精囊、睾丸、附睾、淋巴结、骨髓和其他局部有病变的器官。病料可直接涂片，进行革兰染色、或科兹洛夫斯基染色，然后显微镜镜检。若发现革兰染色阴性、鉴别染色为红色的球状或短小杆菌，即可确诊。

2. 血清学检查

主要有试管凝集试验、玻片凝集试验、虎红平板凝集试验，可进行现场检疫和大群检疫。

试管凝集法检查时，血清滴度在 1：50 发生"＋＋"及以上凝集时，可判为阳性反应；1：25 发生"＋＋"凝集时，判为可疑反应。判为可疑反应的病猪，隔 3～4 周后采血重检，如仍为可疑反应，该猪无临床症状出现，该猪群也无该病流行表现时，可判为阴性反应。

玻片凝集反应，是在每份被检血清中，分别加入平板凝集试验抗体，混匀，在 5～8min 内判定结果。0.04mL 猪的血清出现"＋＋"以上凝集，判为阳性反应；0.08mL 猪的血清出现"＋＋"凝集，判为可疑；可疑者 2～3 周后采血重检，仍为可疑者判为阳性。

虎红平板凝集试验，是取被检血清和虎红抗原各 0.03mL，滴于玻板上，混匀，在 4～10min 内发生凝集者（"＋"），即可判为阳性反应。虎红平板抗原为用虎红使抗原细菌染色的酸性（pH 3.65～3.70）缓冲平板抗原，能抑制引起非特异性反应的 IgM 和增强型 IgG 的活性，使反应的敏感性提高，特异性优于常规的试管凝集试验。

3. PCR 检测

对采集的病料提取 DNA，使用 1 对特异性引物（5′-CTGGTGGGTATC GCATT ACTCGG-3′ 和 5′-TTCAGGAAAGCCTGCCGG TACTG-3′，预期扩增产物大小为 591bp）进行 PCR 扩增，可以快速而准确地鉴定布鲁菌。

六、防控措施

1. 保护好健康猪群

对从未发生过布鲁菌病的健康猪群，必须贯彻"预防为主"的方针，坚持自繁自养，防止从外部引入病猪。若必须引进种猪时，应从无布鲁菌病的地区购买，引种前要先进行检疫，阴性者方可引入。购进后要隔离观察 2 个月，再次进行检疫，阴性者方可并群饲养。同时，也要防止运入被污染的畜产品和饲料。每年定期对猪群进行布鲁菌病检验，及时发现病猪。若出现不明原因的流产时，必须严格隔离流产母猪，对流产胎儿及胎衣要进行微生物学检查，而且要严格消毒处理，对流产母猪只做血清学检查，直到排除布鲁菌病后，才可酌情取消隔离。

2. 受威胁猪群的预防措施

对受威胁的猪群进行定期检疫，至少每年一次，以便及时发现和处理病猪。

定期进行免疫接种是预防控制本病的有效措施。我国用猪种布鲁菌弱毒 S2 株制成的活疫苗用于预防猪布鲁菌病。该疫苗毒力稳定、免疫原性好，是我国选育的一种优良布鲁菌苗。该疫苗可进行口服免疫和肌内注射免疫。口服免疫可在配种前1~2个月进行，也可在怀孕期进行，但注射免疫不宜在怀孕期进行。需要进行2次免疫、中间间隔期1个月，免疫期为1年。

需要注意的是，本疫苗对人有一定致病力，故在使用疫苗时要做好个人防护，以防感染。

3. 发病种猪群的净化措施

布鲁菌是一种兼性细胞内寄生菌，导致化学药物不易生效，因此对患病动物一般不予治疗，二是采取淘汰、扑杀的措施。在生产实践中，除了临床布鲁菌病病猪外，将非免疫猪群中血清学检测阳性的猪也判为病猪。对于存在布鲁菌病的种猪群，需要采取严格的检疫、隔离、淘汰等技术措施来实施净化。

（1）定期检疫和隔离淘汰　用凝集反应定期普查检疫，将检出的阳性种猪和可疑种猪进行屠宰淘汰。曾检出病猪的猪群在未达到净化以前，应当做可疑猪群隔离饲养，并每3个月进行1次检疫，及时挑出病猪。对隔离群要严格执行隔离措施，避免病猪和健康猪接触，防止人员互相交串。在经过两次连续检疫，全群为阴性，猪群也无流产和公猪睾丸炎病例时，才可认为本猪群得到净化。

（2）加强消毒及卫生措施　对隔离猪场、用具等进行常规消毒。做好母猪产房的清洁卫生及消毒工作。妥善处理流产胎儿、胎衣、胎水及分泌物。粪便堆积发酵后利用。加强工作人员的防护工作，尤其是发生流产时。

（3）培育健康幼龄种猪　仔猪在断奶后隔离饲养，2月龄和4月龄各检疫一次，两次检疫都为阴性时，方可认为是健康仔猪。这是净化病种猪群，更新猪群的一项重要措施。

第二节　猪链球菌病

猪链球菌病是由多种溶血性链球菌引起的猪的一种多型性细菌传染病，其临床特征是急性者表现为败血症与脑炎、慢性者表现为关节炎与淋巴结脓肿。猪链球菌病是当前养猪生产中的常见病与多发病，给养猪业造成了较大经济损失，是危害养猪业的一种主要的细菌性疫病，有的猪链球菌还危害人类健康，因此，猪链球菌病虽不属于OIE通报性疾病名录之一，但我国将其列为二类动物疫病。

本病于1945年在世界上首次报道，现在分布于世界各地，各大洲主要养猪国家都有本病流行，并不断分离出不少新的菌株。在我国，本病在20世纪60~70年代即在大部分省份流行。随着我国规模化养猪业的发展，猪链球菌病已成为养猪生产中的常见病和多发病，特别是近十多年来，流行范围扩大，给我国养殖业造成了很大的经济损失，是养猪业需要重点防控的细菌性疫病之一。此外，一些猪链球菌还可感染人类并引起人类发病、甚至死亡，国内外均有此类事件发生，故在发生猪链球菌疫情时，相关职业人员需要注意自我防护。

一、病原

链球菌属于链球菌科、链球菌属，为革兰染色阳性，但老龄的培养物或被吞噬细胞吞噬的细菌呈现革兰染色阴性。菌体呈球形或椭圆形，直径小于 2.0μm，常排列成链状或成双。一般致病性链球菌的链较长，非致病性菌株的链较短，肉汤内对数生长期的链球菌，常呈长链排列。链球菌无芽胞，多数有荚膜、无鞭毛。

链球菌种类繁多，其分类的依据主要是其溶血能力与抗原结构。根据链球菌在血琼脂平板上的溶血现象分为甲型（α型）、乙型（β型）、丙型（γ型）溶血性链球菌 3 类，在鉴定链球菌的致病性方面有一定的意义。甲型溶血性链球菌，在菌落周围形成不透明的草绿色溶血环，红细胞未溶解，血红蛋白变成绿色，这类链球菌致病力弱，多为条件性致病菌，为上呼吸道的正常寄生菌。乙型溶血性链球菌，在菌落周围形成完全透明的溶血环，红细胞完全溶解，这类链球菌致病力强，常引起人及动物的各类疾病，是链球菌感染中的主要致病菌。丙型溶血性链球菌，菌落周围无溶血现象，这类链球菌一般无致病性，属于口腔、鼻咽部、肠道的正常菌群。这一分类方法简单，临诊使用方便。乙型溶血性链球菌可根据其细胞壁中的多糖抗原分为 20 个血清群，分别以字母 A—V（无 I、J）表示，此即兰氏（Lancefield）分类法。各血清群链球菌又可根据其表面蛋白质抗原的不同再分为若干个血清型。

引起猪链球菌病的病原有 C 群的马链球菌兽疫亚种与马链球菌类马亚种、D、E、L 群链球菌、猪链球菌等，其中猪链球菌是最主要的病原。根据荚膜抗原的不同又可将猪链球菌分为 35 个血清型，包括 1—34 与 1/2，亦有不少菌株无法定型。猪链球菌不仅对猪有致病性，其中的 2 型菌株还能引起人的发病甚至死亡。溶菌酶释放蛋白（MRP）和细胞外蛋白因子（EF）是猪链球菌 2 型的主要毒力因子。

大多数链球菌为兼性厌氧菌，少数为厌氧菌。最适生长温度 37℃，pH 7.4～7.6，致病性链球菌的营养要求较高，在普通培养基中生长不良，需添加血液、血清、葡萄糖等。在血液琼脂平板上长成直径 0.1～1.0mm，灰白色，表面光滑，边缘整齐的小菌落。多数致病菌株具有溶血能力，溶血环的大小和类型因菌株而异。

链球菌对环境的抵抗力不强，日光直射 2h 可杀死链球菌。链球菌耐冷不耐热，多数链球菌经 60℃加热 3min 均可杀死，煮沸可立即死亡；在 0～4℃可存活 150d，冷冻 6 个月保持活性不变。链球菌对消毒药物敏感，大多数常用消毒剂均可在 3～5min 内将其杀死。链球菌对头孢药物、青霉素敏感。

二、流行病学

1. 易感宿主

多种动物和人类对链球菌易感，但不同血清群的链球菌侵袭的宿主范围存在差异。不同品种、年龄、性别的猪对链球菌均易感，其中以妊娠母猪、哺乳仔猪、断奶仔猪的发病较为常见。

2. 传染源

病猪和带菌猪是主要的传染源，病猪的血液、肌肉、内脏及肿胀的关节内均含有病原体，其分泌物、排泄物中也含有病原体。病死猪肉、内脏、处理不当的废弃物、活猪市场及污染的运输工具等都是造成本病流行的重要因素。

3. 传播途径

本病主要经呼吸道、消化道感染，也可经伤口感染。因此，存在体表外伤时，在给仔猪进行断脐、断尾、去势、药物注射或疫苗注射时，如果消毒不严，则常常容易造成感染发病。

4. 流行特征

猪链球菌病的流行具有季节性升高特征，虽一年四季均可发生，但以夏秋季多发。形成外伤因素能促进本病的发生，人的感染具有职业特征。本病多呈散发和地方性流行，偶有暴发。在新疫区可呈暴发流行，传播快，病程短，发病率与病死率较高。在老疫区多呈散发，传播慢，病程长，发病率与病死率较低。

三、症状

猪链球菌病的潜伏期多在 7d 以内，在临床上可分为以下 3 种类型。

1. 败血型

分为最急性、急性和慢性三类

（1）最急性型　发病急、病程短，常无任何症状即突然死亡。发热，体温高达 41～43℃，呼吸迫促，多在 24h 内死于败血症。

（2）急性型　多突然发生，体温升高 40～43℃，呈稽留热。呼吸迫促，鼻镜干燥，从鼻腔中流出浆液性或脓性分泌物。结膜潮红，流泪。颈部、耳郭、腹下及四肢下端皮肤呈紫红色，并有出血点。多在 1～3d 死亡，病死率

80％以上，即使治疗也疗效不佳。

（3）慢性型　表现为多发性关节炎。关节肿胀，跛行或瘫痪，最后因衰弱、麻痹而死。

2. 脑膜炎型

以脑膜炎症状为主，多见于哺乳仔猪和断奶仔猪。发热，体温高达 40.5～42.5℃；精神萎靡，减食或停食，便秘；主要表现为神经症状，如磨牙、口吐白沫、共济失调，转圈运动，抽搐、倒地四肢划动似游泳状，最后麻痹而死；少数病例出现关节炎症状；病程短的几小时，长的 1～5d，病死率可高达 90％以上。

3. 淋巴结脓肿型

主要经伤口感染引起，以断奶仔猪和肥育猪多见，传播慢，发病率低，很少死亡。以颌下、咽部、颈部等处淋巴结化脓和形成脓肿为特征，外观呈圆形隆起，呈脓包状，有热痛，可能影响病猪的采食、咀嚼、吞咽、呼吸。脓肿成熟后可自行破溃，排出脓汁后可逐渐自愈，病程 1 个月左右，很少死亡，但影响生长速度。

四、剖检变化

1. 败血型

剖检可见鼻黏膜紫红色、充血及出血，喉头、气管充血，常有大量泡沫。肺充血肿胀。全身淋巴结有不同程度的肿大、充血和出血。脾肿大 1～3 倍，呈暗红色，边缘有黑红色出血性梗死区。胃和小肠黏膜有不同程度的充血和出血，肾肿大、充血和出血，脑膜充血和出血，有的脑切面可见针尖大的出血点。

2. 脑膜炎型

剖检可见脑膜充血、出血甚至溢血，个别脑膜下积液，脑组织切面有点状出血，其他病变与败血型相同。

3. 淋巴结脓肿型

剖检可见关节腔内有黄色胶冻样或纤维素性、脓性渗出物，淋巴结脓肿。有些病例心瓣膜上有菜花样赘生物。

五、诊断

依据该病的流行病学、临床症状和病理剖检变化，可做出初步诊断，确诊需依靠实验室诊断。

1. 涂片镜检

取病猪的血液、关节液、脓汁、肝、脾、淋巴结制作血液涂片或组织触片，进行革兰染色，可直接观察有无典型链球菌（革兰阳性球形或卵圆形细菌，无芽胞，有的可形成荚膜，常呈单个、双连的细菌，偶见短链排列）来进行诊断，该方法简便快捷。

2. 细菌分离培养

该菌为需氧或兼性厌氧，将病料处理后接种血液琼脂平板，37℃培养24h，观察菌落生长特性、有无溶血及溶血类型（形成无色露珠状细小菌落，菌落周围有溶血现象）。如果菌落出现 β-溶血时，进一步做细菌形态和生化鉴定（镜检可见长短不一链状排列的细菌），还可进一步进行血清学及其分型鉴定。

3. PCR 检测

必要时可使用 PCR 方法进行检测与菌型鉴定。提取病原 DNA，使用 2 对特异性引物（5′-GCAGCCCTCTTG GTTG GT-3′和 5′-TACCTCCTGCGAC TGCGTC-3′，预期扩增产物大小为 364bp；5′-CAAACGCAAGGAATTA CGGTATC-3′和 5′-GAGTATCTAAAGAATGCCTATTG-3′，预期扩增产物大小为 675bp）进行双重 PCR 扩增，可以同时快速而准确地鉴定猪链球菌 2 型与马链球菌兽疫亚种。

六、防控措施

猪链球菌病的防控需要采取综合措施，主要包括平时的一般性预防措施、疫苗免疫预防、发生疫情时的处理措施。

1. 平时的预防措施

实行全进全出制，加强饲养管理，做好环境卫生消毒。在断脐、断尾、去势、疫苗注射和药物注射时应严格消毒。猪只出现外伤应及时进行外科处理。尽量自繁自养，引进种猪应严格执行检疫隔离制度。经常有本病发生的猪场可在饲料中适当添加一些抗菌药物如头孢噻啶，会收到一定的预防效果。

2. 疫苗免疫

有本病流行的猪场和地区可使用疫苗进行预防。猪链球菌病疫苗有弱毒疫苗和灭活疫苗，均有不错的免疫效果。弱毒疫苗免疫后 7d 可产免疫力、灭活疫苗在免疫后 14d 产生免疫力，保护期都是半年。但要注意疫苗菌株与当地流行菌株相匹配。

3. 发生疫情时的措施

发现本病后，要按照农业部发布的《猪链球菌病应急防治技术规范》进行处理。

（1）发现疑似猪链球菌病疫情时，要立即上报疫情。

（2）疑似疫情的处理　应立即采取隔离、限制移动等防控措施。

（3）确认疫情的处理　首先划定疫点（患病猪所在地点）、疫区（以疫点为中心，半径 1km 范围内的区域）、受威胁区（疫区外顺延 3km 范围内的区域）。

当本病呈零星散发时，应对病猪作无血扑杀处理，对同群猪立即进行强制免疫接种或用药物预防，并隔离观察 14d；必要时对同群猪进行扑杀；对被扑杀的猪、病死猪及排泄物、可能被污染饲料、污水等按有关规定进行无害化处理；对可能被污染的物品、交通工具、用具、畜舍进行严格彻底消毒；疫区、受威胁区所有易感动物进行紧急免疫接种。

当本病呈暴发流行时，需要对病菌用 PCR 方法进行菌型鉴定，同时对疫区实施封锁。在疫点：出入口必须设立消毒设施；限制人、畜、车辆进出和动物产品及可能受污染的物品运出；对疫点内畜舍、场地以及所有运载工具、饮水用具等必须进行严格彻底地消毒；应对病猪作无血扑杀处理，对同群猪立即进行强制免疫接种或用药物预防，并隔离观察 14d；必要时对同群猪进行扑杀；对病死猪及排泄物、可能被污染饲料、污水等按附件的要求进行无害化处理；对可能被污染的物品、交通工具、用具、畜舍进行严格彻底消毒。在疫区：交通要道建立动物防疫监督检查站，派专人监管动物及其产品的流动，对进出人员、车辆须进行消毒；停止疫区内生猪的交易、屠宰、运输、移动；对畜舍、道路等可能污染的场所进行消毒；对疫区内的所有易感动物进行紧急免疫接种。在受威胁区：对受威胁区内的所有易感动物进行紧急免疫接种；对猪舍、场地以及所有运载工具、饮水用具等进行严格彻底地消毒。

要做好无害化处理：对所有病死猪、被扑杀猪及可能被污染的产品（包括猪肉、内脏、骨、血、皮、毛等）按照 GB 16548《畜禽病害肉尸及其产品无害化处理规程》执行；对于猪的排泄物和被污染或可能被污染的垫料、饲料等物品均需进行无害化处理；猪尸体需要运送时，应使用防漏容器，并在动物防疫监督机构的监督下实施。

要做好紧急预防：对疫点内的同群健康猪和疫区内的猪，可使用高敏抗菌药物进行紧急预防性给药；对疫区和受威胁区内的所有猪进行紧急免疫接种，建立免疫档案。

要进行疫源分析和流行病学调查。当疫点内所有猪及其产品按规定处理后，对有关场所和物品进行彻底消毒。当最后一头病猪扑杀 14d 后，未出现新的疫情，经终末消毒后，可解除封锁。

另外，对处理疫情的全过程必须做好完整的详细记录，以备检查；参与处理疫情的有关人员，应穿防护服、胶鞋、戴口罩和手套，做好自身防护。

第三节　猪支原体肺炎

猪支原体肺炎（mycoplasmal pneumonia of swine，MPS）是由猪肺炎支原体引起的猪的一种慢性呼吸道传染病，又称为猪地方流行性肺炎，俗称猪气喘病。该病的主要临床特征是咳嗽，气喘、肺的尖叶、心叶、中间叶与膈叶前缘呈肉样或虾肉样的对称性实变。猪支原体肺炎是当前养猪生产中的常见病与多发病，给养猪业造成了较大经济损失，是危害养猪业的一种主要的细菌性疫病，我国将其列为二类动物疫病。

猪支原体肺炎呈世界性分布，在我国许多地区都有发生，发病率高，是一种慢性传染病，造成病猪生长缓慢、饲料转化效率下降，严重影响经济效益，一般情况下病死率很低，但继发感染时可造成严重死亡，对养猪业的危害很大，是养猪业需要重点防控的细菌性疫病之一。

一、病原

猪肺炎支原体属于支原体科、支原体属，无细胞壁，是一种小的、具有多形性的微生物，有点状、环状、球状、杆状、两极状等。革兰染色呈阴性，但着色不佳，吉姆萨染色或瑞氏染色良好。猪肺炎支原体能在无细胞的人工培养基上生长，但要求有严格的培养条件。初次分离多使用液体培养基，大多是组织培养平衡盐类溶液，加入乳清蛋白水解物，酵母浸出物及猪血清，培养材料中必须没有其他支原体存在。使用江苏Ⅱ号培养基可提高猪肺炎支原体的分离率。在固体培养基上，需要在接种后 7～10d 才能长出针尖状和露珠状菌落，低倍显微镜下观察菌落呈荷包蛋状。

病原体对外界环境及理化学因素的抵抗力不强。当排出体外后，其生存时间一般不超过 36h，日光、干燥及常用的消毒药液，都可在较短时间杀灭病原。病肺组织中的病原体在 −15℃可保存 30～45d，在 1～4℃存活 7d。猪肺炎支原体对青霉素、链霉素和磺胺药物不敏感；对泰妙菌素（支原净）、金霉素、土霉素、强力霉素、卡那霉素、林肯霉素、泰乐菌素等广谱抗生素比较敏感。

二、流行病学

1. 易感宿主

只有猪对本病易感，不同品种、年龄、性别的猪都能感染发病。其中，以哺乳仔猪和断奶仔猪的易感性最高，患病后症状明显，发病率与病死率较高；其次是妊娠后期母猪和哺乳母猪；肥育猪发病率低，病情轻微；成年猪多呈慢性或隐性感染。我国一些地方品种猪的易感性高于国外猪种与中外杂交猪。

2. 传染源

病猪和带菌猪是本病的主要传染源，特别是隐性带菌病猪。病原体存在于带菌猪的呼吸器官内，随咳嗽、气喘和喷嚏的飞沫排出体外，临床康复猪和隐性带菌猪能不断的向外排菌。一些地区和猪场引入猪群时未经严格检疫而购入带菌猪，容易造成本病的暴发流行。

3. 传播途径

本病主要通过呼吸道传播，病猪与带菌猪咳嗽、气喘、打喷嚏的时可喷射出含菌的飞沫，可感染近距离（1～2m）内的易感猪。也可通过直接接触传播，如病猪与健康猪同圈，同运动场或同地放牧时，相互之间直接接触而感染易感猪。因此，在通风不良和比较拥挤或密集饲养的猪舍中，容易互相传染，成为集约化饲养的常见呼吸道病。

4. 流行特征

猪支原体肺炎一年四季均可发生，但一般在气候多变、阴湿寒冷的冬春季节多发。本病呈地方性流行，以慢性经过为主。在新疫区，常呈急性暴发，发病率和病死率较高；在老疫区，常呈慢性或隐性经过，发病率和病死率较低。饲养管理、卫生条件、空气质量及是否存在与呼吸道病原的混合感染对本病发生具有重要的影响。

三、症状

本病的潜伏期一般为 10～30d，按 X 线检查发现肺炎病灶为依据，最短 3～5d，最长 1 个月以上。本病大多呈慢性经过，主要的临诊症状为咳嗽和气喘，在体温、精神、食欲与排泄等方面都无明显变化。根据临床经过，可划分急性型、慢性型、隐性型。

1. 急性型

主见于新疫区中的妊娠后期至临产母猪，及断奶仔猪。病初精神不振，垂头，站立一边或躺卧，呼吸急速，明显腹式呼吸；咳嗽少而低沉，有时发生痉挛性咳嗽；呼吸困难，甚至张口喘气，发出哮鸣声；病程 1～2 周，疾病的严重程度及病死率与饲养管理、卫生条件有关。继发感染时，体温升高，流鼻涕，食欲减退，饮水减少，病死率明显升高。

2. 慢性型

常见于老疫区的育成猪、育肥猪和后备种猪，也可由急性转化而来。主要症状是咳嗽，初期少而轻，后渐加重；咳嗽时病猪站立不动，拱背、伸颈、垂头；冷空气刺激、剧烈运动时咳嗽更明显，严重者呈现连续痉挛性咳嗽；不同程度的呼吸困难、呼吸加速、气喘；上述症状时而明显，时而缓和。继发感染其他呼吸道病原时，可能发生急性肺炎。

3. 隐性型

在老疫区比例较高，也可由急性或慢性转化而来，无明显症状或轻度咳嗽，但用 X 线检查或剖检时可发现肺炎病变。

四、剖检变化

病变主要在胸腔内，肺脏是病变的主要器官，肺门、纵隔淋巴结次之。急性病猪肺有不同程度的水肿和气肿，心叶、尖叶、中间叶、膈叶前缘出现融合性支气管肺炎病灶，以心叶最为明显。早期病变在心叶，出现粟粒大至绿豆大肺炎病灶，逐渐扩展为融合性支气管肺炎。初期病灶颜色多为淡红色或灰红色，半透明状，病变部界限明显，象鲜嫩的肌肉样，俗称"肉变"。随着病程延长或病情加重，病灶颜色转为浅红色、灰白色或灰黄色，半透明程度减轻，俗称"胰变"或"虾肉样变"。气管、支气管内充满浆液性渗出液，有的含有小气泡。肺门、纵隔淋巴结肿大。继发细菌感染可致肺和胸膜的纤维素性、化脓性、坏死病变。

五、诊断

根据本病的流行病学、临诊症状和病理变化，常可做出初步诊断。一个猪群主要出现咳嗽和气喘的临诊症状，体温、精神和食欲正常，病程较长；剖检变化主要是两肺的心叶、尖叶和膈叶发生对称性的实变，可诊断为猪支原体肺炎。必要时可进行实验室诊断，主要方法如下。

1. X 线检查

对隐性病猪、早期病猪及可疑病猪有诊断价值，有条件的地区可采用。在 X 线检查时，猪的检测体位以直立背胸位为主，侧位或斜位为辅，在肺野的内侧区以及心膈区呈现不规则的云絮状渗出性阴影者就可判为病猪。

2. 血清学检测

主要有 ELISA，猪在感染猪肺炎支原体后 3～55 周均可检出抗体，但此法不能区别疫苗免疫抗体与自然感染抗体。

3. PCR 检测

采集病猪肺脏、肺门淋巴结与纵隔淋巴结，提取 DNA，使用 1 对特异性引物（5′-TTACAGCGGGAAGACC-3′ 和 5′-CGGCGAGAAACTGGATA-3′，预期扩增产物大小为 427bp）进行 PCR 扩增，可以快速而准确地鉴定猪肺炎支原体。

六、防控措施

猪支原体肺炎是一种慢性病，需要长期坚持综合防控措施，不同地区可因地制宜，采取适当措施。

1. 无病地区的预防措施

在没有发生猪气喘病的地区与猪场，要坚持自繁自养，尽量不从外面引猪。必须引进猪只时，要严格检疫，阴性者方可引入，引入后要严格隔离 2 个月，无此病者方可混群。此外，需要做好其他生物安全措施，防止病原传入。

2. 有病地区的防控措施

（1）一般性预防措施 执行全进全出与早期隔离断奶制度，平时注意加强饲养管理与环境卫生，猪舍保持清洁、干燥、通风，防寒保暖，避免过于拥挤；定期做好消毒工作；保障提供充足的营养与饲料；减少应激因素，以降低发病率与死亡、淘汰率。

（2）疫苗免疫 疫苗免疫对预防猪支原体肺炎有较好效果，在受威胁比较严重时可实施疫苗免疫。目前，猪支原体肺炎有两类商品疫苗，即弱毒疫苗与灭活疫苗。弱毒疫苗能产生有效的细胞免疫，保护率可达 80％左右，但需要采用肺内免疫，接种操作有一定技术难度，且免疫后 1 周内要避免使用广谱抗生素。灭活疫苗的接种操作比较简单，但难以诱导有效的细胞免疫与黏膜免疫，其免疫保护效果不如弱毒疫苗。

（3）药物预防 可定期在饲料与饮水中添加支原体的敏感药物，如泰乐菌素、支原净、土霉素、强力霉素、替米考星、林肯霉素与壮观霉素、环丙沙星、恩诺沙星等进行预防，但要注意联合用药、轮换用药、经济效益、抗药性、药物残留等问题。

（4）建立健康猪群 剖腹取胎或自然分娩后立即隔离，通过人工哺乳或健康母猪来培育健康仔猪，定期频繁消毒，哺乳仔猪按窝隔离，其他阶段猪群要分舍饲养，利用各种检疫方法及早清除病猪与可疑感染猪，逐步扩大健康种猪群。但是，这种方法需要付出比较昂贵的经济代价。

3. 发病时的控制措施

发病时要早期发现，严格隔离，加强饲养管理，合理治疗，必要时淘汰病猪、更新猪群。

药物治疗的方法主要是采用泰乐菌素、支原净、替米考星、恩诺沙星、强力霉素、土霉素、林肯霉素与壮观霉素等抗菌药物进行治疗，治疗时需要注意联合用药、轮换用药，一个疗程5～7d，必要时2～3个疗程。但抗菌药物只能缓解病情，停药后容易复发。

第四节　猪传染性萎缩性鼻炎

猪传染性萎缩性鼻炎（swine infectious atrophic rhinitis，AR）是由产毒素多杀性巴氏杆菌单独或与支气管败血波氏杆菌联合引起的猪的一种慢性呼吸道传染病，俗称"萎鼻"，其临床特征是鼻炎，颜面部变形，鼻甲骨萎缩和生长迟缓。根据病原与发病特点，这种疾病被分为进行性萎缩性鼻炎、非进行性萎缩性鼻炎。本病主要是造成生产性能下降，曾给养猪业带来较严重的经济损失，我国将其列为二类动物疫病。

猪传染性萎缩性鼻炎现呈世界性分布，几乎遍及世界养猪业发达的国家与地区。20世纪60～70年代，我国从欧美地区大批引进瘦肉型种猪，本病随之传入我国，造成了在许多地区广泛流行，目前本病在一些地区与猪场仍然比较严重。随着规模化、集约化养猪业的发展，本病对猪场、尤其是种猪场的危害需要引起重视。

一、病原

本病的病原为产毒素多杀性巴氏杆菌（T^+Pm）和支气管败血波氏杆菌（Bb）。T^+Pm感染可引起所有年龄阶段的猪只发生鼻甲骨萎缩等病变，由其单独感染或与Bb及其他因子混合感染引起的严重的萎缩性鼻炎称为进行性萎缩性鼻炎（PAR）。Bb只对幼龄猪有致病作用，对成年猪的致病作用弱或无，由其为与其他鼻腔菌群（不包括T^+Pm）混合感染引起的萎缩性鼻炎称为非进行性萎缩性鼻炎（NPAR）。由此可见，T^+Pm起主要作用，T^+Pm单独感染即可引起PAR，而Bb单独感染只能引起NPAR。

引起猪萎缩性鼻炎的多杀性巴氏杆菌主要是D型（极少数为A型）产毒素多杀性巴氏杆菌，它们可产生一种毒素，该毒素单独作用便可复制出PAR症状。

支气管败血波氏杆菌为革兰阴性球杆菌或小杆菌，有两极着色的特性，散在或成对排列，偶有短链，有的有夹膜与鞭毛，能运动，但不能形成芽胞。本菌易于培养，培养基中加入血液或血清有助于此菌生长，在鲜血培养基上生长能产生β溶血，在葡萄糖中性红琼脂平板上呈烟灰色透明的中等大小菌落。支气管败血波氏杆菌容易变异，具有 3 个菌相，Ⅰ相菌毒力较强，Ⅱ、Ⅲ相菌毒力较弱。

两种病原菌对外界环境抵抗力都弱，常用消毒剂均容易将它们杀灭。T+Pm 对头孢药物、青霉素、链霉素、卡那霉素、土霉素、磺胺药物、泰乐菌素等抗生素比较敏感。Bb 链霉素、卡那霉素、土霉素、磺胺药物、泰乐菌素等抗生素比较敏感。

二、流行病学

1. 易感宿主

本病在自然条件下只见猪发生，各种年龄的猪都可感染，但以仔猪的易感性最高。1 周龄以内的仔猪感染可引起肺炎，并可引起死亡。哺乳仔猪感染后，在数周后发生鼻炎并多能引起鼻甲骨萎缩，故在临床上以 2～5 月龄的猪最常发生本病。随着年龄增长，发病率下降。1 月龄以上的猪只感染时，可能不发生或只产生轻微的鼻甲骨萎缩，但一般表现为鼻炎症状，病状消退后成为带菌猪。

2. 传染源与传播途径

病猪和带菌猪是主要传染源。病菌存在于上呼吸道，主要通过飞沫经呼吸道感染。本病的发生多数是由有病的母猪或带菌母猪传染给仔猪的。昆虫、污染物品及饲养管理人员，在传播上也起一定作用。所以，健康猪群，如果不从病猪群直接引进猪只，一般不发生本病。

3. 流行特征

本病是一种慢性传染病，传播缓慢，呈散发或地方流行性，发病率高，但病死率低，应激因素可促进发病。

三、症状

临床症状依赖于疾病的不同发展阶段。早期症状多见于 3～9 周龄仔猪，表现鼻炎症状：喷嚏，咳嗽，少数病猪流鼻涕、甚至一过性的鼻出血。鼻孔周围的瘙痒症状：摇头、拱地、挠抓和摩擦鼻部。鼻泪管阻塞，鼻、眼分泌物从眼角流出，在眼内角下面皮肤上形成湿润区，被尘土沾污后黏结形成黑褐色的半月形泪斑。病猪打喷嚏时可喷出黏稠分泌物。鼻甲骨和上颌骨萎缩，导致鼻梁和颜面部变形，鼻缩短，脸部变形扭曲，这是本病的特征性症状，具有证病意义。体温一般正常，但生长受阻，饲料转化效率下降。有时可引起肺炎或脑炎症状，从而可能引起死亡。

有些病猪由于某些继发细菌通过损伤的筛骨板侵入脑部而引发脑炎。发生鼻甲骨萎缩的猪群往往同时发生肺炎，并出现相应的症状。

四、剖检变化

病变限于鼻腔和邻近组织。病的早期可见鼻黏膜及额窦有充血和水肿，有多量黏液性、脓性渗出物蓄积。病情进一步发展，最特征的病变是鼻甲骨萎缩，大多数病例是下鼻甲骨的下卷曲受损害，鼻甲骨上下卷曲及鼻中隔失去原有的形状，弯曲或萎缩，鼻甲骨严重萎缩时，使腔隙增大，上下鼻道的界限消失，常形成空洞。

五、诊断

对于典型病例可根据症状与病变做出诊断，如出现鼻炎、鼻部瘙痒、泪斑、鼻甲骨萎缩，颜面部变形等症状，完全可以做出现场确诊；但早期病例或轻型病例，单凭临诊症状难以做出诊断，需要进行实验室诊断或病理解剖学诊断。

1. PCR 检测

首先采集病料，注意要先清洗消毒鼻子外部，用灭菌棉拭子（长约 30cm）插入鼻腔，轻轻旋转取样，取出鼻腔拭子，置于无菌 PBS 中，尽快送检。

提取病原 DNA，使用 1 对特异性引物（5′-CTCAATTAGAAAAAGCGCTTTAT CTTC-3′和 5′-CCCTCCAACCTGGTTTGAATAT-3′，预期扩增产物大小为 482bp）进行 PCR 扩增，可以快速而准确地鉴定 T^+Pm；用另 1 对特异性引物（5′-TGGCGCCTGCCCTAT-3′和 5′-AGGCTCCCAAGAGAGAAAGGCTT-3′，预期扩增产物大小为 237bp），可以快速而准确地鉴定 Bb。

2. 细菌分离

（1）T^+Pm 分离　将处理后的病料接种于加有抗生素如新霉素、杆菌肽、放线菌酮的 5％马血琼脂选择性培养基，以提高 T^+Pm 的分离率，培养出可疑菌落后，可使用单抗 ELISA、PCR 技术来检测是否为 T^+Pm。

（2）Bb 分离　将处理后的病料接种于 1％葡萄糖血清麦康凯琼脂培养基，37℃培养 48h 后，对可疑菌落进行染色观察、凝集试验、PCR 鉴定是否为 Bb。

3. 血清学检测

可使用试管凝集法检查抗体，血清滴度在 1∶80 发生"＋＋"以上凝集时为阳性，1∶40 发生"＋＋"判为可疑，1∶20 以下才发生"＋＋"判为阴性。

猪在感染 T⁺Pm 和 Bb 后 2～4 周，血清中出现凝集抗体，至少维持 4 个月，但仔猪感染后须在 12 周龄后才能检出抗体。

4. 病理解剖学诊断

剖检有助于本病的诊断。沿两侧第一、二对前臼齿间的连线锯成横断面，观察鼻甲骨的形状和变化。正常的鼻甲骨明显分为 2 个卷曲，上卷曲呈现两个完全的弯转，下卷曲则弯转少，鼻中隔正直。当鼻甲骨萎缩时，卷曲变小而钝直，甚至消失。

六、防控措施

需要采取综合措施来有效防控猪传染性萎缩性鼻炎。

1. 无病地区的预防措施

在没有猪传染性萎缩性鼻炎的地区与猪场，要防止病原传入。主要是把好引种关，引进种猪前要先行做好检疫，引入阴性种猪后，仍然需要严格隔离 2 个月，合格者方可混群。此外，需要做好其他生物安全措施，防止病原传入。

2. 有病地区的防控措施

（1）一般性预防措施　采用全进全出饲养方式，猪舍要保持好通风换气与干燥清洁作，做好环境卫生与消毒工作，保持合适饲养密度，提供合适的饲料营养。加强平时监测，有明显症状与可疑症状的猪要淘汰；与病猪和疑似病猪接触过的猪要隔离饲养，观察 2～5 个月，若无可疑症状则视为健康；若出现病猪则视为不安全，禁止作为种猪和猪苗出售。

（2）疫苗免疫　疫苗免疫对预防本病有良好效果，受到严重威胁的猪场有必要进行疫苗免疫。目前应用比较广泛的猪传染性萎缩性鼻炎油佐剂灭活疫苗是一种二联苗，安全有效。妊娠母猪可在产前 1 个月接种一次，可保护哺乳仔猪免受感染。仔猪有母源抗体的在 4 周龄、8 周龄时各免疫一次，无母源抗体的则还需要在 1 周龄时免疫一次。种公猪每年免疫 2～3 次。

（3）药物防治　为控制母猪与仔猪之间的传播，可在产前 2 周至哺乳期内对母猪进行药物预防，如在饲料中添加磺胺嘧啶与盐酸土霉素或磺胺二甲氧嘧啶与泰乐菌素，哺乳仔猪则进行鼻腔内喷雾给药。对于病猪，可用硫酸卡那霉素进行鼻腔内喷雾，或使用 1%～2% 硼酸液、0.1% 高锰酸钾等冲洗鼻腔，并结合注射给药治疗，能够收到良好疗效，病变不严重者能够促进鼻甲骨的恢复。

（4）净化与根除　存在本病的猪场，尤其是种猪场，必要时可进行净化与根除。主要技术措施是：制度科学合理的免疫计划，全群用灭活疫苗进行普免；快速检出产毒素多杀性巴氏杆菌（T⁺Pm），分离饲养 T⁺Pm 阳性猪群与阴性猪群，严格控制猪群流动；对 T⁺Pm 阳性猪群用敏感药物进行治疗，发病猪只予以淘汰；定期监测，每 3 个月检测 1 次，直到建立无传染性萎缩性鼻炎、尤其是无进行性传染性萎缩性鼻炎的健康猪群。

第五节　副猪嗜血杆菌病

副猪嗜血杆菌病是由副猪嗜血杆菌引起的猪的一种接触性传染病，主要表现特征为多发性浆膜炎、关节炎和脑膜炎，又称革拉氏病（Glasser's disease）。在临床上主要表现为消瘦、关节肿胀、跛行、呼吸困难以及胸膜、心包腹膜和四肢关节浆膜的纤维性炎症为特征，病死率较高。急性感染还可以引起败血症，并可能留下后遗症，如母猪流产、公猪慢性跛行。本病主要危害仔猪和生长猪，我国将其列为二类动物疫病。

本病目前呈世界性分布，在养猪业发达国家均有此病的流行和发生，严重危害断奶后仔猪生产，已成为危害世界养猪业的主要细菌性疾病之一，造成了巨大经济损失。近些年来，我国很多地区都有本病发生和流行的报道，是一些病毒性疾病（如猪繁殖与呼吸综合征、猪断奶后多系统衰竭综合征等）的继发病，给养猪业造成了较严重的经济损失。

一、病原

副猪嗜血杆菌属于巴氏杆菌科、嗜血杆菌属，为革兰染色阴性的小杆菌，美兰染色呈两极着色特性。该菌呈丛状、球杆状，长丝状的多形状，无鞭毛和芽胞，通常有荚膜，但体外培养时会受到影响。本菌有多个血清型，已分离到的菌株有 15 种以上血清型，以 4、5 和 13 型最为常见。不同血清型的菌株，其毒力差异很大，其中血清 1、5、10、12、13、14 型毒力强，对 SPF 猪具有致死性，血清 2、4、15 型具有中等毒力，血清 8 型是低毒力，血清 3、6、7、9、11 型被认为无毒力。同一血清型的不同分离株之间的毒力也不尽相同。因此，血清型、毒力、交叉免疫保护作用之间并不完全相同。

本菌为需氧或兼性厌氧，最适生长温度为 37℃，pH 7.6～7.8。生长时需烟酰胺腺嘌呤二核苷酸（NAD 或 V 因子），所以，体外培养时可用巧克力琼脂或与葡萄球菌交叉培养的鲜血琼脂（可形成卫星现象）。血液培养基上无溶血现象，初次分离培养时最好提供 5%～10% 的 CO_2。

副猪嗜血杆菌对外界环境的抵抗力不强。干燥环境中容易死亡。60℃ 20min 可被杀死，4℃可存活 7～10d。对消毒药较敏感，常用的消毒药即可将其杀死。对青霉素、头孢菌素、氟喹诺酮类、增效磺胺类药物等比较敏感，但近年来对青霉素的抗药性逐渐增强；对红霉素、壮观霉素、林可霉素、氨基甙类则有明显抗药性。

二、流行病学

1. 易感动物

该菌只感染猪，2～4月龄的猪均易感，主要在断奶后的保育阶段（5～8周龄）易发病，发病率一般在10%～15%，严重时病死率可达50%。

2. 传染源和传播途径

本病的传染源为病猪和无症状的带菌者。副猪嗜血杆菌引入到一个新的地方或猪场可能会引起较高发病率，如典型的关节炎、甚至全身性疾病，可造成高淘汰率或死亡率，严重影响养猪生产。引入种猪或不同猪群混养时，副猪嗜血杆菌的存在是个需要引起重视的问题。副猪嗜血杆菌常存在于猪的上呼吸道，构成其正常菌群，可通过空气传播。拥挤、长途运输、天气骤冷、猪圆环病毒病等都可引起急性暴发。本病在世界各地均有发生，一般呈散发性，也可呈地方流行性，集约化养猪场比较常见。

3. 流行特点

本病一般呈散发，也可呈地方流行性，是当前集约化养猪场比较常见的一种疾病。应激因素常是本病发生的重要诱因，饲养管理不善、空气污浊、拥挤、饲养密度过大、长途运输，天气骤冷等应激因素都可引起本病的暴发，并使病情加重。本病发生和流行的严重程度以及造成的经济损失与猪群中猪肺炎支原体、猪繁殖与呼吸综合征病毒、猪圆环病毒2型、猪流感病毒、伪狂犬病病毒和猪呼吸道冠状病毒等病原体的存在有密切关系。

三、症状

本病临诊症状取决于疾病损伤部位，主要有发热、咳嗽、呼吸困难、消瘦、被毛粗乱和跛行。潜伏期为2～5d，在感染后几天内就可发病，出现的临诊症状有发热、食欲不振、反应迟钝、呼吸困难、疼痛、关节肿胀、跛行、颤抖、共济失调、可视黏膜发绀、侧卧，病死率较高。急性感染后可能留下后遗症，如母猪流产、公猪慢性跛行。即使应用抗生素治疗感染母猪，分娩时也可能引起严重发病，哺乳母猪的慢性跛行可能引起母性行为极度弱化。本病多继发于猪圆环病毒2型、猪繁殖和呼吸综合征病毒、猪流感病毒、猪肺炎支原体等病原体感染，或与这些病原体混合感染。

四、剖检变化

纤维素性多发性浆膜炎、关节炎、脑膜炎是副猪嗜血杆菌病的主要剖检变化特征。经常见到的主要肉眼病变有胸膜炎、腹膜炎、心包炎、关节炎，甚至脑膜出现纤维素性炎症，表现在单个或多个浆膜表面出现浆液性或化脓性的纤维蛋白渗出物，呈淡黄色蛋皮样或条索状的伪膜覆盖在浆膜和关节表面。心包内常有干酪样甚至豆腐渣样渗出物，使外膜与心脏粘连在一起，形成"绒毛心"。严重的出现肺脏与胸腔粘连、胸腔积液，腹腔脏器与腹腔粘连、腹腔积液。以腕关节和跗关节出现关节炎的病变频率高，脑膜病变较少见。全身淋巴结肿大，切面灰白色。

有时，副猪嗜血杆菌可引起败血症，可引起弥散性血管内凝血，出现皮肤发绀、皮下水肿、肺水肿，甚至死亡。

五、诊断

根据本病的流行病学、临诊症状和病理变化特点，结合对病猪的治疗效果，可以做出初步诊断。确诊须进行病原的鉴定。

1. 临诊诊断

主要发生于1月龄至4月龄的青年猪，尤其以5~8周龄的断奶仔猪最易感；多为散发或地方性流行；多继发于其他病毒性疾病如猪圆环病毒病、猪繁殖与呼吸综合征、或混合感染；病的发生和严重程度通常与引种、气候骤变、饲养条件突然改变以及其他病原体的感染相关。临诊上主要表现为咳嗽、呼吸困难、消瘦、关节肿大、跛行、共济失调等特点。剖检以胸膜、腹膜、心包膜及腕关节、跗关节表面有浆液性或纤维性渗出物为特征。

在发病早期，使用头孢菌素类药物治疗有较好效果。

2. 涂片镜检

采取治疗前发病急性期病猪的器官浆膜表面渗出物或血液，涂片，进行革兰染色、美兰染色，镜检。若革兰染色见到大量阴性杆菌，美兰染色见到两极着色的小杆菌，结合临诊诊断可以做出确诊。

3. PCR 检测

采集病料，提取 DNA，使用 1 对特异性引物（5′-GTGATGAGGAAGG GTG GTGT-3′ 和 5′-GGCTTCGTCACCCTCTGT-3′，预期扩增产物大小为 821bp）进行 PCR 扩增，可以快速而准确地鉴定副猪嗜血杆菌。

4. 细菌分离培养

采取治疗前发病急性期病猪的浆膜表面渗出物或血液，接种到巧克力琼脂培养基或用羊、马或牛鲜血琼脂并与葡萄球菌做交叉画线接种，培养 24～48h。副猪嗜血杆菌在葡萄球菌菌落周围生长良好，呈卫星现象。然后取可疑菌落进行革兰染色鉴定、美兰染色鉴定、生化鉴定和血清型定型。但是，副猪嗜血杆菌非常娇嫩，分离培养往往难以成功。

六、治疗

猪群发病后应及时治疗，并对全群猪施行治疗。可用氨苄青霉素、青霉素、庆大霉素、新霉素、四环素和磺胺二甲氧嘧啶、增效磺胺、头孢类等药物，用药剂量要足，发病猪只采用口服或注射途径效果较好。需要注意的是，副猪嗜血杆菌很多菌株对抗生素都存在耐药性，如红霉素、壮观霉素、四环素等，因此，进行治疗时应选用一些敏感的药物，目前头孢类药物（如头孢噻呋）的效果较好。

七、预防措施

预防本病的发生首先应加强饲养管理，实行全进全出生产方式，严格执行猪场兽医卫生消毒制度，避免或减少应激因素的发生，如防止饲养条件的突然改变和其他病原微生物的感染。

当有应激发生时，可提前给猪群投给预防剂量的抗生素（如阿莫西林、氟苯尼考）或磺胺类药物，可以起到预防本病发生的作用。

新引进猪群时，应先隔离饲养，并维持 2 个月的适应期，以使那些没有免疫接种但有感染条件饲养的猪群建立起保护性免疫力。

在本病发生比较严重的猪场，可用副猪嗜血杆菌灭活疫苗实施疫苗免疫接种，这是预防本病发生的有效措施。最好用分离于自家猪场的菌株制备灭活疫苗，以最大可能地保证疫苗毒株的血清型与流行菌株一致，以获得最佳的免疫保护效果。母源抗体对新生仔猪有被动免疫保护作用，这对防止本病的发生起着非常重要的作用。母猪接种疫苗后，可对 4 周龄以内的仔猪提供保护，也可用相同血清型的灭活疫苗对仔猪进行免疫接种。

第六节　猪　肺　疫

猪肺疫也叫猪巴氏杆菌病，是由多杀性巴氏杆菌引起的猪的一种细菌性传染病，其临床特征是急性病例呈现出血性败血症、咽喉炎和肺炎的症状，慢性病例呈散发性慢性肺炎症状。猪肺疫呈世界性分布，我国部分地区也时有发生，对养猪业的危害较大，我国将其列为二类动物疫病。

一、病原

猪肺疫的病原体为多杀性巴氏杆菌，属于巴氏杆菌科、巴氏杆菌属，是一种革兰染色阴性的细小球杆菌，大小为 $(0.5 \sim 1.5)$ $\mu m \times (0.25 \sim 0.4)$ μm。多杀性巴氏杆菌无鞭毛，不能运动，不形成芽胞，单个或成对存在。在血液和组织中的病原菌，用美兰、瑞氏或吉姆萨染色，菌体呈明显的两极着色特性，但纯培养后两极着色特性不明显。新分离的强毒菌株具有荚膜，但在培养基培养时，荚膜迅速消失。本菌为需氧及兼性厌氧菌，在普通培养基上生长不佳，在麦康凯培养平板上不生长，添加血液或血清时则生长良好。在血琼脂平板上，可形成光滑、湿润、边缘整齐的圆形露珠样灰白色小菌落，不出现溶血。

根据多杀性巴氏杆菌的荚膜抗原、菌体抗原的不同，可将其分为不同的血清型。根据荚膜抗原的不同将其分为 A、B、D、E、F 5 个血清型，根据菌体抗原的不同分成 16 个血清型。多杀性巴氏杆菌的血清分型是将菌体抗原与荚膜抗原结合一起使用，引起猪发病的主要是 5：A 和 6：B，其次是 8：A 和 2：D。

本菌对外界环境的抵抗力不强，阳光直射经 10～15min 就能杀灭，在表层土壤中可存活 7～8d，在疏松的粪便中经 14d 死亡，如果堆积发酵则 2d 死亡，说明腐败易致死亡。60℃ 只能存活 10min，100℃ 瞬间即被杀灭。大多数常用消毒药都可在数分钟内杀死本菌。多杀性巴氏杆菌对青霉素、头孢药物、链霉素、庆大霉素等比较敏感。

二、流行病学

1. 易感动物

多杀性巴氏杆菌的易感动物很多，猪也易感，不分品种、年龄与性别，但以仔猪和肥育猪多发，成年猪少发。另外，人对多杀性巴氏杆菌也是易感的。

2. 传染源与传播途径

病猪和带菌猪是猪肺疫的主要传染源。猪肺疫的发生源自于 2 种类型的感染。一种是内源性感染，健康猪呼吸道中常常带有本菌，但通常为弱毒或无毒的类型，不过在由于猪群拥挤、圈舍潮湿、卫生条件差、长期营养不良、寄生虫病、长途运输及气候骤变等不良因素，降低了猪体的抵抗力，或者发生某种传染病时，病菌侵入机体内繁殖，引起发病。这种以内源性感染为主的猪肺疫，多以散发为主，一般条件下不会感染其他健康猪，但由于细菌通过发病猪体增强毒力后，也可感染另外健康猪。另外一种是外源性感染，流行性暴发往往以外源性感染为主。

多杀性巴氏杆菌存在于病猪的多种组织器官、脓肿中，细菌随病猪的分泌物、排泄物排出，尸体的内脏以及血液污染的饲料、饮水和其他器具也携带细菌，主要经消化道传播。直接接触和飞沫传播也是感染途径之一，还可经伤口感染。

3. 流行特征

本病一年四季都可发生，以秋末春初及气候骤变的时候发病较多，大多发生在潮湿闷热及多雨季节。京津冀地区很少见有流行性猪肺疫发生，大多呈零星散发，且多为慢性经过。

三、症状

本病潜伏期 1～14d，主要由细菌毒力强弱而定。根据病程可分为最急性、急性、慢性。最急性和急性型常呈流行性发生，慢性型常呈散发或继发性发生。

1. 最急性型

此型俗称锁喉风，常突然发病，迅速死亡。病程长与症状明显者发热，体温升高至 41～42℃，精神沉郁，食欲废绝，衰弱，卧地不起。较典型的症状是急性咽喉炎，咽喉部呈紫红色，急剧肿大，触诊坚硬而有热痛，重者可波及耳根和前胸部，致使呼吸极度困难，叫声嘶哑，两前肢常分开呆立，伸颈张口喘息，口鼻流出白色泡沫液体，严重时出现犬坐姿势，张口呼吸，最后窒息而死。病程为 1～2d，病死率极高。

2. 急性型

是本病常见的病型，主要呈肺炎症状。发热，体温升至 41℃以上，精神沉郁，食欲减少或废绝；咳嗽，呼吸困难，张口吐舌，犬坐姿势；流鼻涕，有时混有血液；有粘脓性结膜炎，可视黏膜发绀，皮肤有紫斑或小出血点；初便秘，后腹泻，消瘦无力，卧地不起，发病 4～7d 后多因窒息而死，未死者常转为慢性。

3. 慢性型

主要是慢性肺炎与慢性胃肠炎症状。持续性咳嗽，呼吸困难，鼻流黏脓性分泌物；食欲不振，进行性消瘦，常有腹泻；有时发生慢性关节炎，关节肿胀，跛行。如不加治疗常于发病 2～3 周后衰竭而死，病死率 60%～70%。

四、剖检变化

1. 最急性型

病例呈败血症变化，全身皮下、黏膜、浆膜有明显的出血点。咽喉部黏膜因炎性充血、水肿而增厚，使黏膜高度肿胀、引起声门部狭窄，周围组织有明显的黄红色出血性胶冻样浸润。全身淋巴结肿大出血，尤其腭凹、咽部及颈部淋巴结明显，甚至出现坏死；胸腔及心包积液，并有纤维素。肺充血、水肿。脾脏出血，但不肿大；心外膜与心包膜出血；胃肠道黏膜出血。

2. 急性型

除浆膜、黏膜、实质器官、淋巴结出血外，其特征为纤维素性肺炎，即肺有出血、水肿、气肿、红色和灰黄肝变，切面呈大理石样；胸膜常有纤维素性附着物，严重时胸膜与肺脏粘连；气管、支气管内充满分泌物，胸腔和心包积液；胸腔淋巴结肿大、出血。

3. 慢性型

主要表现为尸体消瘦，肺有多处坏死灶内含干酪样物；胸膜及心包有纤维素性絮状物附着，肋膜变厚，甚至与肺粘连；支气管周围淋巴结、肠系膜淋巴结以及扁桃体、关节和皮下组织有坏死灶。

五、诊断

本病可根据其流行病学、症状、病理剖检变化可做出初步诊断，确诊需要采集病死猪肝脏、肺脏、脾脏、淋巴结等组织或渗出物、脓汁等进行实验室检测。

1. 涂片镜检

取病死猪肝脏、肺脏等组织，涂片，进行革兰染色、瑞氏或吉姆萨染色，镜检。若革兰染色见到大量阴性杆菌，瑞氏染色见到两极着色的小杆菌，可以做出确诊。

2. 细菌分离培养

无菌操作取新鲜病料，同时接种于麦康凯培养基、鲜血琼脂培养基，37℃培养24h，观察菌落的生长情况、菌落特征与溶血性。若在麦康凯培养基上不长菌，在鲜血培养基上长出湿润淡灰色的露珠样小菌落、周围不溶血，可以做出确诊。必要时进行染色、生化、PCR鉴定。

3. PCR检测

采集病料，提取DNA，使用1对特异性引物（5′-AGGGCACGCAGGCG GACTT TTA-3′和5′-ATCGACAGCGTTTACAGCGTGGA-3′，预期扩增产物大小为253bp）进行PCR扩增，可以快速而准确地鉴定多杀性巴氏杆菌。

4. 动物接种试验

必要时可进行小鼠接种试验来进行诊断。将病料制作成组织悬液，每只小鼠腹腔注射上述悬液0.2mL，对照组小鼠注射等量的生理盐水，观察48h。若接种病料悬液的小鼠在接种后24～36h死亡，而对照组未见异常；死亡的小白鼠肺肝、肝脏、脾脏有出血点，黏膜出血，其病变组织涂片经瑞氏染色镜检可见两极着色的小杆菌，可以确诊为猪肺疫。

必要时可进行血清型鉴定，可用凝集试验、被动血凝试验来鉴定荚膜血清型与菌体血清型。

六、防控措施

猪肺疫的防控措施主要包括平时的预防措施和发病后的处理措施。

1. 平时的预防措施

根据猪肺疫的流行特点与发病特点，需要做好平时的预防措施。必须贯彻"预防为主"的方针，消除降低猪体抵抗力的一切不良因素，实行全进全出的先进饲养方式，加强饲养管理与营养保障，做好兽医卫生与消毒工作，提供冬暖夏凉的舒适环境，以增强猪体的抵抗力。在潮湿炎热季节与气候突变时节可在饲料中添加敏感抗菌药物已进行重点预防。

疫苗免疫是防控猪肺疫的有效措施，受到严重威胁的地区与猪场可进行免疫预防。我国目前现有，猪肺疫氢氧化铝灭活菌苗、猪肺疫弱毒冻干菌苗、猪丹毒-猪肺疫二联灭活菌苗、猪瘟-猪丹毒-猪肺疫三联活疫苗等 4 种类型的疫苗。猪肺疫氢氧化铝灭活菌苗、猪肺疫弱毒冻干菌苗均可在仔猪断奶后进行免疫接种，免疫保护期可达 6 个月。猪丹毒-猪肺疫二联灭活菌苗的使用方法与猪肺疫氢氧化铝灭活菌苗相同，二者免疫效果相近，可同时预防 2 种病。而猪瘟-猪丹毒-猪肺疫三联活疫苗尽量少用，因为猪瘟的免疫预防非常重要，最好单独进行。由于多杀性巴氏杆菌有多种血清型，故需要注意所用疫苗的血清型要与当地流行毒株相匹配，也可使用当地流行毒株制作的疫苗。

2. 发病时的处理措施

发现本病后，要立即采取隔离、消毒、紧急免疫、药物治疗等措施。将病猪和可疑猪进行隔离治疗，淘汰慢性的僵猪；健康猪则立即进行药物预防或紧急免疫；实施带猪消毒，对猪舍的墙壁、地面、饲管用具等进行严格消毒，加大消毒频率；对污染物做好无害化处理，垫草烧掉或与粪便堆积发酵。

治疗时，发病初期用特异性高免血清的效果良好。青霉素、链霉素、庆大霉素、头孢药物等都有较好疗效，一般连用3～4d,中间不停药。最好做药敏试验，选取敏感药物。抗生素与高免血清联合治疗,效果会更好。在注射给药时应配合饮水给药。

第七节　猪 丹 毒

猪丹毒是有猪丹毒杆菌引起的猪的一种急性、热性细菌性传染病，其临床特征是急性型呈败血症，亚急性型呈皮肤疹块型，慢性型出现心内膜炎与关节炎。人也可以感染本病，称为类丹毒。此病是一种自然疫源性疾病，至今世界各国尚未彻底净化本病，可给养猪业带来了重大的经济损失，我国将其列为二类动物疫病。

早在 1882 年就有猪丹毒的报道，现呈世界性分布，许多国家和地区仍时有发生。本病在我国广泛流行过，曾给养猪业造成了较为严重的经济损失，随着疫苗的使用和养猪方式向规模化饲养的转变，本病得到了良好控制。但近年来，猪丹毒又在我国部分地区重新抬头，一些规模化猪场也不例外，故需要引起重视。

一、病原

本病病原为红斑丹毒丝菌，俗称猪丹毒杆菌，也叫丹毒丝菌，属于丹毒杆菌属，是一种纤细的革兰阳性小杆菌，大小为 $(0.2 \sim 0.4) \mu m \times (0.8 \sim 2.5) \mu m$。猪丹毒杆菌无荚膜，无鞭毛，无运动性，不产生芽胞，单在或呈 V 形、堆状或短链排列，易形成长丝状。猪丹毒杆菌的血清型较多，已确认的血清型有 28 个（即 1a、1b、2-26 及 N 型）。不同的血清型菌株的致病力不同，1a、1b 的致病力最强，从急性败血型猪丹毒病例中分离的猪丹毒杆菌约 90% 为 1a 型。我国主要为 1a 和 2 两型。

本菌为微需氧和兼性厌氧，在普通培养基上可以生长，添加血液或血清后生长更佳，培养 24h 便可长出针尖状的非溶血性菌落。明胶穿刺培养，可长成试管刷状，这是猪丹毒杆菌的重要培养特征。

猪丹毒杆菌的抵抗力很强，在恶劣环境中有较强生存能力。阴暗的环境可以生存 1 个月，耐干燥，在冻肉、腐败的尸体、干燥血粉和鱼粉中能长期存活，在腌制烟熏火腿中可长达 170d。但本菌对热的抵抗力较弱，50℃ 20min 或 70℃ 5min 均可将其杀死。常用消毒剂对本菌都有良好的消毒效果。猪丹毒杆菌对头孢药物与青霉素敏感。

二、流行病学

1. 易感动物

猪对本病最易感，不同年龄大小的猪都易感，但以育成育肥猪的发病率最高，小于 3 月龄的猪与成年猪很少发病。其他一些动物，如牛、羊、马、犬、禽类也能感染发病。人也可感染此病，称为类丹毒，取良性经过。小鼠与鸽子非常敏感，皮下或肌内注射接种后 3～5d 死亡，可用于猪丹毒的诊断与病原菌毒力大小的确定。

2. 传染源与传播途径

病猪和带菌猪是猪丹毒的主要传染源。病猪的肝、脾、肾等内脏与分泌物、排泄物都含有猪丹毒杆菌,成为重要的传染源。35%～50%的健康猪的扁桃体、其他淋巴组织、回盲肠处存在本菌,通过鼻腔分泌物与粪便向外排菌,成为不可忽视的传染源。另外,已从50多种哺乳动物、30多种野生鸟类、接近半数的啮齿动物种分离出本菌;一些鱼类、两栖动物、爬行动物、吸血昆虫也可称为带菌者。

猪丹毒主要通过消化道、皮肤伤口传播,一些吸血昆虫、鸟类、鼠类等可作为本病的传染媒介。还有,猪丹毒杆菌在土壤中能够生存较长时间,是一种土壤性病原微生物,能够经污染的土壤传播。

3. 流行特征

本病具有一定的季节性,炎热多雨季节多发;具有一定的年龄分布特征,3～6月龄的猪多发;具有一定的地区性,寒冷地区少发。本病的发病率与饲养环境与气候变化等因素有关,当猪体抵抗力下降时,容易造成暴发性流行。

三、症状

本病潜伏期1～7d,根据临床经过可分为急性、亚急性和慢性3种。

1. 急性型(败血型)

初期个别猪只可能突然死亡,其他猪相继发病。发热,体温42～43℃,稽留热;虚弱,喜卧,厌食,有的呕吐;粪便干结、粘有黏液,后期下痢;结膜充血发红,但眼睛清亮;严重者呼吸加快,黏膜发绀;部分病猪皮肤潮红,继而发紫,以耳、颈、背等部位多见,指压褪色。病程3～4d,病死率80%左右,存活猪5～7d后体温恢复正常,且常常转为亚急性、慢性。

哺乳仔猪和断奶仔猪发生猪丹毒时,一般突然发病,出现神经症状,抽搐,倒地而死,病程多不超过1d。

2. 亚急性型(疹块型)

症状较急性型轻,特征是皮肤表面出现疹块,俗称打火印,多呈良性经过。发热,体温41～42℃,厌食、口渴、便秘,有时呕吐;发病2～3d后在胸、腹、背、肩、四肢等部位皮肤发生疹块,疹块稍微突起,呈方形、菱形、圆形等形状;疹块初期充血、指压退色,后期淤血、蓝紫色、指压不退色;疹块出现一段时间后,体温下降,病情减轻,逐渐康复。病程1～2周,长期不愈者出现皮肤坏死,有的恶化为急性型而死。

3. 慢性型

多由急性型、亚急性型转化而来,常见有慢性关节炎、慢性心内膜炎、皮肤坏死3种类型，其中皮肤坏死往往单独发生。

（1）慢性关节炎　病猪四肢关节炎性肿胀，病腿僵硬、疼痛；随后关节变形、跛行；生长缓慢，虚弱，消瘦，病程数周至数月。

（2）慢性心内膜炎　病猪消瘦，贫血，虚弱，喜卧；听诊时，心脏杂音、心跳加快、心律不齐、呼吸急促；常常由于心脏麻痹而突然死亡。

（3）皮肤坏死　以耳、肩、背、尾、蹄等部位多发；局部皮肤肿胀、隆起、坏死、色黑、干硬、似皮革；2～3个月后坏死皮肤脱落，遗留无毛色淡的疤痕而痊愈。如果存在继发感染，则病情复杂化，病程延长。

四、剖检变化

1. 急性型

呈全身性败血变化，弥散性皮肤发红，各个组织器官弥散性出血。淋巴结充血肿大，或浆液性出血；心肌、心外膜斑点状出血；肺脏充血，水肿；胃肠道卡他性、出血性炎症，胃底部与幽门部明显出血，胃浆膜面有出血败血变化；脾脏肿大充血、樱红色，切面见白髓周围红晕现象，呈典型的败血脾；肝脏充血，肿大；肾脏肿大、瘀血、出血、暗红色，俗称大红肾。

2. 疹块型

以皮肤疹块为典型变化，内脏病变比急性型轻微。

3. 慢性型

慢性关节炎呈现增生性、非化脓性关节炎，关节肿胀，关节腔中有大量浆液性纤维素渗出物，有的是血样混浊液，滑膜充血、增生，关节纤维化和僵硬。

慢性心内膜炎是心瓣膜，特别是二尖瓣膜和主动脉瓣上有菜花样疣状增生物，瓣膜变厚。

五、诊断

可根据流行病学、临床症状及剖检变化进行综合诊断，对于典型的急性型与亚急性型，尤其是亚急性，根据其皮肤疹块症状就完全可以做出现场诊断。必要时可采集病猪的血液、脾、肾、肝、淋巴结、心瓣膜等组织、关节液，进行以下实验室诊断。

1. 涂片镜检

采集病猪的血液或病死猪的肝脏、脾、肾等组织，涂片，进行革兰染色，镜检。若见到大量阳性的纤细小杆菌或不分枝的长丝状菌体，结合临诊诊断就可以做出确诊。

2. PCR 检测

采集病料，提取细菌 DNA，使用 1 对特异性引物（5′-TGACATACC GCGCAAAA GCA-3′ 和 5′-GGCTCCCTCCTAGTAAACTA-3′，预期扩增产物大小为 472bp）进行 PCR 扩增，可以快速而准确地鉴定猪丹毒杆菌。

3. 细菌分离培养

无菌操作取新鲜病料，接种于鲜血琼脂培养基，37℃培养 24～48h，观察菌落的生长情况、菌落特征与溶血性，并进行明胶穿刺培养。若在鲜血培养基上长出针尖状小菌落、周围无溶血，明胶穿刺培养呈试管刷状，可以做出确诊。必要时可进行染色、生化、PCR 鉴定。

4. 动物接种试验

必要时可进行动物接种试验来进行诊断。将病料制作成组织悬液，分别小鼠、鸽子、豚鼠接种 0.2mL、1mL、1mL；接种后 3～5d 若豚鼠健康，小鼠与鸽子死亡并检出大量的猪丹毒杆菌，可以确诊为猪丹毒。

5. 血清学检测

主要用于流行病学调查和血清学分型。可用血清培养凝集试验进行抗体测定与免疫效果评价，因为凝集抗体效价与免疫保护水平有关。可以琼脂扩散试验、SPA 协同凝集试验来进行定性检测与菌株血清分型。

六、防控措施

1. 平时的预防措施

尽量防止带菌猪传入，引进种猪时要隔离观察 1 个月。加强饲养管理，定期对圈舍四周、地面、垫草和用具进行消毒，对水质定期进行检测。存在散发或地方性流行的地区与猪场，可在炎热多雨季节实施药物预防。

疫苗免疫是防控猪丹毒的有效办法，故受到威胁比较严重时可实施疫苗免疫。现有疫苗有猪丹毒灭活菌苗、弱毒活菌苗、猪丹毒-猪肺疫二联灭活菌苗、猪瘟-猪丹毒-猪肺疫三联活疫苗。猪丹毒灭活菌苗，大小猪均可使用，免疫后 21d 产生保护力，免疫保护期为 6 个月。猪丹毒弱毒活菌苗用于 3 月龄以上的猪，免疫后 7d 产生保护力，免疫保护期也是 6 个月。猪丹毒-猪肺疫二联灭活菌苗的使用方法与猪丹毒灭活菌苗相同，二者免疫效果相近，可同时预防 2 种病。猪瘟-猪丹毒-猪肺疫三联活疫苗尽量少用，因为猪瘟的免疫预防非常重要，最好单独进行。

2. 发病后的控制措施

猪场发生本病后，应立即隔离治疗，对发病猪群进行封锁，对全群进行逐头检查，对病猪、可疑猪和假定健康猪分群隔离和治疗，对病死猪及其内脏等进行销毁或无害化处理，全场进行紧急消毒，污染物品进行无害化处理。

青霉素是治疗猪丹毒的首选药，每次使用 80 万～160 万单位肌内或静脉注射，每天 2～3 次，连用 3～5d。若同时使用特异性高免血清治疗，效果更佳，注射高免血清每天 1 次，连用 3d。对青霉素不敏感的病例，可改用四环素、土霉素、泰乐菌素等敏感性药物治疗，另可使用氨基比林等退热药物帮助退热。要注意治疗用药时间，需要等体温、食欲恢复正常后再给药 1d。对于慢性病例，可使用饲料给药、饮水给药方式进行治疗，但治疗时间要长。

第八节　仔猪魏氏梭菌病

仔猪魏氏梭菌病，又叫仔猪梭菌性肠炎、仔猪传染性坏死性肠炎，俗称仔猪红痢，是由魏氏梭菌引起的仔猪的一种高度致死性肠毒血症。该病的特征是排出黑色粪便，小肠弥散性出血与坏死，发病快、病程短、病死率极高。该病对哺乳仔猪的危害很大，是魏氏梭菌病的一种，我国将魏氏梭菌病列为二类动物疫病。

本病首先于 1955 年在英国报道，之后在美国、丹麦等多个国家相继发生，目前多个国家仍然存在本病。我国在 1964 年首次报道本病，目前多数省份存在本病，京津冀地区也有发生，故需要引起重视。

一、病原

魏氏梭菌即产气荚膜梭菌，是一种革兰阳性粗大杆菌，大小为 (4～8) μm×(1～1.5) μm，菌体短粗，两端钝圆，单个、成对或短链排列。无鞭毛，不能运动，在动物体内能形成荚膜。本菌能形成芽胞，芽胞位于菌体中央或偏近端，呈卵圆形。细菌形成芽胞之后，对外界环境的抵抗力显著增强，耐干燥，比较耐热，80℃ 30min 或 100℃ 5min 才能将其杀死；耐消毒剂，需要强力消毒剂，如 20% 漂白粉、3% 火碱才有良好的消毒效果。魏氏梭菌对青霉素、头孢药物等敏感。

魏氏梭菌是一种厌氧菌，可在血平板上生长，但需要厌氧条件。魏氏梭菌能够产生强烈的毒素，根据产毒素能力分为 A、B、C、D、E5 个血清型。其中，A 型菌株主要产生 α 毒素，C 型菌株主要产生 α、β 毒素，这些毒素是主要的致病因子。

仔猪红痢的病原主要是 C 型魏氏梭菌，但近年来，A 型魏氏梭菌也称为仔猪红痢的重要病原。

二、流行病学

1. 易感动物

不同年龄大小的猪都可感染本病病原菌，但主要危害 1～3 日龄的新生仔猪，很多病例来不及治疗而死亡，7 日龄以上仔猪发病少见。同一窝仔猪的发病率可达 90％以上，病死率可达 70％。

2. 传染源与传播途径

带菌母猪与病猪是主要的传染源。病原菌常常存在于一部分母猪的肠道内，母猪本身不发病，但病原菌随粪便排到体外，污染周围环境，如猪舍的地面、饲养管理用具和运动场，以及周围的土壤、下水道等处，母猪乳头可被污染。主要通过消化道传播，新生仔猪通过吮吸母乳、吞入污染物而被感染。

魏氏梭菌在自然界分布广泛，是一种土壤性病原微生物，猪场一旦发生本病，不容易清除，需要做好长期防控。

3. 流行特征

本病具有明显的年龄分布特征，3 日龄以内仔猪多发；具有一定季节性，阴雨潮湿的秋末冬初多发；具有几乎整窝发病的特性；发病急，病程短，来不及治疗，病死率很高。

三、症状

根据病程和临床表现分为最急性、急性、亚急性、慢性 4 种病型。

1. 最急性型

在仔猪出生后 1d 以内发病，发病后 1d 以内即死亡。症状不明显，仔猪出生后吃奶不好，精神沉郁，突然拉血便，后躯沾满血样稀粪，虚脱、昏迷、抽搐，有的不见拉稀即死亡。

2. 急性型

发病仔猪不吃奶，精神沉郁，怕冷，四肢无力，行动摇摆，腹泻，离群独处，排出红褐色糊状稀粪，故称红痢。粪便常混有坏死组织碎片及多量小气泡，很臭。病程多为 2～3d，大多数发病仔猪死亡，甚至整窝仔猪全部死亡。这是我国常见的类型。

3. 亚急性型

发病仔猪表现为持续下痢，病初排出黄色软粪，以后变为水样稀便，内含坏死组织碎片。病仔猪消瘦、虚弱、脱水，最后死亡。病程通常为 5～7d。

4. 慢性型

病程呈间歇性或持续性腹泻，排出黄灰色、黏糊状粪便，尾部及肛门周围有粪污黏附。病仔猪逐渐消瘦，生长发育停滞，病程在 1 周以上，最后死亡或被淘汰。

四、剖检变化

不同病型的死亡猪的病理变化基本相似，只是严重程度有所区别。主要病变在小肠的空肠段，有时可延至回肠前部。肠腔充气，特别是小肠臌气，肠黏膜及黏膜下层广泛出血，肠壁深红色、血管充盈呈红色树枝状，空肠与回肠充满胶冻状液体，与正常肠段界线明显；肠系膜淋巴结鲜红色，空肠绒毛坏死。病程长的出现坏死性肠炎变化，肠黏膜出现假膜，容易剥离，肠腔内有时组织碎片。脾脏边缘有小点出血，肾脏皮质有小点出血。有的病例，肝肿大，淤血或出血，易碎，病程长者呈土黄色。

五、诊断

根据仔猪红痢的流行特点、临床症状、病理剖检特点可做出诊断。当一个猪场主要是 3 日龄以内仔猪发病，发病急，病程短暂，一窝发病率很高、病死率很高；主要是腹泻，呈红褐色腹泻；剖检变化主要是空肠出血性变化或坏死性炎症变化，可做出现场诊断。必要时，采集病猪肠道及其内容物，进行以下实验室诊断。

1. 涂片镜检

采集病猪肠黏膜，涂片，进行革兰染色，镜检。若见到大量革兰阳性的粗大杆菌，两端钝圆，单个、成对或短链状存在，其中一部分呈芽胞形态出血，结合临诊诊断可以做出确诊。

2. PCR 检测

采集病料，提取细菌 DNA，使用 2 对特异性引物（5′-CACGATGTATCAGAGG GTA-3′和 5′-TAAGTGTCTTTGCTTCCAG-3′，预期扩增产物大小为 202bp；5′-CAATGGGATACAAAATA GG-3′和 5′-AACAGTTTCTTTCACGCTC-3′，预期扩增产物大小为 403bp）进行双重 PCR 来扩增魏氏梭菌的 α、β 毒素基因，可以快速而准确地鉴定 C 型、A 型魏氏梭菌。

3. 细菌分离培养

无菌操作取新鲜病料，接种于鲜血琼脂培养基，37℃厌氧培养 24h，观察菌落的生长情况、菌落特征与溶血性。若长出浅灰色、有光泽的菌落，周围有双层溶血环，内层透明完全溶血，外层浅绿色不完全溶血，可以做出确诊。必要时可进行革兰染色、生化、PCR 鉴定。

4. 肠毒素试验

采集刚刚死亡的急性病猪空肠内容物，稀释离心收集上清，过滤，静脉注射小鼠 0.2mL；同时另取一部分滤液，进行 60℃ 30min 处理或与 C 型魏氏梭菌抗毒素混合作用 40min，同样取 0.2mL 静脉注射小鼠作为对照；若直接注射滤液组的小鼠迅速死亡，而对照组小鼠未死亡，可以确诊为本病。

5. 泡沫肝试验

用 3mL 分离菌肉汤培养物静脉注射家兔，1h 后处死，置 37℃ 恒温放置 8h 后剖检；若见到肝脏充满气体，出现泡沫肝，可以做出确诊。

六、防控措施

猪魏氏梭菌病具有发病急，病程短，药物治疗通常难以见效，因此本病的防控主要在于做好平时的综合预防措施，主要包括一般性预防措施、免疫接种。

1. 一般性预防措施

平时注意搞好环境卫生及防疫消毒工作，尤其是产房的卫生与消毒工作，妊娠母猪要洗澡、消毒后进入产房，产房里母猪乳头要定期清洗、消毒，可显明减少本病的发生与传播。有地方性流行的猪场，可在仔猪吃初乳前及出生后 3d 内，口服抗生素预防，可获得有效保护；也可在仔猪出生后立即注射特异性高免血清。

2. 免疫接种

受到威胁比较严重的猪场，可进行疫苗免疫预防。通过免疫妊娠母猪，使得新生仔猪通过吮吸初乳而获得被动免疫。妊娠母猪在产前 1 个月肌内注射 C 型魏氏梭菌氢氧化铝灭活菌苗或仔猪红痢干粉菌苗，头两胎母猪于产前 1 个月注射 5mL、半个月后再注射 10mL，第 3 胎及以后母猪于产前半个月注射 5mL，仔猪出生后及时吮吸母乳即可获得保护。如果当地还存在 A 型魏氏梭菌侵害，则需要使用 C、A 型魏氏梭菌二联苗进行免疫，或使用当地流行菌株制作的氢氧化铝甲醛灭活菌苗进行免疫。

另外，常发病猪场也可考虑在仔猪出生后立即注射抗仔猪红痢血清 3～5mL 进行预防，可获得充分保护。

发生本病后，隔离发病猪，病死仔猪应进行无害化处理，然后深埋或烧毁。全场栏舍进行严格彻底的消毒，连续 10d，每天 1 次，消毒药可用 20% 漂白粉，5% 的烧碱溶液等交替使用，饲槽、饮水用具用 0.1% 的高锰酸钾水溶液擦洗。

第八章

ZHONGZHU DE ZHONGYAO JIBING

种猪重要的三类传染病

第一节　猪传染性胃肠炎

猪传染性胃肠炎（transmissible gastroenteritis，TGE）是由传染性胃肠炎病毒引起的猪的一种急性、高度接触性胃肠道传染病，其临床特征是呕吐、严重腹泻、脱水和10日龄以内仔猪高死亡率。本病对仔猪的影响最为严重，特别是10日龄以内仔猪的死亡率可高达100%，是严重危害养猪业的一种病毒性疫病。目前本病属于世界动物卫生组织（OIE）法定通报性疾病名录之一，我国将其列为三类动物疫病。

1945年本病最早发现于美国，随后世界上大多数国家与地区均有本病发生的报道，给世界养猪业造成了较大的经济损失。我国最早于1956年在广东省发现本病。目前，该病广泛存在于许多养猪国家和地区，我国一些地区也时有发生。本病是危害哺乳仔猪的一种重要病毒性消化道传染病，一旦发生暴发流行，就会造成巨大的经济损失，因此需要引起高度重视。

一、病原

传染性胃肠炎病毒（TGEV），属于冠状病毒科、冠状病毒属成员。病毒粒子形态多样，多呈球形或椭球形，直径为60～160nm，有囊膜，囊膜表面上有一层棒状纤突，纤突长度12～25nm。病毒基因组为单链正义RNA，具有感染性，全长约28.5kb。病毒基因组的基本组成结构是5'-ORF1a-ORF1b-S-ORF3-E-M-N-ORF7-poly（A）-3'，其中约2/3部分（ORF1a-ORF1b）编码病毒复制酶，其余的主要编码病毒结构蛋白，并在3'端有poly（A）尾。完整的TGEV有4种结构蛋白：纤突蛋白（S）、膜蛋白（M）、囊膜蛋白（E）、核衣壳蛋白（N），其中S蛋白具有介导细胞吸附、诱导产生中和抗体、决定病毒的组织嗜性、致病性及血凝活性等多种生物学活性，但其基因相对容易出现变异；M、E、N蛋白基因相对保守，其中N蛋白基因又是最保守的。该病毒具有血凝性，能凝集鸡、豚鼠和牛的红细胞，而不能凝集鼠和鹅的红细胞。

TGEV只有1种血清型。其与猪的另外2种冠状病毒猪流行性腹泻病毒、猪血凝性脑脊髓炎病毒之间没有抗原相关性，但与猪呼吸道冠状病毒（PRCV）、猫传染性腹膜炎病毒、猫肠道冠状病毒、犬冠状病毒、人严重急性呼吸道综合征（severe acute respiratory syndrome，SARS）病毒之间有一定的抗原交叉反应。PRCV其实是TGEV的变异株，最早于1984年在比利时发现，基因特征是在其S基因的N端有621～681个核苷酸的缺失，导致PRCV没有血凝特性，故可用血凝试验来区分二者。另外，病毒中和试验不能区分

PRCV 与 TGEV，但可用阻断 ELISA 加以区分。也可以根据 PRCV 的 S 基因部分片段缺失，采用 RT-PCR 技术来区分二者。

病毒在冷冻贮存条件下非常稳定，−20℃存放 6～18 个月未见感染滴度下降，但在室温或室温以上不稳定，不耐热，37℃下每 24h 病毒感染滴度下降一个对数值、4d 后感染性基本丧失，56℃ 45min 或 65℃ 10min 即可被灭活。TGEV 对光敏感，在阳光下暴晒 6h 即被灭活，紫外线能使病毒迅速失效，但放在阴暗处 7d 仍能保持感染性。病毒在 pH 4～9 时稳定，低温条件下 pH 3 时也比较稳定，但 pH 2.5 时则被迅速灭活。在胆汁中很稳定，对胰酶也具有一定的抵抗力。对乙醚、氯仿和去氧胆酸盐敏感。常用消毒剂对其均有效。

二、流行病学

1. 易感动物

本病基本上只侵害猪，各种年龄的猪只均易感，以 10 日龄以内仔猪最为易感，其发病率和死亡率可高达 100%；2 周龄以上仔猪感染的病死率明显降低，4 周龄以上仔猪感染的病死率很低，但生长严重受阻，育肥猪、成年猪在感染后几乎无死亡。

2. 传染源与传播途径

病猪和带毒猪是主要的传染源，病毒主要存在于消化道、呼吸道及乳腺，可以通过粪便、乳汁、呕吐物、鼻分泌物、呼出的气体中排出病毒，污染饲料、饮水、空气、土壤、用具等外界环境，主要通过消化道和呼吸道传播给易感猪，尤其是乳汁带毒，可造成哺乳仔猪迅速感染，从而造成快速蔓延发病。特别是密闭式猪舍，湿度大、猪只密集、数量多时更易发生。另外，犬、猫、鸟类、苍蝇，人员、车辆等媒介也可传播本病。

3. 流行特征

猪传染性胃肠炎具有明显的季节性，多发生在冬季及早春，京津冀地区以每年 11 月至次年 4 月为高发期。具有明显的年龄分布特征，仔猪年龄越小，发病率与病死率越高，10 日龄以内仔猪的发病率与死亡率可高达 100%，断奶后的仔猪和成年猪的病死率很低。

TGE 具有 2 种流行形式：流行性和地方流行性发生。在新疫区，通常呈流行性发生，发病率极高，可达 100%，10 日龄以内仔猪死亡率很高，可达 100%；而较大猪多取良性经过，几周以后流行即能终止，但不少康复猪带毒。在老疫区，由于病毒持续存在，母猪曾经感染过 TGEV，乳中常含有抗体，哺乳仔猪能够从母乳中获得保护性抗体，在一定时间内具有抗感染能力，所以猪的发病率和死亡率均低，从而呈地方流行性。

三、症状

本病的潜伏期随病毒毒力而异，一般较短，通常为18～72h。本病传播迅速，能在2～3d内蔓延全群。临床症状和发病的严重程度随着猪的年龄大小和疫区流行状况的不同而有明显差异。

流行性TGE：在新疫区（血清学阴性猪群），不同年龄的猪都易感，发病迅速。仔猪感染后，典型症状是仔猪突然发生呕吐，接着发生剧烈水样腹泻，粪便常为乳白色、灰色或黄绿色，带有未消化的凝乳块，有恶臭。病猪严重脱水，体重快速下降，精神萎靡，被毛粗乱无光，吃奶减少或停止吃奶、消瘦。10日龄以内仔猪多于2～7d内死亡，3周龄以上的仔猪可耐过，但发育不良、生长缓慢。育成猪、育肥猪和母猪通常只出现厌食和腹泻，个别出现呕吐，极少出现死亡，某些泌乳母猪发病严重，出现体温升高、厌食、呕吐、厌食、严重腹泻、泌乳减少甚至停止，这样会增加仔猪的死亡率。

地方流行性TGE：在老疫区（血清学阳性猪群），一部分猪群因有过感染史而具有不同程度的抵抗力，发病率低、传播缓慢、死亡率低。育成猪、育肥猪和母猪很少发病，多为仔猪发病，临床症状相对较轻，死亡率也低。

四、病理变化

病猪尸体消瘦，脱水明显。眼观病变局限于胃肠道。胃膨胀、胃内充满凝乳块，胃黏膜轻度充血和出血。小肠肠壁变薄，弹性降低，肠管扩张呈半透明状，肠内充满黄绿色或白色液体，含有气泡和凝乳块；小肠肠系膜淋巴管内缺乏乳糜。肠系膜淋巴结肿胀，切面多汁而带红色。肾常有混浊肿胀和脂肪变性，并含有白色尿酸盐类。粪便pH呈弱酸性

组织学变化特征是空肠与回肠、尤其是空肠黏膜绒毛萎缩变短。黏膜上皮细胞变性、脱落。绒毛萎缩的程度，可通过组织切片比较空肠绒毛长度与隐窝深度来判断。正常仔猪的绒毛程度与隐窝深度之比约为7：1，发病仔猪相应比值可下降至1：1。

五、诊断

本病可根据流行病学、临诊症状、及病理变化可做出初步诊断，但由于本病在流行病学、临床症状与病理变化方面与猪流行性腹泻极其相似，所以确诊必须进行实验室诊断，主要有病毒核酸检测、病毒抗原检测、及血清学检

测等。

1. 病毒核酸 RT-PCR 检测

采集病猪粪便、感染组织或感染细胞样品，提取病毒 RNA，反转录（RT）后用 1 对检测 TGEV 的特异性引物（5′-GTGAGTCATGCTTCAACG GAG-3′和 5′-GACACCAGTTG GCACACCTT-3′，预期扩增出目的基因大小为 419 bp）进行 PCR 扩增与检测，可快速鉴定 TGEV 和诊断 TGE。

2. 病毒抗原检测

采取发病早期的病猪空肠、回肠制备冰冻切片或黏膜刮取物，进行直接或间接免疫荧光染色检测 TGEV 抗原。

3. 血清学检测

常用的方法是血清中和试验。采集发病急性期与恢复期的双份血清样品，测定中和抗体滴度上升情况来确诊非常确实，TGEV 中和抗体在感染 7～8d后即可检测到，并可持续存在 1 年。中和试验只能用于回顾性诊断与免疫保护抗体监测。

六、防控措施

由于 TGE 是一种病毒性肠道传染病，其免疫属于典型的局部免疫，目前还没有特异有效的治疗方法，而且传播快，发展迅速，因而必须加强预防措施。

1. 一般性预防措施

避免从疫区引入带毒猪，对引进的猪要进行隔离观察和检疫。要做好猪群的饲养管理工作，要实行全进全出制度，猪舍要经常消毒，保持舍内清洁卫生，严格控制无关人员进入猪舍，防止犬、猫及鸟类等进入猪舍；饲喂营养丰富的饲料，在寒冷季节应加强防寒保暖工作。

2. 疫苗免疫

由于 TGE 是典型的局部感染，以局部黏膜免疫和全身细胞免疫来发挥抗感染作用；因此，只有通过黏膜免疫途径（口鼻与消化道）才能产生具有抗感染意义的分泌型 IgA 抗体，其他免疫途径主要产生以 IGg 为主的循环抗体；这种循环抗体抗感染能力弱，主要是具有诊断意义。因此，弱毒活疫苗的口服或鼻内接种是最佳免疫途径，灭活疫苗的注射接种可作为辅助免疫使用。

由于受 TGE 危害最大的是仔猪，因此 TGE 疫苗免疫的首要目的是保护仔猪。通过免疫母猪而对仔猪进行乳汁免疫保护是疫苗免疫的基本原则。通常对妊娠母猪在产前 45d、15d 进行鼻内、肌肉途径各接种疫苗 1mL。仔猪出生后吸吮母乳即可获得保护性抗体，免疫保护率可达 95% 以上。需要注意的是，在实践中要选择有确实效果的疫苗。

3. 发病时的控制措施

当猪场发生 TGE，妊娠母猪尚未感染时，可采取以下措施来尽量减少即将出生仔猪的损失：对于 2 周后产仔的母猪，进行紧急疫苗接种；也可考虑进行主动暴露感染，如接触已感染猪或其肠道组织，以缩短本病在猪场中的流行时间，但存在扩散其他病原的风险；对于 2 周以内产仔的母猪，应提供必要设施和加强管理来尽量防止仔猪在生后 3 周内感染；另外，加强对新生仔猪的护理，提供温暖、干燥、无过堂风的猪舍环境，并给予充足的饮水、营养液或牛奶等。也可对猪群饲喂感染猪肠道组织来消除易感猪群，以缩短病程。

本病虽无有效的治疗药物，但对病猪进行适当的对症治疗是非常必要的，这样不仅能防止并发症的发生，也能提高猪对疾病的抵抗能力，促进病猪及早康复，对减少猪只死亡和促进仔猪的发育增重都有很大的效果。治疗原则是：减轻脱水与酸中毒、防止继发感染。常用的对症治疗方法有以下几种。

（1）限量饲喂或饥饿疗法　对病猪按日喂量的 1/3 饲喂或干脆停喂，有利于减少饲料对肠道黏膜刺激，加速肠道创面愈合及病毒排出；可以将易感、已感染仔猪转移哺乳于 TGE 免疫母猪。

（2）补充体液　TGE 往往由于严重腹泻而导致脱水，因此补液是十分必要的。可以口服补液盐、人工盐，对于脱水严重者注射葡萄糖氯化钠溶液，可防止脱水和酸中毒，必要时可注射硫酸阿托品。

（3）抗菌药物治疗　抗生素虽对本病无直接效果，但适当应用可防止继发感染，可以应用肠道抗菌药如氟哌酸、新诺明、庆大霉素等。

（4）中药辅助治疗　可使用"乌梅散"加减方和"三黄加白汤"等中药进行治疗，对严重脱水者可人工喂水或补液。

（5）高免血清　针对 TGEV 的高免血清进行治疗，也能收到一定的效果。另外，为发病仔猪提供温暖、干燥、舒适的环境也可减少死亡。

附：猪流行性腹泻

猪流行性腹泻（porcine epidemic diarrhea，PED）是由猪流行性腹泻病毒引起的一种急性接触性胃肠道传染病，以呕吐、腹泻、脱水、10 日龄以内仔猪高死亡率为临床特征，是严重危害养猪业的又一种病毒性疫病。本病的流行特点、临床症状、病理变化及其危害性均与猪传染性胃肠炎（TGE）十分相似，对养猪业的危害很大。

1971 年本病首次在英国发现，随后在欧洲、东亚地区流行，给这些国家的养猪业造成了一定经济损失。我国自 20 世纪 80 年代以来陆续有本病发生的报道，并分离到猪流行性腹泻病毒。21 世纪以来，本病在韩国、中国、美国相继暴发流行。尤其是自 2010 年冬季以来,猪流行性腹泻在我国许多地区暴发流行,至今仍不时发生,给我国养猪业造成了巨大的经济损失。虽然本病目前既不属于 OIE 法定通报性疾病名录,我国也尚未将其列为三类动物疫病,但是其近年来造成的巨大损失远远超过 TGE,所以必须引起高度重视和防控。鉴于其与 TGE 在临床方面的极其相似性,故将其附在猪传染性胃肠炎章节内容后面。

一、病原

猪流行性腹泻病毒(PEDV),属于冠状病毒科冠状病毒属成员,与猪传染性胃肠炎病毒(TGEV)同科同属,二者在形态、基因组大小与组成结构、对外界环境的抵抗力、对消毒剂的敏感性等方面都非常相似。

但是,二者之间也存在一些区别。PEDV 没有血凝活性,PEDV 与 TGEV 之间没有抗原相关性。PEDV 虽然只有 1 种血清型,但近年来出现明显变异,在致病力与抗原性方面均与国内 2010 年以前流行的毒株存在明显不同。

二、诊断

本病在临床症状、流行病学和病理变化等方面均与猪传染性胃肠炎极其相似,所以单纯根据临床症状、流行病学、病理变化来进行确诊是十分困难的,须进行实验室诊断。实验室诊断方法很多,但由于本病是一种急性传染病,发病突然,传播迅速,病程短,必须进行早期快速诊断,而当前能够做出早期快速诊断的方法主要是病毒核酸检测与病毒抗原检测。

1. **病毒核酸 RT-PCR 检测**

采集病猪粪便、小肠组织,提取病毒 RNA,反转录(RT)后用 1 对检测 PEDV 的特异性引物(5′-CCCGTTGATGAGGTGATTGA-3′ 和 5′-GGATGC TGAA AGCGAA AAAG-3′,预期扩增产物大小为 229bp)进行 PCR 扩增与检测,可快速鉴定 PEDV 和诊断 PED。

在一些情况下,可能存在 PEDV 与 TGEV 的混合感染,因此可使用双重 RT-PCR 方法进行检测。采集病料,提取病毒 RNA,用 Oligo (dT)$_{15}$ 反转录,使用 TGEV 的特异性引物(5′-GTGAGTCATGCTTCAACGGAG-3′ 和 5′-GACACCAGTTGGCAC AC CTT-3′,预期扩增产物大小为 419 bp)与上述 PEDV 的特异性引物进行双重 PCR 扩增与检测,可快速区分 PEDV 与 TGEV。这一方法特异性强、敏感性高、简便易行,可同时检测与区分 PEDV 感染与 TGEV 感染,实用价值高。

2. **病毒抗原检测**

采取发病早期的病猪空肠、回肠制备冰冻切片或黏膜刮取物,进行直接或间接免疫荧光染色检测 PEDV 抗原。

　　3. 鉴别诊断

　　注意引起仔猪腹泻的相关病毒性传染病的鉴别诊断，特别是本病与猪流行性腹泻、猪轮状病毒感染等疾病的鉴别。

　　三、防控措施

　　本病的防控措施与 TGE 相似，在一般性预防措施、发病时的控制措施基本相同，仅在特异性防控措施、主要是疫苗免疫方面有所不同。

　　在 PED 流行地区进行疫苗接种是有效预防措施。PED 与 TGE 一样，也是典型的局部感染，以局部黏膜免疫和全身细胞免疫来发挥抗感染作用，故疫苗的口服或鼻内接种同样是最佳免疫途径，但是 PED 与 TGE 的免疫之间也存在一些差别。肌内注射 PED 灭活疫苗也可刺激机体产生中和抗体，其抗体类型当然主要是 IgG，可经血液循环与淋巴循环进入乳腺，如果乳汁中有高水平的 IgG 就可保护仔猪不受感染，但这要求免疫接种的抗原含量要大；因此，灭活疫苗的免疫效果主要取决于免疫抗原的含量。必须注意的是，在生产中要选择有确实效果的疫苗。

第二节　猪大肠杆菌病

　　仔猪大肠杆菌病是由致病性大肠杆菌的某些血清型引起的猪的一种细菌性传染病，其临床特征是哺乳仔猪为肠炎，断奶后仔猪为肠毒血症。本病主要侵害仔猪，病死率有时相当高，对养猪业构成较大的危害，我国将其列为三类动物疫病。

　　猪大肠杆菌病在世界各地均有发生，我国也存在本病，给养猪业造成了较大的经济损失。小型猪场与饲养管理水平低的猪场容易发生本病，大型猪场与饲养管理水平高的猪场则很少发生。但由于抗菌药物的广泛使用，大肠杆菌的耐药性越来越严重，大肠杆菌病在一些地区不时发生，是引起仔猪死亡的重要原因之一，对养猪业形成了较大的威胁，需要重点防范。

一、病原学

　　大肠杆菌，又叫大肠埃希菌，属于肠杆菌科、埃希菌属。大肠杆菌的大小为 $(0.4\sim0.7)\ \mu m\times(2.0\sim3.0)\ \mu m$，是一种中等大小、两端钝圆的杆菌，散在或成对，约半数具有周身鞭毛，能运动，部分菌株有夹膜，不产生芽胞。大肠杆菌为需氧或兼性厌氧菌，最适生长温度为 37℃，最适 pH 为 7.2～7.4。

在普通培养基上生长良好，长出隆起、光滑、湿润的乳白色圆形菌落；在麦康凯和远藤氏培养基上形成红色菌落；在伊红美兰琼脂上形成带金属光泽的黑色菌落，在 SS 琼脂培养基上生长不良或不生长。致仔猪黄痢或水肿病的部分菌株在绵羊血液琼脂培养基上呈 β 溶血。

大肠杆菌根据其致病性的有无被分为致病性、条件致病性和非致病性菌株三大类，它们在形态、染色、培养和生化反应方面均无差别，但在抗原结构、质粒编码方面有所不同。大肠杆菌的抗原结构和血清型较为复杂，根据菌体抗原（O）、鞭毛抗原（H）及荚膜抗原（K）的不同可分成数千种以上血清型。近些年，菌毛（F）抗原也用于血清型鉴定，最常见的血清型 K88、K99、987P，现分别命名为 F4、F5、F6。在引起人和动物肠道疾病的血清型中，有肠致病性大肠杆菌（EPEC）、肠产毒素大肠杆菌（ETEC）、肠侵袭性大肠杆菌（EIEC）、肠出血性大肠杆菌（EHEC），其中 O157：H7 是一种重要的肠出血性大肠杆菌，是一种重要的人畜共患病病原，可引起出血性结肠炎，致死率很高。

大肠杆菌广泛存在于自然界，对外界不利因素的抵抗力中等。在潮湿、阴暗温暖环境中能存活 1 个月，在寒冷干燥环境中存活时间更长，在水和土壤中可存活数月之久；60℃加热 15min 可将其杀死，但对低温有一定的耐受力。大肠杆菌对强酸、强碱敏感，其耐受 pH 范围一般在 4.3～9.5。对一般的化学消毒药品都比较敏感，对氯敏感，常用消毒剂都能迅速杀死大肠杆菌。大肠杆菌容易产生耐药性，不同地区的大肠杆菌菌株对抗菌药物的敏感性差异很大，监测结果表明，对丁胺卡那霉素、庆大霉素等抗生素较敏感。

二、流行病学

1. 易感动物

幼龄猪与断奶后仔猪对本病易感，仔猪感染大肠杆菌后发病主要有 3 种病型，分别是仔猪黄痢、仔猪白痢、猪水肿病。不同病型与发病年龄密切相关。仔猪黄痢主要是出生后 7 日龄以内仔猪发病，以 1～3 日龄最为多见，最早在出生后 12h 即可发病，1 周以上的仔猪很少发病，病死率高达 80％以上；仔猪白痢以 10～30 日龄仔猪多发，病死率不高；猪水肿病则主要是断奶后仔猪多发，病死率 90％以上。

2. 传染源与传播途径

带菌母猪与病猪是主要传染源，通过粪便等排泄物、分泌物而排出病菌，污染饲料、饮水、饲槽、饮水器、圈舍及周围环境。当仔猪吮乳、饮食、舔舐时，经口感染，也就是说主要经消化道传播。

如有应激存在时，发病率和死亡率则更高。在产仔季节常常可使很多窝仔猪发病，一般是先由一头开始，再传染其他仔猪，每，死亡也高，有时可使全窝仔猪死亡，幸存者生长发育缓慢。

3. 流行特征

三种病型具有各自的流行特征。仔猪黄痢主要发生于 3 日龄以内仔猪，病程短，同窝仔猪发病数高达 80％以上、病死率也很高；同时具有一定胎次差异，头胎母猪所产仔猪易发。仔猪白痢主要发生于 10～30 日龄仔猪，同窝仔猪可同时或相继发生，发病率中等，病死率低。猪水肿病主要发生于断奶后1～2 周仔猪，生长快而肥壮的猪易发，发病率低，但病死率高达90％以上。

本病一年四季均可发生，发病率的高低与饲养管理、卫生条件密切相关，多种应激因素可促使本病的发生。在大型猪场，大肠杆菌病发病率的高低可以作为评估其饲养与卫生管理水平高低的一个指标。

三、症状

1. 仔猪黄痢

潜伏期 8～12h，故最快者在生后 12h 内即发病。仔猪出生时尚还健康，不见任何临诊症状，快者数小时后突然发病和死亡。病猪主要症状是黄色下痢，粪便多呈黄色水样、杂有小气泡、内含凝乳小片，肛门周围粪迹不明显、易被忽视，粪便 pH 值呈弱碱性。病仔猪精神沉郁，不吃奶，脱水，两眼下陷，昏迷而死。

2. 仔猪白痢

病猪主要发生下痢，粪便为白色、灰白色或黄白色，呈粥样、糊样，有腥臭味。有时粪便中混有气泡，粪便 pH 呈弱碱性。病猪体温一般不升高，精神尚好，到处跑动，有食欲。及时采取治疗措施后常可治愈。如不及时采取治疗措施，下痢可逐渐加剧，肛门周围、尾及后肢常被稀粪玷污，仔猪精神委顿、食欲废绝、消瘦、走路不稳、怕冷、寒战，常常扎堆。若治疗不及时或治疗不当，常经 5～6d 死亡。也有病期延长到 2～3 周以上的。病程较长而恢复的仔猪生长发育缓慢，甚至成为僵猪。总的来说，如能改善饲养管理，及时进行治疗，预后是良好的。

3. 猪水肿病

最急性者，常见不到症状就突然死亡。发病稍慢的早期病猪，表现为精神沉郁，食欲不振，多数病猪体温不高，有的升高到 40.5～41℃，行走不稳，摇摆，四肢运动不协调。有些病猪无目的走动或转圈，或类似盲目乱冲。有的病猪前肢跪地，两后肢直立，突然猛向前跃；当各种刺激或捕捉时，十分敏感，触之惊叫，突然倒地，四肢乱动弹，似游泳样动作，空嚼磨牙，口流泡沫液体。后期反应迟钝，呼吸困难，声音嘶哑，腹泻或便秘。病猪常见眼睑水肿，严重时上下眼睑间仅留一小缝隙，然后逐渐延至颜面、颈部、头部变胖。

病程较快，除最急性死亡外，一般在 3d 以内死亡或可耐过。年龄稍大的猪，病期可长至 5～7d。

四、剖检变化

1. 仔猪黄痢

尸体严重脱水。主要变化是小肠急性卡他性炎症，表现为肠黏膜肿胀、充血或出血。肠壁变薄、松弛。胃内有酸臭的凝乳块，胃粘膜潮红、肿胀，少数病例有出血；肠系膜淋巴结充血肿大，切面多汁。肝、肾有变性、小坏死点，严重者有出血点。

2. 仔猪白痢

死猪胃黏膜潮红肿胀，以幽门部最明显，上附黏液，胃内充有凝乳块，少数严重病例胃黏膜有出血点。肠黏膜潮红，肠内容物呈黄白色，稀粥状，有酸臭味，有的肠管空虚或充满气体，肠壁菲薄而透明。严重病例黏膜有出血点及部分黏膜表面脱落。肠系膜淋巴结肿大。肝和胆囊稍肿大。肾脏呈苍白色。

3. 猪水肿病

病程长短不同，剖检变化不完全一样，主要的变化是水肿。上下眼睑、颜面、下颌部、头顶部皮下水肿，切开水肿部呈灰白色凉粉样，厚度可达 0.5～1cm，流出少量白色或黄白色液体。

胃壁及肠系膜水肿最为典型。胃壁特别是胃大弯部显著水肿，在胃的肌肉层和黏膜层之间，切开呈胶冻样，流出清亮无色或呈黄白色液体，水肿厚度可达 0.5～3cm。有的可见胃底黏膜出血。有时水肿病灶较小，须多切几处方可见到。贲门部也常见到水肿。结肠肠间膜水肿也很明显，整个肠间膜似凉粉样，切开有无色液体流出，肠道黏膜红肿，大肠壁也发生水肿。严重时可见肠间膜呈红色，切开时流出淡红色液体，大肠浆膜有出血点，大肠黏膜红肿或见出血。

全身淋巴结几乎都有水肿，尤以肠系膜淋巴结明显。还有不同程度的充血或出血变化。肺水肿，心包、胸腔、腹腔内积液，呈无色或淡黄色，暴露空气后很快凝固或呈胶冻样。脑膜充血，大脑间有水肿或有出血点。部分病例，还可见肺、喉头、胆囊、肾包膜、直肠浆膜等发生水肿，以及其他器官亦有出血和变性的变化。

五、诊断

猪大肠杆菌病根据流行病学、临床症状与剖检变化，可做出初步诊断甚至确诊。

一个猪场，如果主要是 1～3 日龄的新生仔猪发病和死亡，发病急，病程短，窝发，病死率高；初产母猪所生仔猪发病多，死亡快；临诊症状主要是拉黄色稀粪，无呕吐；母猪与大猪不发病；剖检变化主要是胃肠卡他性炎症，粪便 pH 呈弱碱性，可诊断为仔猪黄痢。

如果主要是 10 日龄以上的哺乳仔猪发病，发病较急，窝发，病死率不高；临诊症状主要是拉灰白色稀粪，无呕吐；母猪与大猪不发病；剖检变化主要是胃肠卡他性炎症，粪便 pH 呈弱碱性，可诊断为仔猪白痢。

如果主要是断奶后的仔猪发病，发病急，病程短暂，健壮仔猪多发，散发，病死率很高；临诊症状主要是脸部、眼睛水肿，体温一般不升高，有明显的神经症状；母猪与大猪不发病；剖检变化胃肠道的水肿变化，可诊断为猪水肿病。

必要时，可采集病料，进行以下实验室诊断。

1. 细菌分离鉴定

取腹泻仔猪小肠内容物，水肿病仔猪肠系膜淋巴结，处理后接种麦康凯琼脂培养基上做细菌分离，挑选生长的红色菌落做溶血试验和生化反应等鉴定工作，必要时可进一步鉴定血清型。

2. 致病性检测

大肠杆菌病的实验室诊断，往往需要进行致病性检测才具有诊断意义。对肠毒素和黏附素是致病性大肠杆菌的两种主要毒力因子。

肠毒素检测的动物试验操作繁琐，现在可使用 PCR 方法检测肠毒素基因。提取细菌 DNA，使用 1 对特异性引物（5′-GCTAATGTTGGCAATTTTTATTTCTGTA-3′ 和 5′-AGGATTACAAAGTTCAGAGCAGTAA-3′，预期扩增产物大小为 190bp）进行 PCR 扩增，检测大肠杆菌的耐热肠毒素基因，可鉴定出肠产毒性大肠杆菌。该方法快速、敏感。

对于黏附素，在提取细菌 DNA 后，使用 1 对检测 K88 基因的特异性引物（5′-AATGACCTGACCAATGGTGG-3′ 和 5′-GCCCTCTGCATTTTTCATCG-3′，预期扩增产物大小为 237bp）进行 PCR 扩增与检测，可快速鉴定肠产毒性大肠杆菌。也可使用 ELISA 来检测黏附素抗原，两种方法都是快速的、敏感的、特异的。

3. 鉴别诊断

仔猪黄痢、仔猪白痢需要主要注意与仔猪红痢、猪传染性胃肠炎、猪流行性腹泻、猪轮状病毒病等相区分。

（1）与仔猪红痢的区别 仔猪红痢的流行特点与仔猪黄痢很相似，但仔猪红痢以排出红色黏性稀粪为特征，剖检时腹腔内有多量淡红色液体，小肠内容物大多为红色，并混杂有小气泡，肠系膜内也有小气泡，肠黏膜出血和坏死。其病原是一种革兰阳性，可长出芽胞的魏氏梭菌。

（2）与猪传染性胃肠炎、猪流行性腹泻的区别 这两种病是仔猪、母猪都可发生，传播快速，典型症状有呕吐和水样腹泻，粪便 pH 为弱酸性，抗生素治疗无效，10 日龄以内仔猪病死率很高。而仔猪黄痢、仔猪白痢是仅仔猪发病，无呕吐、粪便 pH 为弱碱性，抗生素预防有效，抗生素治疗仔猪白痢可取得显效。

（3）与猪轮状病毒病的区别 这种病的典型症状有呕吐和水样腹泻，粪便 pH 也为弱酸性，抗生素治疗无效，10 日龄以内的仔猪病死率很高。而仔猪黄痢、仔猪白痢无呕吐、粪便 pH 为弱碱性，抗生素治疗仔猪白痢有效。

六、防控措施

大肠杆菌病是一种环境性疾病，需要采取综合防控措施。

1. 一般性预防措施

不从有仔猪黄痢的猪场引进种猪。改善怀孕母猪的营养管理，保证胎儿正常发育和健壮，加强怀孕母猪产前产后的饲养管理和护理。做好圈舍及周围环境的清洁工作和消毒工作。产房要严格实施全进全出制度，在接纳母猪进入前要彻底打扫干净，清除粪便，做好消毒。母猪在进产房前，要洗澡、消毒，母猪乳头及乳房用 0.1% 高锰酸钾溶液或温水擦洗干净，在仔猪吃奶前把每个乳头的奶挤掉少许，再固定喂奶。尽量让初生仔猪吃上初乳。

对猪水肿病的预防主要是加强断奶前后仔猪的饲养管理工作，尽量保持原窝仔猪同窝；断奶时先转走母猪，过几天后才转移仔猪，转移仔猪时要尽量减少应激。改换饲料要逐步进行，防止饲料单一或过于浓厚，增加维生素丰富的饲料。

2. 疫苗免疫

经常发生仔猪黄痢与仔猪白痢的猪场，可实施疫苗免疫。母猪产前 45d、15d 各接种 1 次大肠杆菌 K88-K99-987P 三价灭活疫苗、或 K88-K99 双价灭活疫苗，也可接种当地流行菌株制作的灭活疫苗。仔猪充分吸取母猪的初乳可获得免疫力。

3. 药物预防

母猪临产前在母猪饲料中添加大肠杆菌敏感抗菌药物进行预防，也可在仔猪吮乳前喂服微生态制剂，如止痢宁、抗痢宝等。常发地区可在仔猪出生后12h内口服或注射敏感抗菌药物，但不要与微生态制剂同时使用。

4. 发病后的控制措施

一旦出现本病病猪，要及时隔离、消毒、治疗。

仔猪黄痢与白痢的质粒原则是抗菌、补液、母子兼治、全窝治疗。发病后可使用氟苯尼考，庆大霉素、丁胺卡那霉素、痢特灵、磺胺三甲氧嘧啶等敏感药物进行治疗，最好根据药敏试验结果选用有效的抗生素，并辅以对症治疗，口服补液盐或5%葡萄糖溶液进行补液，同时口服碳酸铋或鞣酸蛋白等止泻药，很多病猪可以恢复健康。

猪水肿病目前缺乏特异疗法，可采用抗菌消肿、解毒镇静、强心利尿等方法进行综合治疗。可肌内注射20%安钠咖1mL，呋喃苯胺酸注射液0.25mL，腹腔注射50%葡萄糖溶液5mL，次日再注射50%葡萄糖10mL，注射维生素B_1与维生素C、地塞米松、磺胺嘧啶钠、三甲氧嘧啶等，有一定效果。

第三节　猪副伤寒

猪副伤寒是由沙门菌属细菌引起的仔猪的一种细菌性传染病，其临床特征是急性病例为败血症，慢性病例为坏死性肠炎与肺炎。本病主要侵害断奶仔猪与育成猪，病死率较高，对养猪业构成一定的危害，我国将其列为三类动物疫病。

猪副伤寒遍布世界各地，我国也存在本病，给养猪业造成了一定的经济损失。小型猪场与饲养环境卫生条件不良的猪场经常发生本病，规模化猪场与饲养环境卫生条件良好的猪场则很少发生。但由于抗菌药物的广泛使用，沙门菌属细菌的耐药性日趋严重，近年来本病的发病率呈现上升趋势，需要引起重视。

一、病原

沙门菌属是肠杆菌科的重要成员，是革兰阴性杆菌，包括肠道沙门菌（又称为猪霍乱沙门菌）、邦戈尔沙门菌2个种。沙门菌的大小为(0.7~1.5) $\mu m \times$ (2.0~5.0) μm，间有形成短丝状体，无荚膜，多有周生鞭毛，能运动，绝大多数具有Ⅰ型菌毛，但不产生芽胞。沙门菌需氧及兼性厌氧，培养特性与埃希氏菌属相似，在普通培养基上生长良好，培养适宜温度为37℃，pH 7.4~7.6。在肠道杆菌鉴别或选择性培养基上，大多数菌株因不发酵乳糖而形成无色菌落，如在SS培养基上长出无色菌落。

沙门菌属根据菌体（O）抗原、荚膜（Vi）抗原、鞭毛（H）抗原的不同可分成 2 500 种以上的血清型，其中 99.5％以上属于肠道沙门菌。沙门菌属的细菌依据其对宿主的感染范围，可分为宿主适应性血清型、非宿主适应性血清型等两大类，前者只对其适应的宿主有致病性，包括伤寒沙门菌、副伤寒沙门菌、羊流产沙门菌、马流产沙门菌及沙门菌、鸡白痢沙门菌；后者则对多种宿主有致病性，包括鼠伤寒沙门菌、鸭沙门菌、肠炎沙门菌、猪霍乱沙门菌、都柏林沙门菌、田纳西沙门菌、纽波特沙门菌、德尔卑沙门菌。沙门菌的血清型虽然很多，但常见的危害动物的非宿主适应血清型只有 20 多种，加上宿主适应血清型，也只有 30 余种。危害猪的沙门菌主要有猪霍乱沙门菌、猪霍乱沙门菌 Kunzendorf 变型、猪伤寒沙门菌、猪伤寒沙门菌 Voldagsen 变型、鼠伤寒沙门菌、德尔卑沙门菌、肠炎沙门菌等。

　　沙门菌对环境具有一定的抵抗力。本菌对干燥、腐败、日光等因素具有一定的抵抗力，在外界条件下可以生存数周或数月。对化学消毒剂的抵抗力不强，常用消毒剂均能达到消毒目的。通常情况下，对多种抗菌药物敏感，但由于长期滥用抗生素，对链霉素、四环素等有抗药性，目前对庆大霉素、喹诺酮类药物如恩诺沙星、氟苯尼考等比较敏感，实际治疗中最好先进行药敏试验。

二、流行病学

1. 易感动物

　　沙门菌属中的许多类型细菌对人、猪以及其他动物均有致病性。各种年龄的动物均可感染，但幼年者较成年者易感。6 月龄以下的仔猪（尤其以 1—4 月龄者）最易感。感染的孕畜多数发生流产。在人，本病可发生于任何年龄，但以 1 岁以下婴儿及老人最多。

2. 传染源与传播途径

　　病猪和健康带菌猪是本病的主要传染源。病原存在于肠道中，随粪便、尿、乳汁排出，污染饮水、饲料、饲槽、猪舍及周围环境，经消化道感染健康猪。也可通过患病动物与健康动物的直接接触、交配途径传播，还可经胎盘垂直传播。

　　健康动物的带菌现象相当普遍。病菌可潜藏于消化道、淋巴组织和胆囊内。当外界不良因素使动物抵抗力降低时，病菌可活化而发生内源感染，连续通过若干易感动物，毒力增强而扩大传染。另外，鼠类也可传播本病。

3. 流行特征

　　本病具有一定季节性，多雨潮湿季节多发。一般呈散发或地方流行性，饲养管理条件良好的猪场，不发病、或散发；饲养管理条件不良的猪场，常呈地方流行性。

　　下列因素可促进本病的发生：环境污秽、潮湿、通风不良、温度过低或过高；猪群密度过大；饲料和饮水卫生不良；长途运输中疲劳、饥饿、气候恶劣；混合感染、继发感染；母猪分娩,仔猪断奶与转群;引进猪只未实行隔离检疫等。

三、症状

本病潜伏期一般为 4~6d，短的 2d，长的可达 1 个月。根据病程长短与临床表现可分为急性型、亚急性型、慢性型。

1. 急性型

此型也叫败血型，多见于断奶前后的仔猪。早期是一般性症状，突然发热，体温升高至 41~42℃，精神不振，厌食或不食。后期出现下痢，呼吸困难，耳根、胸前和腹下皮肤有紫红色斑点。有的在出现症状后 24h 内死亡，但多数病程为 2~4d。发病率低，但病死率很高。

2. 亚急性型与慢性型

这两种类型比较多见。病猪发热，体温升高至 40.5~41.5℃，精神不振，厌食，怕冷，扎堆；眼结膜炎、有黏性或脓性分泌物，上下眼睑常被黏着。少数发生角膜混浊，严重者发展为溃疡，甚至眼球被腐蚀。初便秘，后下痢，粪便恶臭，呈淡黄色或黄绿色，并混有血液、坏死组织或纤维素絮片，很快消瘦。中、后期病猪皮肤发绀、淤血或出血，有时出现湿疹，并覆盖绿豆大、干涸的浆性覆盖物，揭开可见浅表溃疡。有些病猪咳嗽、呼吸困难。病情 1~3 周或更长，最后极度消瘦,衰竭而死。有的病猪可康复、但以后生长发育不良或再次复发。

四、剖检变化

1. 急性型

主要是败血症变化，皮肤有紫斑。脾肿大明显、质地较硬似橡皮，呈暗紫红色切面蓝红色，脾髓质不软化。全身淋巴结充血、肿胀，尤其是肠系膜淋巴结索状肿大。肝、肾也有不同程度的肿大、充血和出血。有时肝实质可见黄灰色坏死点。全身黏膜、浆膜均有不同程度的出血斑点，肠胃黏膜可见急性卡他性炎症。

2. 亚急性型与慢性型

主要病变在盲肠、结肠和回肠末端，特征性病理变化为坏死性肠炎。盲肠、结肠肠壁增厚，肠壁淋巴集结肿胀隆起，以后逐渐坏死并形成溃疡，溃疡周围隆起，表面覆盖一层弥散性坏死性和腐乳状物质，呈糠麸状，剥开可见底部红色、边缘不规则的溃疡面。坏死黏膜与纤维蛋白混合形成干酪样坏死物质。少数病例滤泡周围黏膜坏死，稍突出于表面，有纤维蛋白渗出物积聚，形成隐约可见的轮环状。肝、脾及肠系膜淋巴结常可见到针尖大灰黄色坏死灶或灰白色结节。

五、诊断

根据流行病学、临诊症状和病理变化，可做出初步诊断，急性病例诊断比较困难，慢性病例见到坏死性肠炎、特别是糠麸状坏死灶时可以做出确诊。必要时可采集病猪盲肠、结肠及肠系膜淋巴结等组织，进行以下实验室诊断。

1. PCR 检测

取病猪病料，处理后提取 DNA，用 1 对特异性引物（5′-CGGTAAACT ACAC G ATGA-3′ 和 5′-GAGTTACTGAACCAACAGCT-3′，预期扩增产物大小为 526bp）进行 PCR 扩增与检测，可快速鉴定沙门菌。

2. 细菌分离培养

取病猪病料，处理后接种麦康凯培养基、SS 培养基、伊红美兰培养基等肠道杆菌鉴别培养基中的一种，培养 24~48h。如长出无色菌落，进一步做细菌形态、生化鉴定、PCR 鉴定，还可进一步进行血清学及其分型鉴定。

六、防控措施

预防本病需要加强饲养管理，消除发病诱因。实行全进全出的饲养方式，做好兽医生物安全，控制饲料与饮水的污染并保持清洁卫生。喂服微生态制剂，可以减少猪体带菌率。也可在饲料中定期添加含有抗生素的饲料添加剂，但应注意药菌株的出现，如发现对某种药物产生抗药性时，应轮换用药。

经常发生本病的地区可进行疫苗免疫预防。在仔猪断奶后接种仔猪副伤寒弱毒疫苗，可有效预防本病的发生。也可考虑应用当地流行菌株制成的灭活疫苗进行预防接种，可收到良好的预防效果。

一旦出现本病病猪，要及时隔离、消毒、治疗。可使用氟苯尼考，庆大霉素、恩诺沙星、复方新诺明等药物进行治疗，最好根据药敏试验结果选用有效的抗生素，并辅以对症治疗，多数病猪可以恢复健康。

第四节　猪密螺旋体痢疾

猪密螺旋体痢疾是由猪痢疾密螺旋体引起的猪的一种肠道传染病，简称猪痢疾（swine dysentery，SD），俗称猪血痢。该病的临床特征是黏液性或黏液出血性下痢，大肠黏膜发生卡他性、出血性炎症，有的发展为纤维素性坏死性炎症，对养猪业的危害较大，我国将其列为三类动物疫病。

1921 年首次报道本病，但直到 1971 年才确定其病原体为猪痢疾密螺旋体。目前本病已遍及世界主要养猪国家，我国于 1978 年由美国进口种猪时首次发现本病，随后蔓延扩散到多个省份，主要造成增重减慢和饲料转化效率下降，给养猪业造成了较大的经济损失。20 世纪 90 年代后本病得到有效控制，但目前仍有散发情况，所以规模化猪场，尤其是种猪场需要注意防控。

一、病原

本病的病原体为猪痢疾密螺旋体，曾命名为猪痢疾短螺旋体、猪痢疾蛇形螺旋体，存在于猪体的病变肠段黏膜、肠内容物及粪便中。猪痢疾密螺旋体长 6～8.5μm，直径约 350nm，有 4～6 个弯曲，两端尖锐，呈螺丝线状。在暗视野显微镜下较活泼，以长轴为中心旋转运动。猪痢疾密螺旋体革兰染色阴性，吉姆萨染色着色良好，组织切片以镀银染色更好。本菌为严格厌氧菌，对培养基要求严格，常用胰胨大豆鲜血琼脂培养基，在严格厌氧条件下 37℃培养 6d，可长出扁平、针尖状、半透明的 β 溶血性菌落。

猪痢疾密螺旋体含有两种抗原成分。一种是蛋白质抗原，为种特异性抗原，只与猪痢疾密螺旋体的抗体发生特异性沉淀反应。另一种是脂多糖（LPS）抗原，为型特异性抗原，目前 LPS 已分为 11 个血清群，每群含有若干血清型。但各个血清型之间无明显毒力差异。

猪痢疾密螺旋体对外界环境抵抗力较强，在粪便中 5℃可存活 60d、25℃可存活 7d，在土壤中 4℃能存活 102d，－80℃能存活 10 年以上。其对消毒剂抵抗力不强，常用消毒剂均能很快将其杀灭。

二、流行病学

1. 易感动物

猪痢疾仅引起猪发病。不同品种、年龄的猪只均易感，但以 2～3 月龄的猪多发。小猪的发病率和病死率比大猪高。

2. 传染源与传播途径

病猪或带菌猪是本病的主要传染源，病原体存在于猪体的病变肠段黏膜、肠内容物及粪便中，从粪便中排出。康复猪带菌可长达数月，可经常从粪便中排出大量病原体，污染饲料、饮水、猪舍及周围环境，主要经消化道。另外，污染的用具、运输工具、饲养员也可携带病原，苍蝇、小鼠、犬、一些鸟类也可携带病原，成为重要的传播媒介。

3. 流行特征

本病无明显季节性，流行缓慢，持续时间长，且可反复发病，根除难度较大。一般发病率高，但病死率低。运输、拥挤、寒冷、过热或环境卫生不良等都是本病发生的诱因。

三、临诊症状

本病潜伏期 2d～2 个月以上，一般为 1～2 周。腹泻是最常见的症状，依临床表现可分为急性型、慢性型。

1. 急性型

个别猪只可能突然死亡，随后出现明显症状。病猪最初出现腹泻，黄色至灰色稀粪，有些病猪精神稍差，厌食，发烧可达 40.5℃。随后粪便中出现黏液、血液、纤维碎片；后期粪便呈棕色、红色、黑红色，后肢常常粘有粪便。腹痛、拱背，被毛粗乱，口渴、脱水消瘦，虚弱。数天后体温下降，死前体温降至常温以下。病程 1～2 周，病猪死亡或转为慢性。

2. 慢性型

病情相对较轻。病猪下痢，黏液及坏死组织碎片较多，血液较少，病期较长。消瘦，生长迟滞。不少病例能自然康复，但有的可能复发甚至死亡。病程 1 个月以上。

四、剖检变化

病理变化局限于大肠、回盲肠结合处。大肠壁和肠系膜充血、水肿，淋巴滤泡肿大；大肠黏膜肿胀，覆盖有黏液、血液、纤维素性渗出物。随着病程发展，肠壁水肿减轻，黏膜炎症加重，由黏液性、出血性炎症发展为出血性纤维素性炎症，表层坏死，形成黏液纤维蛋白性假膜，外观呈麸皮样或豆腐渣样。其他脏器无明显病变。

五、诊断

根据流行特点、临诊症状及病理变化可以做出初步诊断。一个猪场中主要是保育猪与育成猪出现血样腹泻，传播缓慢，病程较长，病死率不高，剖检变化主要是大肠的出血性、纤维素性坏死性炎症变化，可以初步诊断为猪痢疾。必要时，可采集急性病例的猪粪便和肠黏膜进行以下实验室诊断。

1. 涂片镜检

取病猪粪便或肠黏膜，涂片，染色，用暗视野显微镜检查，每视野见有 3 条以上密螺旋体，结合临床诊断可以确诊。

2. PCR 诊断

取病猪病料，处理后提取 DNA，用 1 对特异性引物（5′-AGAATGGG TATTGTTGCTGCTAAT-3′和 5′-AACGTCTGCTGCCTTCTTCATA-3′，预期扩增产物大小为 247bp）进行 PCR 扩增与检测，可快速猪痢疾密螺旋体。

3. 血清型诊断

比较实用的血清学诊断方法主要有凝集试验、ELISA，其检测结果可作为综合诊断的一项指标。血清学检测也可用于猪群检疫。

六、防控措施

本病尚无疫苗可用，因此控制本病主要采取综合防控措施。严禁从疫区引进种猪，必须引进时，先检疫后引进，引进后还要隔离观察 2 个月，合格者方可混群。要实行全进全出饲养方式，加强饲养管理与消毒卫生，粪便及时做无害化处理。保持舍内外干燥，防鼠灭蚊，饮水应加含氯消毒剂处理。受威胁猪场可采取药物预防措施，可使用痢菌净、泰乐菌素、土霉素、杆菌肽等比较敏感的药物。

发病后及时隔离、消毒，合理治疗。使用痢菌净、二甲硝基咪唑、泰乐菌素、土霉素等治疗有较好效果，要注意用药时间较长。少量病猪可直接淘汰。条件良好的猪场，可考虑对发病猪群甚至发病猪场予以全群淘汰，彻底清理和消毒，空舍 2~3 个月，再引进健康猪。一般而言，有本病的猪场采取药物防治、清除粪便、消毒、隔离等综合措施，可以控制本病甚至净化猪群。

第五节　猪附红细胞体病

猪附红细胞体病是由附红细胞体引起猪的一种急性传染病，其临床特征是急性黄疸性贫血与发热，俗称红皮病。各种年龄的猪都能感染本病，可引起仔猪死亡与母猪繁殖障碍，对养猪业的危害较大。此外还有危害其他家畜的附红细胞体病。我国将附红细胞体病列为三类动物疫病。

本病最早于 1932 年在印度首次报道，目前呈世界性分布。我国在 1972 年开始发现本病，20 世纪 90 年代以来，该病的流行与发生越来越严重，给养猪业造成了一定的经济损失。随着集约化、规模化养猪的发展，免疫抑制性疾病、混合感染的普遍存在，疾病变得越来越复杂，猪红细胞体病需要引起重视。

一、病原

猪附红细胞体是本病的病原。附红细胞体是一类的微小的多形性病原体，直径380～600nm，以球形，环形，或是棒状存在，寄生于哺乳动物红细胞表面，单个或成团寄生，呈链状或鳞片状，也有在血浆中呈游离状态。附红细胞体对苯胺色素易染色，革兰染色阴性，吉姆萨染色呈淡红色或淡紫色，瑞氏染色为淡蓝色，吖啶橙染色呈典型的黄绿色荧光。

附红细胞体，其分类问题目前存在争议。目前国际上广泛采用1984年版《伯吉氏细菌鉴定手册》对附红细胞体进行分类，将其列为立克次体目、无浆体形科、附红细胞体属。但近年来对附红细胞体基因序列的分析结果表明，附红细胞体不应属于立克次体，应列入柔膜体纲、支原体属，不少学者认为猪附红细胞体应改名为猪嗜血支原体。附红细胞体有10种以上，猪附红细胞体是其中之一。

附红细胞体对干燥和化学药品的抵抗力很低，但耐低温，在5℃时可保存15d，在冰冻凝固的血液中可存活31d，在加15％甘油的血液中于−79℃条件下可保存80d，冻干保存可存活765d。常用消毒剂均能杀死病原。附红细胞体对土霉素、强力霉素、恩诺沙星、泰乐菌素、泰妙菌素（支原净）等抗支原体比较有效的药物比较敏感。

二、流行病学

1. 易感动物

猪附红细胞体只感染猪，不同品种、年龄、性别的猪都可感染，附红细胞体在猪群的感染率很高，但以仔猪和母猪最为易感，其中以仔猪的发病率与病死率较高。

2. 传染源与传播途径

病猪及隐性感染猪是重要的传染源。隐性感染猪在存在应激因素导致机体抵抗力下降时，可引起血液中的附红细胞体的数量明显增加，从而可能引起发病。本病的传播途径多种多样，有直接接触传播、血源性传播、消化道传播、垂直传播及媒介昆虫传播等。

3. 流行特征

本病具有一定的季节性，多发生与炎热潮湿季节，呈散发或地方流行性。附红细胞体病是一种多因子疾病，过度应激导致机体抵抗力下降是本病发生的主要因素，通常情况下只发生于那些抵抗力明显下降的猪。

三、临床症状

多数呈隐性经过，少数情况下受应激因素刺激可出现临诊症状。潜伏期6～45d，不同年龄与生理阶段的猪的临床表现如下。

1. 仔猪

断奶仔猪易被感染，哺乳仔猪和断奶仔猪发病后症状往往较为严重，病死率高。急性期表现发热，40～42℃、稽留热，厌食，精神不好；贫血，可视黏膜苍白、有时黄染；背腰及四肢末端淤血，发红发紫；耳郭边缘发绀、呈现浅红至暗红色，感染时间长时可能发生坏死。慢性病猪则主要是消瘦、苍白。

2. 育成育肥猪

病猪皮肤潮红，毛孔处可见有针尖大小的微细红斑；发热，体温40℃以上、稽留热，厌食，精神不好；但大多数能够耐过。

3. 母猪

多在临产前和分娩后1周内出现临床症状。急性期表现厌食、发热达42℃以上；乳房或外阴水肿可持续1～3d；泌乳量下降，母性缺乏或不正常；有时出现繁殖障碍，表现为受胎率低，不发情，流产，产出弱仔；所产仔猪表现贫血，生长缓慢，易于发病。

四、剖检变化

呈现典型的黄疸性贫血，血液稀薄。皮下黏膜、浆膜苍白黄染，皮下组织弥散性黄染。全身淋巴结肿大、潮红、黄染。气管外、肺、心包、胃、肠等脏器浆膜黄染。胃黏膜黄染，有散在出血斑；肠道有卡他性出血炎症。肝肿大，呈土黄色或黄棕色、坏死，有脂肪变性；胆囊肿大，胆汁浓稠、有的出现结石样物质。脾脏肿大，脾被膜有结节、结构模糊。肾脏肿大，质地脆弱，外观黄染。肺肿胀，瘀血水肿。心外膜、心冠脂肪黄染，有少量针尖大出血点，心肌苍白松软。

五、诊断

根据流行特点、临诊症状、剖检变化可做出初步诊断，确诊需要依靠实验室检查。

1. 涂片镜检

采集病猪发热期血液，预温至38℃后涂片，瑞氏或吉姆萨染色，用高倍显微镜镜检。如果在暗视野下检查发现多数红细胞边缘整齐，变形，表面及血浆中有多种形态的染成粉红色或紫红色的折光度强的虫体，可以做出确诊。

2. 荧光定量 PCR 检测

临床健康猪体内也有猪附红细胞体，所以细菌载量的高低是诊断猪附红细胞体病的一个重要指标，可使用荧光定量 PCR 方法检测猪附红细胞体的载量。采集血液、淋巴结、脾脏、肝脏等组织脏器，提取病毒 DNA，使用 1 对特异性引物（5′-CCACGCCGTAAAC GATGGA-3′和 5′-CACGAGCTGACGACA ACC-3′；预期扩产物大小：263bp）进行荧光定量 PCR 来检测猪附红细胞体载量，只有猪附红细胞体载量很高时，才可诊断为猪附红细胞体病。该方法需要与临床诊断相结合，能够做到快速诊断。

六、防控措施

对猪的附红细胞体病必须采取综合防控措施。

1. 预防措施

加强平时的饲养管理，减少或消除应激因素，做好兽医生物安全措施。加强环境卫生、定期消毒，在炎热多雨季节注意灭杀虱子、疥螨及吸血昆虫，定期驱虫。防止猪群打斗、咬尾，造成外伤。给猪免疫或其他注射时要保证每头猪 1 个针头。注射、断尾、剪齿、剪耳号、给母猪接产时要严格消毒。做好其他传染病的免疫预防，控制好免疫抑制性疾病，提高猪群免疫力。

也可进行药物预防，要使用对支原体比较敏感度的药物。在容易发病时期使用盐酸多西环素（就是强力霉素，每吨饲料添加 150g）加阿散酸（每吨饲料添加 150g），连续使用 5～7d，然后将剂量减半，再连续使用 2 周。或者使用金霉素，每吨饲料添加 300g，连用 3～5 天，然后剂量减半，再连续使用 2 周，可同时添加阿散酸。也可使用土霉素，每吨饲料添加 600g，疗程同上，可同时添加阿散酸。添加阿散酸时要严防肿的蓄积中毒。

2. 治疗

目前常用的治疗本病的药物有氧氟沙星、蒽诺沙星、环丙沙星、泰乐菌素、泰妙菌素、强力霉素、土霉素、金霉素等，同时采取支持疗法，补液盐饮水，加碳酸氢钠纠正算中毒，必要时进行葡萄糖输液，有贫血症状时注射铁剂；有混合感染时要注意控制其他病原。

第九章

ZHONGZHU DE ZHONGYAO JIBING

种猪重要的寄生虫病

第一节　猪寄生虫病诊断与防控基本知识

寄生虫病的诊断多需要采取综合诊断方法。需要结合流行病学资料、临床症状、病理解剖变化来做出初步诊断，然后通过实验室检查，查出虫卵、幼虫或成虫，必要时进行寄生虫学剖检，方可做出确诊。

和其他疾病的诊断一样，要进行临床症状的观察和分析，但是多数蠕虫病病猪往往没有特殊的示病症状，因此寄生虫病的诊断应着重于流行病学材料的调查研究和通过实验室手段，查出虫卵，幼虫或虫体等以建立生前诊断。必要时辅以尸体剖检建立死后诊断。但也应注意在有些情况下，动物体内发现寄生虫，并不一定就引起寄生虫病。感染和发病不能等同看待，只有感染达到一定强度，引起生产性能下降、临床症状和病理变化时，才能称之为寄生虫病。因此必须把病原检查和流行病学资料、临床症状和病理剖检变化综合起来，才能做出正确诊断。

一、猪寄生虫病的诊断方法

1. 临床诊断

临床诊断，是对临床症状仔细观察，分析病因，寻找线索，如仔猪感染蛔虫病时，初期往往症状明显，伴有群发性咳嗽和体温升高等。

2. 流行病学调查

是全面了解畜体的饲养环境条件、管理方式、发病季节，流行状况、中间宿主或传播媒介及其他宿主的存在和活动规律等，统计感染率和感染强度，为确立诊断提供重要依据。

3. 实验室诊断

是寄生虫病诊断的重要手段，主要是利用实验室检查方法从病料中查出病原体（虫卵，幼虫或成虫）。病料包括粪，尿，血液，骨髓，脑脊液，以及发病部位的分泌物，病变组织等。必要时可采取病料接种实验动物，然后从实验动物体内检查虫体。有时尸体剖检发现特殊病变或虫体建立诊断。

4. 治疗性诊断

是指有些寄生虫在感染猪的粪，尿或其他病料中没有虫卵、虫体存在，或数量很少，难以检出，影响确诊。这时可根据流行病学材料和临床症状提供的线索，采用针对某种寄生虫的特效药进行驱虫，然后根据排出虫体检查鉴定。

5. 剖检诊断

是最容易获得蠕虫病的诊断结果，通常采用全身性蠕虫学剖检法以确定寄生虫的种类和数量作为确诊依据。此外还可以根据宿主的病理变化来判断感染寄生虫的种类和程度。

6. 免疫学诊断

在临床上疑为某种寄生虫病，经反复检查找不到病原体的患畜多用免疫学方法检查。但是免疫学方法多数用于流行病学调查或寄生虫并基本消灭后的监测。

7. 分子生物学诊断

具有更高的灵敏性和特异性，随着分子生物学的飞速发展和学科间交叉渗透，许多分子生物学技术，尤其是 PCR 技术，已应用于寄生虫病的诊断和流行病学调查，尤其为探索寄生虫的系统进化及亚种和虫株鉴别提供了新的可靠手段。

二、寄生虫常规实验诊断技术

1. 蠕虫虫卵的识别

（1）吸虫卵　常呈卵圆形。卵壳厚而坚实。大部分卵一端有卵盖，被一个不明显的沟围绕着。当卵发育成熟时，卵盖开启，毛蚴脱出。许多虫卵表面有各种突出物，如结节，小刺，丝等。新排出的卵，有的含有被卵黄细胞包围的卵细胞，有的含发育完全的毛蚴。常呈现黄色，黄褐色，褐色。多使用沉淀法检查。

（2）绦虫卵　形状多样，方形、三角形、圆形或不规则形等。卵壳中央有一椭圆形六钩蚴，六钩蚴被一层紧贴着的膜包围着，外面再包一层膜，两层膜之间分离，含或多或少的液体，并常有颗粒状物。卵壳的厚度和构造不同。有些卵的内膜带有突起，被称为梨形器。有的卵被子宫周围器包裹，其内含一个或多个六钩蚴。大多无色，少数黄色，褐色。假叶目绦虫卵似吸虫卵。多使用漂浮法检查。

（3）线虫卵　常呈椭圆形或近于圆形。大多数虫卵外形是对称的，卵膜被完整的包围着，有的在一端有缺口，缺口在被另外增长起来的卵膜封盖着。一般线虫卵都有由四层膜组成的卵壳。有些虫卵排出外界时处于分割前期，有些已分割为多细胞（桑椹期），有些已含幼虫。卵壳表面有的有小凹陷，有的有结节，有的完全平滑。色泽也不相同，可以从无色到黑色。多使用漂浮法检查。

（4）棘头虫卵　虫卵多为椭圆形或长椭圆形，深褐色，似枣核样。卵的中央有一椭圆形的含三对胚钩的胚胎，胚胎被三层膜包围着，最里面的一层是最柔软的，中间一层常较厚，大多在两端常有显著的压迹，最外一层变化大，有的薄而平，有的厚，有的呈凸凹不平蜂窝状。多使用沉淀法检查。

2. 粪便检查方法

（1）直接涂片法　此方法操作简单易行，适用于所有虫卵的检查，临床上通常使用此种方法，但检出效率低，为辅助诊断的一种方法。在载玻片上滴1～3滴甘油和水的混合液，在其中加少许粪便，用火柴棍或牙签搅拌，并将硬固的渣子等杂质捡出，拨于载玻片一边，再将粪液涂成薄膜，涂片厚度以能透过涂片隐约可见书报上的字迹为宜，之后在粪膜上加盖玻片，普通光镜下检查即可。

（2）改良加藤法（厚涂片法）　此方法适合用于粪便中各种蠕虫卵的检查和计数，常用于华枝睾吸虫卵的检查。用大小为4cm×4cm的100目尼龙网覆在粪便样本上，用塑料刮片在网上刮取粪便约50mg，置于载玻片上，用浸透甘油-孔雀绿溶液的玻璃纸覆于粪便上，以胶塞轻压使粪便展开为20mm×25mm大小模块。置于30～36℃温箱中约30min或25℃ 1h，待粪膜稍干并透明即可镜检。

（3）漂浮法　其原理是采用密度高于虫卵的漂浮液，使粪便中的虫卵与粪便残渣分开而浮于液体表面，然后进行检查。漂浮液通常多采用饱和盐水，对大多数线虫卵、绦虫卵和某些原虫卵囊均有效，但对吸虫卵、后圆线虫卵和棘头虫卵效果差。方法是取10g粪便放入200mL烧杯中，加入一定量的饱和盐水，用木棒或玻璃棒搅匀后静置10min。为了去除粪便中大量杂质也可用网筛过滤后再静置。静置后，用胶头滴管直接吸取上层液面滴于载玻片上压好盖玻片镜检，或用铁丝环蘸取液面，将沾在铁丝环上的液面膜抖在载玻片上，重复此动作数次，至载玻片上液体量足够多，再压盖玻片镜检。镜检时一定注意以见到气泡层为准，因为虫卵漂浮于盐水的上层。

（4）沉淀法　是利用虫卵密度比水大的特点，让虫卵在重力的作用下，自然沉于容器底部，然后进行检查，如猪蛭形巨吻棘头虫卵。可分为离心沉淀和自然沉淀两种方法，其中自然沉淀法耗时长，但不需要离心机，基层下乡操作方便。方法是收集感染猪5g或者更多量粪便，加水搅拌均匀，分别用60目和100目网筛依序过滤，弃掉筛中粪渣，滤液普通离心机离心沉淀（1000r/min）或静置过夜后弃上清，取沉渣抹片镜检。

3. 虫卵计数方法

EPG或OPG分别表示每克粪便中的虫卵数或卵囊数。虫卵计数的结果常可作为诊断寄生虫病的参考。

（1）麦克马斯特氏法　预先准备好麦克马斯特计数板。计数板由两块玻璃板中间加玻璃条黏合而成，玻璃条的厚度为1.5mm。每块计数板上有两个计数室，每个计数室的玻璃面上可见被分成100格的1cm的正方形刻线。方法是将粪便置于烧杯内搅拌均匀，称取2g粪便，加10mL水搅拌均匀，再加

50mL饱和盐水搅拌均匀，边搅拌边吸取样液充入计数板的两个计数室。显微镜下计数两个计数室中1cm²正方形（0.15mL粪液量）中的虫卵数量，求平均数。每克粪便中的虫卵数（EPG）或卵囊数（OPG）＝0.15×（2/60）×200。此方法操作比较简单易行，但只适用于可以用饱和盐水漂浮起来的虫卵。

（2）斯陶尔氏法　在一个小玻璃器上（如小三角瓶、大试管和容量瓶等）56mL和60mL处各做一个标记。取0.4%的氢氧化钠溶液注入容器内到56mL处，再加入被检粪便使液体上升到60mL处，加入一些玻璃珠，振荡使粪便完全破碎混匀，混匀后取粪液0.15mL，分滴于2～3张载玻片上，覆以盖玻片，在显微镜下循序检查，统计其中虫卵总数（注意不可遗漏和重复）。每克粪便中的虫卵数（EPG）或卵囊数（OPG）＝0.15×（4/60）×100。此方法操作比较简单易行，有些虫卵不适用漂浮法检查时可以考虑执行此方法。其适用于多种虫卵，如吸虫卵、棘头虫卵和球虫卵囊等的检查，但镜检计数时容易出现重复计数或漏计现象。

4. 体表或皮肤寄生虫的检查

寄生于动物体表或皮肤内的寄生虫主要有蜱、螨、虱和蚤等。这些寄生虫寄生于动物体表时主要引起皮肤瘙痒、脱毛和皮肤的炎症反应，同时或伴有动物精神食欲下降和身体消瘦等症状。对于这些寄生虫病的检查，除了结合临床症状外，更需要检出病原进行确诊。因此，熟练掌握和鉴别各种寄生虫病原形态是此部分寄生虫病诊断的关键。检查方法可以采用肉眼观察和放大镜或显微镜观察相结合。蜱、虱和蚤寄生于动物的体表，个体较大，通过肉眼观察即可发现。注意从体表分离蜱时，切勿用力过猛，应将假头与皮肤垂直，轻轻往外拉，以免口器折断在皮肤内，引起炎症。螨虫个体较小，检查时需刮取皮屑，于显微镜下寻找虫体或虫卵。疥螨检查，通常在病健交界处，用外科刀（稍钝者即可，于酒精灯上烧烤消毒）垂直于皮肤表面反复刮取表皮，直到渗出血丝为止（此点对于疥螨的检查尤为重要）。为了防止皮屑掉落可以在刮取前将手术刀沾上甘油水（1∶1）混合液。刮下的皮屑放于载玻片上，滴加甘油水后覆盖玻片镜检。为了检出较少虫体，可采用浓集法提高检出率。取较多病料置于试管中，加入10%氢氧化钠溶液浸泡过夜或在酒精灯上煮数分钟，使皮屑溶解，自然沉淀或2 000r/min离心沉淀5min，弃上层液，吸取沉渣镜检。蠕形螨寄生于毛囊内，检查时可在动物皮肤上有砂粒样或黄豆大结节的部位用小刀切开挤压，有脓性分泌物或淡黄色干酪样团块时将其挑在载玻片上，滴加生理盐水1～2滴，覆盖玻片镜检。

5. 组织中寄生虫检查

猪肉中旋毛虫的检查是肉品卫生检验的重要项目，常见的检查方法有目检法、镜检法和消化法。目检法将新鲜膈肌角撕去肌膜，肌肉纵向拉平，然后在光线较好的地方用眼睛或放大镜仔细观察肌纤维表面，检查时的光线以自然光源为好。镜检法是取膈肌肉样 0.5～1g 剪成 3mm×10mm 的小块（麦粒大小，24 块），用厚玻片压紧，置于显微镜下检查。消化法将 5g 甚至更多肉样用胃蛋白酶消化液于 37℃ 温箱或水浴锅内消化 30min（每克组织加入 20mL 消化液，消化液配制：活性 3 000∶1 胃蛋白酶粉 10g、浓盐酸 10mL、蒸馏水 990mL），其间不断搅拌，消化后的溶液离心沉淀（1 500r/min）10min，之后取沉淀物镜检幼虫。

中绦期蚴虫的检查生前检查较困难，通常于屠宰时检疫，尤其是猪囊尾蚴和棘球蚴等对人畜危害严重的寄生虫病更要严格检查。猪囊尾蚴（猪囊虫）感染时主要检验部位是咬肌、深腰肌和膈肌等处，凭肉眼发现猪囊虫，亦可显微镜下确认，如果可见头节（具顶突、四个吸盘和两圈小钩）即可确诊。感染猪囊虫的肉俗称"豆猪肉"或"米猪肉"。棘球蚴的检查对象主要是羊、猪和骆驼等，通常屠宰时肉眼即可见，在肝、肺和脑等部位有大小不等的囊状肿物，有的剖开里面甚至含有子囊，母囊中的子囊、头节和脱落的物质统称为棘球砂，镜检头节（原头蚴）具顶突、四个吸盘和小钩。

三、猪寄生虫病防控措施

防控猪寄生虫病必须贯彻"预防为主""防重于治"的方针，进行综合防控。综合防控是根据掌握的寄生虫生活史、生态学和流行病学资料，采取各种防控方法，达到控制寄生虫病发生和流行的总体措施。制订防控措施时，要紧紧抓住造成寄生虫病流行的三个基本环节。

1. 控制和消灭传染源

要及时治疗病猪和进行预防性驱虫，这样既可促使病猪康复，又可减少病原扩散。通常可采取"计划性驱虫"，驱虫的时机可以在虫体成熟排卵之前，这在技术叫做"成熟前驱虫"。驱虫时要尽可能做到以下几点：驱虫应在具有隔离条件的专门场所进行；驱虫后应有一定的隔离时间，直至被驱出的寄生虫或虫卵排完为止；驱虫后排出的粪便和一切病原均应集中进行无害化处理。粪便一般是用堆积发酵的方法消毒（就是生物热消毒）。

2. 阻断传播途径

可利用寄生虫的某些生物学特性设计方案，避开寄生虫的感染，如猪场夜间不宜点灯，减少猪食入昆虫而感染棘头虫病的机会。杀灭或控制中间宿主和传播媒介等，如养鸭消灭中间宿主淡水螺，不喂食未经加热处理的水生植物等，以减少布氏姜片吸虫病的发生。搞好环境卫生，减少虫卵、幼虫或包囊污染饲料饮水的机会，避免动物通过土壤、饲料和水源传播寄生虫病。

3. 保护易感动物

通过加强饲料营养，改善饲养管理，尽量提供适宜环境条件，减少应激因素，以提高猪群抵抗力。另外还可采取药物预防和免疫预防等措施。

第二节　猪弓形虫病

弓形虫病是由龚地弓形虫引起的一种原虫病，又称为弓形体病，其临床特征是病猪出现高热、呼吸困难、神经系统症状，妊娠母猪出现流产、死胎等繁殖障碍。本病传染性强、分布广泛、病死率较高，还可侵害其他动物和人类，危害严重，我国将其列为二类动物疫病。

龚地弓形虫分布于世界各地，能够感染多种温血脊椎动物和人类。我国于1977年在上海、北京等地发生猪弓形虫病，现在各省市都存在本病，给养猪业造成了较大经济损失，需要引起重视。

一、病原

龚地弓形虫，也叫刚地弓形虫，属于肉孢子虫科、弓形虫属。龚地弓形虫仅有1个种、1个血清型，但不同分离株的致病性有所不同。龚地弓形虫有两类宿主，猫科动物是终末宿主，其他脊椎动物和人类都是中间宿主。生活史包括有性生殖（肠内阶段）和无性生殖（肠外阶段）两个阶段，前者指在猫科动物的小肠上皮细胞内进行，经大配子体和小配子体发育，形成两性配子，雌雄配子结合最终形成卵囊，随猫粪排出，发育成熟而具有感染力。弓形虫全部生活史中可出现速殖子、包囊、裂殖体、配子体、卵囊等多种不同的虫体形态。龚地弓形虫的全部发育过程需要两类宿主，猫科动物是终末宿主，其他脊椎动物和人类都是中间宿主。裂殖体（内有裂殖子）、配子体（由裂殖子裂殖生殖后形成）只见于终末宿主。滋养体、包囊、卵囊则可见于中间宿主，是弓形虫对猪，其他动物和人体致病及与传播有关的发育期。

速殖子，又叫滋养体，呈弓形、香蕉形或半月形，一端尖一端钝，平均大小为 $2\mu m \times 5\mu m$。吉姆萨染色或瑞氏染色后，包浆呈淡蓝色，胞核呈深蓝色。速殖子主要出现于疾病的急性期，常散在于血液、脑脊液和病理渗出液中。包囊，又叫组织囊，呈卵圆形或椭圆形，直径大于 $50\mu m$。包囊内含数个至数千个虫体，这些虫体称为缓殖子或慢殖子，形态与速殖子相似。包囊可长期存在于慢性病例的脑、骨骼肌、心肌和视网膜等处。卵囊，呈圆形或椭圆形，平均大小为 $12\mu m \times 9\mu m$。新鲜卵囊未孢子化，孢子化卵囊含2个孢子囊，每个孢子囊内含4个新月形子孢子。卵囊见于猫及其他猫科动物等终末宿主的粪便中，排出体外后可称为人畜感染的主要来源。

二、流行病学

已经发现 200 多种温血动物和人类能够感染龚地弓形虫，包括猫、猪、牛、羊、马、犬、兔、鸡等家养动物与狐狸、野猪野生动物。其中，猫科动物是龚地弓形虫的唯一的终末宿主，但系隐性感染；其他动物都是其中间宿主，猪是受威胁最大的动物，以 3～5 月龄的猪发病最多，可引起暴发性流行和高病死率。

病猪和带虫猪是主要的传染源，其血液、肉、乳汁、内脏、分泌液以及流产胎儿、胎盘及羊水中均有大量龚地弓形虫的存在，如果外界条件有利则成为主要的传染来源。猫粪便中的卵囊污染饲料、饮水或环境，是另一重要传染来源。

本病主要经消化道传播，也可通过呼吸道、皮肤伤口与黏膜传播，还可经胎盘垂直传播。污染的器械工具、昆虫等的机械性传播也是重要途径。

猪弓形虫病具有一定的季节性，温暖湿润季节多发，京津冀地区在 6～9 月发生较多。具有一定的年龄分布，3～5 月龄的猪群发病率高，病死率也高。主要有 2 种流行形式，新疫区多出现暴发性流行与急性型病例，老疫区则以隐性型与散发病例为主。

三、症状

病猪多呈急性经过，潜伏期为 3～7d，主要出血神经、呼吸及消化系统的症状。病初体温升高，可达 42℃以上，虽稽留热，一般维持 3～7d，精神不振，减食或停食，饮水增加。先便秘后腹泻，有时带有黏液和血液。呼吸急促，咳嗽，气喘。眼结膜炎，有黏液性或脓性分泌物，严重者视网膜、脉络膜发炎甚至失明。皮肤有紫斑或出血点，体表淋巴结尤其是腹股沟浅淋巴结肿胀突出。有的出现癫痫样痉挛等神经症状，最后昏迷或窒息而死。怀孕母猪还可发生流产或死胎。病程 5～15d。耐过急性期后，病猪体温恢复正常，食欲逐渐恢复，但生长缓慢，成为僵猪，并长期带虫。

亚急性病例潜伏期 10d 以上，症状与急性型相似但相对较轻，病程更长。慢性病例与隐性感染一般无明显症状，这种类型在老疫区多见。

四、剖检变化

急性病例出现全身性病变，淋巴结、心、肝、肺等器官肿大、出血、有坏死点。全身淋巴结，尤其是肠系膜淋巴结呈索状肿胀，出血，有坏死点。肺间质水肿，并有出血点。肝脏上有针尖大至绿豆大、灰白色或米黄色的小坏死点。脾脏肿大、有粟粒大丘状出血及坏死点。肾脏呈黄褐色，有针尖状出血点与坏死灶。肠道黏膜变厚、出血、糜烂。

五、诊断

根据猪弓形虫病的流行特点、临诊症状、病理变化，抗生素无效而磺胺类药物有良好疗效，可做出初步诊断。确诊需要进行实验室诊断，检出病原体或特异性抗体，方可确诊。

1. 直接镜检

取肺、肝、淋巴结做涂片，进行吉姆萨染色后镜检；或取病猪的体液、脑脊液作涂片染色检查；也可取淋巴结研碎后加生理盐水过滤，经离心沉淀后，取沉渣作涂片染色镜检。此法简单，但有假阴性，必须对阴性猪作进一步诊断。

2. PCR 检测

采集病料，提取 DNA，使用 1 对特异性引物（5′-GATTTGCATTCAAG AAGCG TGAT AGTAT-3′ 和（5′-AGTTTAGGAAGCAATCTGAAAGCA CATC-3′，预期扩增产物大小为 300bp）进行 PCR 扩增与检测，可以快速、敏感的弓形虫。

3. 血清学诊断

目前国内常用的有 IHA 法和 ELISA 法。需要采集双份血清，间隔 2～3 周采血，IgG 抗体滴度升高 4 倍以上表明感染处于活动期；IgG 抗体滴度不高表明有包囊型虫体存在或过去有感染。

4. 动物接种试验

取肺、肝、淋巴结研碎后加 5～10 倍生理盐水，加入双抗后，室温放置 1h。接种前摇匀，静置 30min，取上清液接种小鼠腹腔，每只接种 0.5～1.0mL。经 1～3 周，若小鼠发病并在腹腔中查到相应虫体，即可确诊。

六、防控措施

1. 预防措施

做好环境卫生，定期消毒，猪场内禁止养猫，防止猫出入圈舍，严防猫粪污染饲料和饮水，控制或消灭圈舍内外的鼠类，猪粪与污染物进行无害化处理。发生过该病的猪场可定期在饲料中添加磺胺嘧啶、磺胺六甲氧嘧啶等药物进行预防，饲养员工要注意个人防护。

2. 治疗

多数抗生素对弓形虫无效，仅螺旋霉素有一定的治疗效果。磺胺类药物治疗弓形虫病有很好的效果，磺胺类药物和抗菌增效剂联合使用，效果会更好。但应注意在发病初期及时用药，如用药晚，虽可使临诊症状消失，但不能抑制虫体进入组织形成的包囊，磺胺类药物也不能杀死包囊内的慢殖子。使用磺胺类药物，首次剂量加倍，一般需要连用 3～5d。可选用下列磺胺类药物：

磺胺-6-甲氧嘧啶（SMM）：按每千克体重 60～100mg 口服，或配合三甲氧苄胺嘧啶（每千克体重 14mg）口服。每日 2 次，连用 3～5d。

磺胺嘧啶（SD）联合三甲氧苄胺嘧啶（TMP）：分别按每千克体重 70mg、14mg，每天口服 2 次，连用 3～5d。

磺胺嘧啶联合乙胺嘧啶：分别按每千克体重 70mg、6mg，每天口服 2 次，连用 3～5d。

10％复方磺胺嘧啶钠注射液：每千克体重 50～100mg，每天肌内注射1～2 次，连用 3～5d。

此外，磺胺-5-甲氧嘧啶（SMD）、长效磺胺嘧啶（SMP）、复方新诺明（SMZ）对猪弓形虫病也有良好的疗效。

第三节　猪囊尾蚴病

猪囊尾蚴病是由猪带绦虫的幼虫——猪囊尾蚴（猪囊虫）寄生在猪的肌肉、实质器官和脑中所引起的一种寄生虫病，也称猪囊虫病。本病分布广泛，不仅严重危害养猪业，也严重威胁到人类健康，我国将其列为二类动物疫病。

猪囊尾蚴病广泛流行于以猪肉为主要肉食的国家和地区。近年来，我国加强了肉品卫生检疫，本病的发生率逐年下降，但是仍然在东北、华北、西北、西南地区时有发生，给养猪业造成了较大经济损失，必须引起重视。

一、病原

猪带绦虫属于带科、带属，又名链状带绦虫，成虫乳白色，扁平带状，体长 2～5m，由头节、颈节、体节三部分组成，体节又分为幼节、成节、孕节等三部分。虫卵呈圆形或近圆形，直径 31～43μm，卵内含具 3 对小钩的六钩蚴。幼虫称猪囊尾蚴或猪囊虫，呈乳白色半透明的小囊泡，长 6～10mm，宽约 5mm，囊内充满囊液，囊壁上有一个圆形小高粱大的乳白色小结，结内嵌藏着一个头节，结构同成虫头节。猪囊尾蚴包埋在肌纤维间，外观似散在的豆粒或米粒，故称有猪囊尾蚴的猪肉为"豆猪肉"或"米猪肉"。成虫只寄生于人的小肠，幼虫寄生于猪、人的横纹肌、大脑等处。

二、流行病学

猪与野猪都易感，犬、猫、人也易感。猪囊尾蚴病主要是猪与人之间循环感染的一种人畜共患病。人的猪囊尾蚴病的感染源为猪囊尾蚴，猪囊尾蚴病的感染源是人体内寄生的猪带绦虫排出的孕节片和虫卵，通过消化道感染，在猪和人之间形成往复循环，构成了流行的要素。

本病的发生与流行与人的粪便管理和猪的饲养方式密切相关，一般发生于经济欠发达的地区，在这些地区往往是人无厕、猪无圈，甚至还有连茅圈（厕所与猪圈相连）的现象，在很大程度上增加了猪与人粪接触的机会，造成本病广泛流行。此外，烹调时间过短，蒸煮时间不够等，也可造成人感染猪带绦虫。

三、症状

猪囊尾蚴感染对猪的影响随虫体寄生部位和感染强度的不同而存在差异。轻度感染时对猪一般不会造成明显影响，生前常无临床症状。严重感染的猪，一般表现为营养不良、贫血、水肿及衰竭等症状。大量寄生于脑时可引起神经系统机能的障碍，如视觉扰乱、癫痫、急性脑炎，有时可突然死亡。大量寄生于肌肉组织初期时，可引起寄生部位肌肉疼痛、前肢僵硬、跛行和食欲不振等，但不久即消失。寄生于眼结膜下组织或舌部表层，可见视力减退、眼神发呆，眼球活力差，严重者视力消失，在寄生部位呈现豆状肿胀。在肉品检验时，常在外观上体满腰肥的猪群中发现严重感染猪囊尾蚴的病例。

猪囊尾蚴对人的危害也取决于寄生数量和寄生部位。寄生于眼内，可导致视力减弱甚至失明；寄生于肌肉，则引起肌肉局部疼痛；当寄生于脑时危害最大，可引起头晕、头痛、恶心、呕吐以及癫痫等症状，严重者可导致死亡。

四、剖检病变

寄生部位非常广泛，剖检可见在肌肉，心、脑等处发现黄豆粒大的乳白色虫体包囊。囊虫包埋在肌纤维之间，如散在的豆粒，故常称有猪囊尾蚴的猪肉为"豆猪肉"或"米猪肉"。

五、诊断

生前诊断比较困难，可检查眼睑和舌部，查看有无因猪囊虫引起的豆状结节。触诊舌根和舌的腹面有稍硬的豆状疙瘩时，可作为生前诊断的依据。多数只有在宰后检疫时才能确诊。

尸体剖检或宰后检疫时，检验咬肌、腰肌、骨骼肌及心肌等，检查是否有乳白色的、米粒样的圆形或近圆形的猪囊虫，钙化后的囊虫，包囊中呈现有大小不一的黄白色颗粒。镜检时，可见猪囊虫头节上有 4 个吸盘及两排小钩。

也可采用酶联免疫吸附试验（ELISA）、间接血凝试验（IHA）等免疫学方法进行检测，这对诊断猪和人的猪囊尾蚴病有重要价值。

也可采用 PCR 检测方法，采集可疑肌肉，提取 DNA，使用 1 对特异性引物（5′-AGCGACGAGACGGGCATAC-3′ 和（5′-CGCTGCTGTTGACTGAT GATG-3′，预期扩增产物大小为 150bp）进行 PCR 扩增与检测，可以快速、敏感的鉴定猪囊尾蚴。

六、防控措施

本病重在预防，发现病例应及时做无害化处理，可采用如下防控措施。

注意个人卫生，提倡熟食，不吃生的或半生不熟的猪肉。

加强肉品卫生检验，实行定点屠宰、集中检疫，严禁销售含囊尾蚴的肉，对有囊尾蚴的猪肉，应做无害化处理。

加强人粪管理和改变猪的饲养方式，要求人有厕、猪有圈，二者要分开，不要放牧养猪，杜绝猪吃人粪而感染猪囊虫病。

查治病人，及时驱除绦虫。人患绦虫病时，可用南瓜子、槟榔或氯硝柳胺（灭绦灵）等药物驱虫，驱虫治疗是切断感染来源极其重要的措施。驱虫后排出的虫体和粪便必须严格处理，彻底消灭感染源。

也可用丙硫咪唑或吡喹酮来杀灭猪囊尾蚴。丙硫咪唑，每天剂量每千克体重 30mg，共服 3 次；吡喹酮，每天剂量每千克体重 60mg，共服 3 次。

第四节　猪旋毛虫病

猪旋毛虫病是由旋毛虫引起的一种线虫病，一般无明显临床症状，往往需要在屠宰后检出。旋毛虫病在全球普遍存在，在我国散在存在于猪、犬、狼、熊、鼠及水貂体内均有存在。虽然猪的感染率很低，但由于旋毛虫病是一种严重的人畜共患病，带有旋毛虫的猪肉是人旋毛虫的主要感染来源，因此猪肉的旋毛虫检查是肉品卫生检疫的主要项目之一，而旋毛虫病也被我国列为二类动物疫病，需要引起重视。

一、病原

旋毛虫属于毛形科、毛形属，是一种很小的线虫，雌虫长约 3.5mm，雄虫长仅 1.5mm 左右。旋毛虫分为成虫、幼虫，成虫寄生于宿主小肠，又称为肠旋毛虫。幼虫寄生于宿主横纹肌内，又称为肌旋毛虫，其在肌纤维膜内形成椭圆形包囊，幼虫在包囊内卷曲。

旋毛虫包囊幼虫对外界环境具有很强的抵抗力。比较抗低温，−12℃能存活 57d，−23℃能存活 20d，−29℃能存活 12d；但旋毛虫包囊及其幼虫不耐高温，在 70℃以上的条件下很快死亡。腌渍、烟熏不能杀死肌肉内部的幼虫，在腐败的肉里能够存活 3 个月以上。

二、流行病学

本病呈全球性分布，几乎所有哺乳动物为其宿主。据实验表明，有时动物吞食了新鲜病肉，会有一部分含有幼虫的肉品排出外界，污染外界环境，食入粪便中的旋毛虫幼虫，也可引起感染。

带虫的生猪肉及加工不当的染虫的猪肉制品，旋毛虫包囊污染的食品、废肉屑、洗肉水与泔水、厨房废弃物、染虫的鼠类等都是传染来源。本病主要经消化道感染，猪只感染旋毛虫的主要途径是食入未经煮沸的洗过肉的泔水、废弃碎肉，或吞食老鼠、腐肉、昆虫、其他动物粪便中排出的活的幼虫或完整包囊。因此，放养猪的感染机会明显大于圈养猪。

三、症状与病变

猪对旋毛虫的耐受能力较强，感染后多数无明显的临床症状。少数猪在旋毛虫感染后，成虫侵入肠黏膜，在初期可见到肠炎症状，食欲减退，呕吐、腹泻、腹痛等症状；15d 左右，幼虫侵入肌肉，可导致全身性肌肉炎症，发热，肌肉疼痛，行走、呼吸、咀嚼和吞咽困难，逐渐消瘦。病死的极少，多于 4～6 周后康复。

剖检变化仅见寄生部位肌纤维横纹消失，萎缩，肌纤维膜增厚。

四、诊断

本病生前诊断困难，常常在屠宰后检出。可通过肉品卫生检验加以确定。先用肉眼观察膈肌、双侧膈肌的肌角，发现肌纤维中有小白点再做压片镜检。在肉样上剪 24 片麦粒大小的肉块，用载玻片压成肉片，观察是否有旋毛虫存在。也可用消化法对肉品进行检查。将待检肉品搅碎，从中加入人工胃液，使待检肉品消化，在沉渣中观察寻找是否有旋毛虫幼虫存在。

如需要进行生前诊断，可应用免疫学方法。酶联免疫吸附试验、间接荧光抗体技术的检出率都可达 90% 以上。

五、防控措施

1. 预防措施

加强肉品卫生检验工作，严格按照国家规定对检出肉品进行处理；不食用生肉和半生不熟的肉；对猪进行圈养，不放养，更不要到荒山野地区放牧；搞好环境卫生，做好灭鼠工作。

2. 治疗措施

病猪可采用以下药物治疗：

丙硫咪唑：每千克体重 200mg，肌内注射；或者以 300g/t 拌入饲料，连续 10d 即杀死所有寄生在肌肉中的幼虫。

甲苯咪唑：每千克体重 50mg 喂服。

氟苯咪唑：每吨饲料以 125g 拌饲。

伊维菌素或阿维菌素：每千克体重 0.3mg，皮下注射或喂服。

附录　部分动物防疫法律法规汇编

附录1　中华人民共和国动物防疫法

2007年8月30日第十届全国人民代表大会常务委员会第二十九次会议修订通过《中华人民共和国动物防疫法》，自2008年1月1日起施行）

目　录

第一章　总　　则

第一条　为了加强对动物防疫活动的管理，预防、控制和扑灭动物疫病，促进养殖业发展，保护人体健康，维护公共卫生安全，制定本法。

第二条　本法适用于在中华人民共和国领域内的动物防疫及其监督管理活动。

进出境动物、动物产品的检疫，适用《中华人民共和国进出境动植物检疫法》。

第三条　本法所称动物，是指家畜家禽和人工饲养、合法捕获的其他动物。

本法所称动物产品，是指动物的肉、生皮、原毛、绒、脏器、脂、血液、精液、卵、胚胎、骨、蹄、头、角、筋以及可能传播动物疫病的奶、蛋等。

本法所称动物疫病，是指动物传染病、寄生虫病。

本法所称动物防疫，是指动物疫病的预防、控制、扑灭和动物、动物产品的检疫。

第四条　根据动物疫病对养殖业生产和人体健康的危害程度，本法规定管理的动物疫病分为下列三类：

（一）一类疫病，是指对人与动物危害严重，需要采取紧急、严厉的强制预防、控制、扑灭等措施的；

（二）二类疫病，是指可能造成重大经济损失，需要采取严格控制、扑灭等措施，防止扩散的；

（三）三类疫病，是指常见多发、可能造成重大经济损失，需要控制和净化的。

前款一、二、三类动物疫病具体病种名录由国务院兽医主管部门制定并公布。

第五条　国家对动物疫病实行预防为主的方针。

第六条　县级以上人民政府应当加强对动物防疫工作的统一领导，加强基层动物防疫队伍建设，建立健全动物防疫体系，制定并组织实施动物疫病防治规划。

乡级人民政府、城市街道办事处应当组织群众协助做好本管辖区域内的动物疫病预防与控制工作。

第七条　国务院兽医主管部门主管全国的动物防疫工作。

县级以上地方人民政府兽医主管部门主管本行政区域内的动物防疫工作。

县级以上人民政府其他部门在各自的职责范围内做好动物防疫工作。

军队和武装警察部队动物卫生监督职能部门分别负责军队和武装警察部队现役动物及饲养自用动物的防疫工作。

第八条　县级以上地方人民政府设立的动物卫生监督机构依照本法规定，负责动物、动物产品的检疫工作和其他有关动物防疫的监督管理执法工作。

第九条　县级以上人民政府按照国务院的规定，根据统筹规划、合理布局、综合设置的原则建立动物疫病预防控制机构，承担动物疫病的监测、检测、诊断、流行病学调查、疫情报告以及其他预防、控制等技术工作。

第十条　国家支持和鼓励开展动物疫病的科学研究以及国际合作与交流，推广先进适用的科学研究成果，普及动物防疫科学知识，提高动物疫病防治的科学技术水平。

第十一条　对在动物防疫工作、动物防疫科学研究中做出成绩和贡献的单位和个人，各级人民政府及有关部门给予奖励。

第二章　动物疫病的预防

第十二条　国务院兽医主管部门对动物疫病状况进行风险评估，根据评估结果制定相应的动物疫病预防、控制措施。

国务院兽医主管部门根据国内外动物疫情和保护养殖业生产及人体健康的需要，及时制定并公布动物疫病预防、控制技术规范。

第十三条　国家对严重危害养殖业生产和人体健康的动物疫病实施强制免疫。国务院兽医主管部门确定强制免疫的动物疫病病种和区域，并会同国务院有关部门制定国家动物疫病强制免疫计划。

省、自治区、直辖市人民政府兽医主管部门根据国家动物疫病强制免疫计划，制订本行政区域的强制免疫计划；并可以根据本行政区域内动物疫病流行情况增加实施强制免疫的动物疫病病种和区域，报本级人民政府批准后执行，并报国务院兽医主管部门备案。

第十四条　县级以上地方人民政府兽医主管部门组织实施动物疫病强制免疫计划。乡级人民政府、城市街道办事处应当组织本管辖区域内饲养动物的单位和个人做好强制免疫工作。

饲养动物的单位和个人应当依法履行动物疫病强制免疫义务，按照兽医主管部门的要求做好强制免疫工作。

经强制免疫的动物，应当按照国务院兽医主管部门的规定建立免疫档案，加施畜禽标识，实施可追溯管理。

第十五条　县级以上人民政府应当建立健全动物疫情监测网络，加强动物疫情监测。

国务院兽医主管部门应当制定国家动物疫病监测计划。省、自治区、直辖市人民政府兽医主管部门应当根据国家动物疫病监测计划，制定本行政区域的动物疫病监测计划。

动物疫病预防控制机构应当按照国务院兽医主管部门的规定，对动物疫病的发生、流行等情况进行监测；从事动物饲养、屠宰、经营、隔离、运输以及动物产品生产、经营、加工、贮藏等活动的单位和个人不得拒绝或者阻碍。

第十六条　国务院兽医主管部门和省、自治区、直辖市人民政府兽医主管部门应当根据对动物疫病发生、流行趋势的预测，及时发出动物疫情预警。地方各级人民政府接到动物疫情预警后，应当采取相应的预防、控制措施。

第十七条　从事动物饲养、屠宰、经营、隔离、运输以及动物产品生产、经营、加工、贮藏等活动的单位和个人，应当依照本法和国务院兽医主管部门的规定，做好免疫、消毒等动物疫病预防工作。

第十八条　种用、乳用动物和宠物应当符合国务院兽医主管部门规定的健康标准。

种用、乳用动物应当接受动物疫病预防控制机构的定期检测；检测不合格的，应当按照国务院兽医主管部门的规定予以处理。

第十九条　动物饲养场（养殖小区）和隔离场所，动物屠宰加工场所，以及动物和动物产品无害化处理场所，应当符合下列动物防疫条件：

（一）场所的位置与居民生活区、生活饮用水源地、学校、医院等公共场所的距离符合国务院兽医主管部门规定的标准；

（二）生产区封闭隔离，工程设计和工艺流程符合动物防疫要求；

（三）有相应的污水、污物、病死动物、染疫动物产品的无害化处理设施设备和清洗消毒设施设备；

（四）有为其服务的动物防疫技术人员；

（五）有完善的动物防疫制度；

（六）具备国务院兽医主管部门规定的其他动物防疫条件。

第二十条　兴办动物饲养场（养殖小区）和隔离场所，动物屠宰加工场所，以及动物和动物产品无害化处理场所，应当向县级以上地方人民政府兽医主管部门提出申请，并附具相关材料。受理申请的兽医主管部门应当依照本法和《中华人民共和国行政许可法》的规定进行审查。经审查合格的，发给动物防疫条件合格证；不合格的，应当通知申请人并说明理由。需要办理工商登记的，申请人凭动物防疫条件合格证向工商行政管理部门申请办理登记注册手续。

动物防疫条件合格证应当载明申请人的名称、场（厂）址等事项。

经营动物、动物产品的集贸市场应当具备国务院兽医主管部门规定的动物防疫条件，并接受动物卫生监督机构的监督检查。

第二十一条　动物、动物产品的运载工具、垫料、包装物、容器等应当符合国务院兽医主管部门规定的动物防疫要求。

染疫动物及其排泄物、染疫动物产品，病死或者死因不明的动物尸体，运载工具中的动物排泄物以及垫料、包装物、容器等污染物，应当按照国务院兽医主管部门的规定处理，不得随意处置。

第二十二条　采集、保存、运输动物病料或者病原微生物以及从事病原微生物研究、教学、检测、诊断等活动，应当遵守国家有关病原微生物实验室管理的规定。

第二十三条　患有人畜共患传染病的人员不得直接从事动物诊疗以及易感染动物的饲养、屠宰、经营、隔离、运输等活动。

人畜共患传染病名录由国务院兽医主管部门会同国务院卫生主管部门制定并公布。

第二十四条　国家对动物疫病实行区域化管理，逐步建立无规定动物疫病区。无规定动物疫病区应当符合国务院兽医主管部门规定的标准，经国务院兽医主管部门验收合格予以公布。

本法所称无规定动物疫病区，是指具有天然屏障或者采取人工措施，在一定期限内没有发生规定的一种或者几种动物疫病，并经验收合格的区域。

第二十五条　禁止屠宰、经营、运输下列动物和生产、经营、加工、贮藏、运输下列动物产品：

（一）封锁疫区内与所发生动物疫病有关的；

（二）疫区内易感染的；

（三）依法应当检疫而未经检疫或者检疫不合格的；

（四）染疫或者疑似染疫的；

（五）病死或者死因不明的；

（六）其他不符合国务院兽医主管部门有关动物防疫规定的。

第三章　动物疫情的报告、通报和公布

第二十六条　从事动物疫情监测、检验检疫、疫病研究与诊疗以及动物饲养、屠宰、经营、隔离、运输等活动的单位和个人，发现动物染疫或者疑似染疫的，应当立即向当地兽医主管部门、动物卫生监督机构或者动物疫病预防控制机构报告，并采取隔离等控制措施，防止动物疫情扩散。其他单位和个人发现动物染疫或者疑似染疫的，应当及时报告。

接到动物疫情报告的单位，应当及时采取必要的控制处理措施，并按照国家规定的程序上报。

第二十七条　动物疫情由县级以上人民政府兽医主管部门认定；其中重大动物疫情由省、自治区、直辖市人民政府兽医主管部门认定，必要时报国务院兽医主管部门认定。

第二十八条　国务院兽医主管部门应当及时向国务院有关部门和军队有关部门以及省、自治区、直辖市人民政府兽医主管部门通报重大动物疫情的发生和处理情况；发生人畜共患传染病的，县级以上人民政府兽医主管部门与同级卫生主管部门应当及时相互通报。

国务院兽医主管部门应当依照我国缔结或者参加的条约、协定，及时向有关国际组织或者贸易方通报重大动物疫情的发生和处理情况。

第二十九条　国务院兽医主管部门负责向社会及时公布全国动物疫情，也可以根据需要授权省、自治区、直辖市人民政府兽医主管部门公布本行政区域内的动物疫情。其他单位和个人不得发布动物疫情。

第三十条　任何单位和个人不得瞒报、谎报、迟报、漏报动物疫情，不得授意他人瞒报、谎报、迟报动物疫情，不得阻碍他人报告动物疫情。

第四章　动物疫病的控制和扑灭

第三十一条　发生一类动物疫病时，应当采取下列控制和扑灭措施：

（一）当地县级以上地方人民政府兽医主管部门应当立即派人到现场，划定疫点、疫区、受威胁区，调查疫源，及时报请本级人民政府对疫区实行封锁。疫区范围涉及两个以上行政区域的，由有关行政区域共同的上一级人民政府对疫区实行封锁，或者由各有关行政区域的上一级人民政府共同对疫区实行封锁。必要时，上级人民政府可以责成下级人民政府对疫区实行封锁。

（二）县级以上地方人民政府应当立即组织有关部门和单位采取封锁、隔离、扑杀、销毁、消毒、无害化处理、紧急免疫接种等强制性措施，迅速扑灭疫病。

（三）在封锁期间，禁止染疫、疑似染疫和易感染的动物、动物产品流出疫区，禁止非疫区的易感染动物进入疫区，并根据扑灭动物疫病的需要对出入疫区的人员、运输工具及有关物品采取消毒和其他限制性措施。

第三十二条　发生二类动物疫病时，应当采取下列控制和扑灭措施：

（一）当地县级以上地方人民政府兽医主管部门应当划定疫点、疫区、受威胁区。

（二）县级以上地方人民政府根据需要组织有关部门和单位采取隔离、扑杀、销毁、消毒、无害化处理、紧急免疫接种、限制易感染的动物和动物产品及有关物品出入等控制、扑灭措施。

第三十三条　疫点、疫区、受威胁区的撤销和疫区封锁的解除，按照国务院兽医主管部门规定的标准和程序评估后，由原决定机关决定并宣布。

第三十四条　发生三类动物疫病时，当地县级、乡级人民政府应当按照国务院兽医主管部门的规定组织防治和净化。

第三十五条　二、三类动物疫病呈暴发性流行时，按照一类动物疫病处理。

第三十六条　为控制、扑灭动物疫病，动物卫生监督机构应当派人在当地依法设立的现有检查站执行监督检查任务；必要时，经省、自治区、直辖市人民政府批准，可以设立临时性的动物卫生监督检查站，执行监督检查任务。

第三十七条　发生人畜共患传染病时，卫生主管部门应当组织对疫区易感染的人群进行监测，并采取相应的预防、控制措施。

第三十八条　疫区内有关单位和个人，应当遵守县级以上人民政府及其兽医主管部门依法作出的有关控制、扑灭动物疫病的规定。

任何单位和个人不得藏匿、转移、盗掘已被依法隔离、封存、处理的动物和动物产品。

第三十九条　发生动物疫情时，航空、铁路、公路、水路等运输部门应当优先组织运送控制、扑灭疫病的人员和有关物资。

第四十条　一、二、三类动物疫病突然发生，迅速传播，给养殖业生产安全造成严重威胁、危害，以及可能对公众身体健康与生命安全造成危害，构成重大动物疫情的，依照法律和国务院的规定采取应急处理措施。

第五章　动物和动物产品的检疫

第四十一条　动物卫生监督机构依照本法和国务院兽医主管部门的规定对动物、动物产品实施检疫。

动物卫生监督机构的官方兽医具体实施动物、动物产品检疫。官方兽医应当具备规定的资格条件，取得国务院兽医主管部门颁发的资格证书，具体办法由国务院兽医主管部门会同国务院人事行政部门制定。

本法所称官方兽医，是指具备规定的资格条件并经兽医主管部门任命的，负责出具检疫等证明的国家兽医工作人员。

第四十二条　屠宰、出售或者运输动物以及出售或者运输动物产品前，货主应当按照国务院兽医主管部门的规定向当地动物卫生监督机构申报检疫。

动物卫生监督机构接到检疫申报后，应当及时指派官方兽医对动物、动物产品实施现场检疫；检疫合格的，出具检疫证明、加施检疫标志。实施现场检疫的官方兽医应当在检疫证明、检疫标志上签字或者盖章，并对检疫结论负责。

第四十三条　屠宰、经营、运输以及参加展览、演出和比赛的动物，应当附有检疫证明；经营和运输的动物产品，应当附有检疫证明、检疫标志。

对前款规定的动物、动物产品，动物卫生监督机构可以查验检疫证明、检疫标志，进行监督抽查，但不得重复检疫收费。

第四十四条　经铁路、公路、水路、航空运输动物和动物产品的，托运人托运时应当提供检疫证明；没有检疫证明的，承运人不得承运。

运载工具在装载前和卸载后应当及时清洗、消毒。

第四十五条　输入到无规定动物疫病区的动物、动物产品，货主应当按照国务院兽医主管部门的规定向无规定动物疫病区所在地动物卫生监督机构申报检疫，经检疫合格的，方可进入；检疫所需费用纳入无规定动物疫病区所在地地方人民政府财政预算。

第四十六条　跨省、自治区、直辖市引进乳用动物、种用动物及其精液、胚胎、种蛋的，应当向输入地省、自治区、直辖市动物卫生监督机构申请办理审批手续，并依照本法第四十二条的规定取得检疫证明。

跨省、自治区、直辖市引进的乳用动物、种用动物到达输入地后，货主应当按照国务院兽医主管部门的规定对引进的乳用动物、种用动物进行隔离观察。

第四十七条　人工捕获的可能传播动物疫病的野生动物，应当报经捕获地动物卫生监督机构检疫，经检疫合格的，方可饲养、经营和运输。

第四十八条 经检疫不合格的动物、动物产品，货主应当在动物卫生监督机构监督下按照国务院兽医主管部门的规定处理，处理费用由货主承担。

第四十九条 依法进行检疫需要收取费用的，其项目和标准由国务院财政部门、物价主管部门规定。

第六章　动物诊疗

第五十条 从事动物诊疗活动的机构，应当具备下列条件：

（一）有与动物诊疗活动相适应并符合动物防疫条件的场所；

（二）有与动物诊疗活动相适应的执业兽医；

（三）有与动物诊疗活动相适应的兽医器械和设备；

（四）有完善的管理制度。

第五十一条 设立从事动物诊疗活动的机构，应当向县级以上地方人民政府兽医主管部门申请动物诊疗许可证。受理申请的兽医主管部门应当依照本法和《中华人民共和国行政许可法》的规定进行审查。经审查合格的，发给动物诊疗许可证；不合格的，应当通知申请人并说明理由。申请人凭动物诊疗许可证向工商行政管理部门申请办理登记注册手续，取得营业执照后，方可从事动物诊疗活动。

第五十二条 动物诊疗许可证应当载明诊疗机构名称、诊疗活动范围、从业地点和法定代表人（负责人）等事项。

动物诊疗许可证载明事项变更的，应当申请变更或者换发动物诊疗许可证，并依法办理工商变更登记手续。

第五十三条 动物诊疗机构应当按照国务院兽医主管部门的规定，做好诊疗活动中的卫生安全防护、消毒、隔离和诊疗废弃物处置等工作。

第五十四条 国家实行执业兽医资格考试制度。具有兽医相关专业大学专科以上学历的，可以申请参加执业兽医资格考试；考试合格的，由国务院兽医主管部门颁发执业兽医资格证书；从事动物诊疗的，还应当向当地县级人民政府兽医主管部门申请注册。执业兽医资格考试和注册办法由国务院兽医主管部门商国务院人事行政部门制定。

本法所称执业兽医，是指从事动物诊疗和动物保健等经营活动的兽医。

第五十五条 经注册的执业兽医，方可从事动物诊疗、开具兽药处方等活动。但是，本法第五十七条对乡村兽医服务人员另有规定的，从其规定。

执业兽医、乡村兽医服务人员应当按照当地人民政府或者兽医主管部门的要求，参加预防、控制和扑灭动物疫病的活动。

第五十六条 从事动物诊疗活动，应当遵守有关动物诊疗的操作技术规范，使用符合国家规定的兽药和兽医器械。

第五十七条　乡村兽医服务人员可以在乡村从事动物诊疗服务活动，具体管理办法由国务院兽医主管部门制定。

第七章　监督管理

第五十八条　动物卫生监督机构依照本法规定，对动物饲养、屠宰、经营、隔离、运输以及动物产品生产、经营、加工、贮藏、运输等活动中的动物防疫实施监督管理。

第五十九条　动物卫生监督机构执行监督检查任务，可以采取下列措施，有关单位和个人不得拒绝或者阻碍：

（一）对动物、动物产品按照规定采样、留验、抽检；

（二）对染疫或者疑似染疫的动物、动物产品及相关物品进行隔离、查封、扣押和处理；

（三）对依法应当检疫而未经检疫的动物实施补检；

（四）对依法应当检疫而未经检疫的动物产品，具备补检条件的实施补检，不具备补检条件的予以没收销毁；

（五）查验检疫证明、检疫标志和畜禽标识；

（六）进入有关场所调查取证，查阅、复制与动物防疫有关的资料。

动物卫生监督机构根据动物疫病预防、控制需要，经当地县级以上地方人民政府批准，可以在车站、港口、机场等相关场所派驻官方兽医。

第六十条　官方兽医执行动物防疫监督检查任务，应当出示行政执法证件，佩戴统一标志。

动物卫生监督机构及其工作人员不得从事与动物防疫有关的经营性活动，进行监督检查不得收取任何费用。

第六十一条　禁止转让、伪造或者变造检疫证明、检疫标志或者畜禽标识。

检疫证明、检疫标志的管理办法，由国务院兽医主管部门制定。

第八章　保障措施

第六十二条　县级以上人民政府应当将动物防疫纳入本级国民经济和社会发展规划及年度计划。

第六十三条　县级人民政府和乡级人民政府应当采取有效措施，加强村级防疫员队伍建设。

县级人民政府兽医主管部门可以根据动物防疫工作需要，向乡、镇或者特定区域派驻兽医机构。

第六十四条　县级以上人民政府按照本级政府职责，将动物疫病预防、控制、扑灭、检疫和监督管理所需经费纳入本级财政预算。

第六十五条　县级以上人民政府应当储备动物疫情应急处理工作所需的防疫物资。

第六十六条　对在动物疫病预防和控制、扑灭过程中强制扑杀的动物、销毁的动物产品和相关物品，县级以上人民政府应当给予补偿。具体补偿标准和办法由国务院财政部门会同有关部门制定。

因依法实施强制免疫造成动物应激死亡的，给予补偿。具体补偿标准和办法由国务院财政部门会同有关部门制定。

第六十七条　对从事动物疫病预防、检疫、监督检查、现场处理疫情以及在工作中接触动物疫病病原体的人员，有关单位应当按照国家规定采取有效的卫生防护措施和医疗保健措施。

第九章　法律责任

第六十八条　地方各级人民政府及其工作人员未依照本法规定履行职责的，对直接负责的主管人员和其他直接责任人员依法给予处分。

第六十九条　县级以上人民政府兽医主管部门及其工作人员违反本法规定，有下列行为之一的，由本级人民政府责令改正，通报批评；对直接负责的主管人员和其他直接责任人员依法给予处分：

（一）未及时采取预防、控制、扑灭等措施的；

（二）对不符合条件的颁发动物防疫条件合格证、动物诊疗许可证，或者对符合条件的拒不颁发动物防疫条件合格证、动物诊疗许可证的；

（三）其他未依照本法规定履行职责的行为。

第七十条　动物卫生监督机构及其工作人员违反本法规定，有下列行为之一的，由本级人民政府或者兽医主管部门责令改正，通报批评；对直接负责的主管人员和其他直接责任人员依法给予处分：

（一）对未经现场检疫或者检疫不合格的动物、动物产品出具检疫证明、加施检疫标志，或者对检疫合格的动物、动物产品拒不出具检疫证明、加施检疫标志的；

（二）对附有检疫证明、检疫标志的动物、动物产品重复检疫的；

（三）从事与动物防疫有关的经营性活动，或者在国务院财政部门、物价主管部门规定外加收费用、重复收费的；

（四）其他未依照本法规定履行职责的行为。

第七十一条　动物疫病预防控制机构及其工作人员违反本法规定，有下列行为之一的，由本级人民政府或者兽医主管部门责令改正，通报批评；对直接负责的主管人员和其他直接责任人员依法给予处分：

（一）未履行动物疫病监测、检测职责或者伪造监测、检测结果的；

（二）发生动物疫情时未及时进行诊断、调查的；

（三）其他未依照本法规定履行职责的行为。

第七十二条　地方各级人民政府、有关部门及其工作人员瞒报、谎报、迟报、漏报或者授意他人瞒报、谎报、迟报动物疫情，或者阻碍他人报告动物疫情的，由上级人民政府或者有关部门责令改正，通报批评；对直接负责的主管人员和其他直接责任人员依法给予处分。

第七十三条　违反本法规定，有下列行为之一的，由动物卫生监督机构责令改正，给予警告；拒不改正的，由动物卫生监督机构代作处理，所需处理费用由违法行为人承担，可以处一千元以下罚款：

（一）对饲养的动物不按照动物疫病强制免疫计划进行免疫接种的；

（二）种用、乳用动物未经检测或者经检测不合格而不按照规定处理的；

（三）动物、动物产品的运载工具在装载前和卸载后没有及时清洗、消毒的。

第七十四条　违反本法规定，对经强制免疫的动物未按照国务院兽医主管部门规定建立免疫档案、加施畜禽标识的，依照《中华人民共和国畜牧法》的有关规定处罚。

第七十五条　违反本法规定，不按照国务院兽医主管部门规定处置染疫动物及其排泄物，染疫动物产品，病死或者死因不明的动物尸体，运载工具中的动物排泄物以及垫料、包装物、容器等污染物以及其他经检疫不合格的动物、动物产品的，由动物卫生监督机构责令无害化处理，所需处理费用由违法行为人承担，可以处三千元以下罚款。

第七十六条　违反本法第二十五条规定，屠宰、经营、运输动物或者生产、经营、加工、贮藏、运输动物产品的，由动物卫生监督机构责令改正、采取补救措施，没收违法所得和动物、动物产品，并处同类检疫合格动物、动物产品货值金额一倍以上五倍以下罚款；其中依法应当检疫而未检疫的，依照本法第七十八条的规定处罚。

第七十七条　违反本法规定，有下列行为之一的，由动物卫生监督机构责令改正，处一千元以上一万元以下罚款；情节严重的，处一万元以上十万元以下罚款：

（一）兴办动物饲养场（养殖小区）和隔离场所，动物屠宰加工场所，以及动物和动物产品无害化处理场所，未取得动物防疫条件合格证的；

（二）未办理审批手续，跨省、自治区、直辖市引进乳用动物、种用动物及其精液、胚胎、种蛋的；

（三）未经检疫，向无规定动物疫病区输入动物、动物产品的。

第七十八条 违反本法规定，屠宰、经营、运输的动物未附有检疫证明，经营和运输的动物产品未附有检疫证明、检疫标志的，由动物卫生监督机构责令改正，处同类检疫合格动物、动物产品货值金额百分之十以上百分之五十以下罚款；对货主以外的承运人处运输费用一倍以上三倍以下罚款。

违反本法规定，参加展览、演出和比赛的动物未附有检疫证明的，由动物卫生监督机构责令改正，处一千元以上三千元以下罚款。

第七十九条 违反本法规定，转让、伪造或者变造检疫证明、检疫标志或者畜禽标识的，由动物卫生监督机构没收违法所得，收缴检疫证明、检疫标志或者畜禽标识，并处三千元以上三万元以下罚款。

第八十条 违反本法规定，有下列行为之一的，由动物卫生监督机构责令改正，处一千元以上一万元以下罚款：

（一）不遵守县级以上人民政府及其兽医主管部门依法做出的有关控制、扑灭动物疫病规定的；

（二）藏匿、转移、盗掘已被依法隔离、封存、处理的动物和动物产品的；

（三）发布动物疫情的。

第八十一条 违反本法规定，未取得动物诊疗许可证从事动物诊疗活动的，由动物卫生监督机构责令停止诊疗活动，没收违法所得；违法所得在三万元以上的，并处违法所得一倍以上三倍以下罚款；没有违法所得或者违法所得不足三万元的，并处三千元以上三万元以下罚款。

动物诊疗机构违反本法规定，造成动物疫病扩散的，由动物卫生监督机构责令改正，处一万元以上五万元以下罚款；情节严重的，由发证机关吊销动物诊疗许可证。

第八十二条 违反本法规定，未经兽医执业注册从事动物诊疗活动的，由动物卫生监督机构责令停止动物诊疗活动，没收违法所得，并处一千元以上一万元以下罚款。

执业兽医有下列行为之一的，由动物卫生监督机构给予警告，责令暂停六个月以上一年以下动物诊疗活动；情节严重的，由发证机关吊销注册证书：

（一）违反有关动物诊疗的操作技术规范，造成或者可能造成动物疫病传播、流行的；

（二）使用不符合国家规定的兽药和兽医器械的；

（三）不按照当地人民政府或者兽医主管部门要求参加动物疫病预防、控制和扑灭活动的。

第八十三条 违反本法规定，从事动物疫病研究与诊疗和动物饲养、屠宰、经营、隔离、运输，以及动物产品生产、经营、加工、贮藏等活动的单位和个人，有下列行为之一的，由动物卫生监督机构责令改正；拒不改正的，对违法行为单位处一千元以上一万元以下罚款，对违法行为个人可以处五百元以下罚款：

（一）不履行动物疫情报告义务的；

（二）不如实提供与动物防疫活动有关资料的；

（三）拒绝动物卫生监督机构进行监督检查的；

（四）拒绝动物疫病预防控制机构进行动物疫病监测、检测的。

第八十四条　违反本法规定，构成犯罪的，依法追究刑事责任。

违反本法规定，导致动物疫病传播、流行等，给他人人身、财产造成损害的，依法承担民事责任。

第十章　附　　则

第八十五条　本法自 2008 年 1 月 1 日起施行。

附录 2　重大动物疫情应急条例

《重大动物疫情应急条例》已经 2005 年 11 月 16 日国务院第 113 次常务会议通过，自 2005 年 11 月 18 日公布，自公布之日起施行。

第一章　总　　则

第一条　为了迅速控制、扑灭重大动物疫情，保障养殖业生产安全，保护公众身体健康与生命安全，维护正常的社会秩序，根据《中华人民共和国动物防疫法》，制定本条例。

第二条　本条例所称重大动物疫情，是指高致病性禽流感等发病率或者死亡率高的动物疫病突然发生，迅速传播，给养殖业生产安全造成严重威胁、危害，以及可能对公众身体健康与生命安全造成危害的情形，包括特别重大动物疫情。

第三条　重大动物疫情应急工作应当坚持加强领导、密切配合，依靠科学、依法防治，群防群控、果断处置的方针，及时发现，快速反应，严格处理，减少损失。

第四条　重大动物疫情应急工作按照属地管理的原则，实行政府统一领导、部门分工负责，逐级建立责任制。

县级以上人民政府兽医主管部门具体负责组织重大动物疫情的监测、调查、控制、扑灭等应急工作。

县级以上人民政府林业主管部门、兽医主管部门按照职责分工，加强对陆生野生动物疫源疫病的监测。

县级以上人民政府其他有关部门在各自的职责范围内，做好重大动物疫情的应急工作。

第五条　出入境检验检疫机关应当及时收集境外重大动物疫情信息，加强进出境动物及其产品的检验检疫工作，防止动物疫病传入和传出。兽医主管部门要及时向出入境检验检疫机关通报国内重大动物疫情。

第六条　国家鼓励、支持开展重大动物疫情监测、预防、应急处理等有关技术的科学研究和国际交流与合作。

第七条　县级以上人民政府应当对参加重大动物疫情应急处理的人员给予适当补助，对作出贡献的人员给予表彰和奖励。

第八条　对不履行或者不按照规定履行重大动物疫情应急处埋职责的行为，任何单位和个人有权检举控告。

第二章　应急准备

第九条　国务院兽医主管部门应当制定全国重大动物疫情应急预案，报国务院批准，并按照不同动物疫病病种及其流行特点和危害程度，分别制订实施方案，报国务院备案。

县级以上地方人民政府根据本地区的实际情况，制定本行政区域的重大动物疫情应急预案，报上一级人民政府兽医主管部门备案。县级以上地方人民政府兽医主管部门，应当按照不同动物疫病病种及其流行特点和危害程度，分别制订实施方案。

重大动物疫情应急预案及其实施方案应当根据疫情的发展变化和实施情况，及时修改、完善。

第十条　重大动物疫情应急预案主要包括下列内容：

（一）应急指挥部的职责、组成以及成员单位的分工；

（二）重大动物疫情的监测、信息收集、报告和通报；

（三）动物疫病的确认、重大动物疫情的分级和相应的应急处理工作方案；

（四）重大动物疫情疫源的追踪和流行病学调查分析；

（五）预防、控制、扑灭重大动物疫情所需资金的来源、物资和技术的储备与调度；

（六）重大动物疫情应急处理设施和专业队伍建设。

第十一条　国务院有关部门和县级以上地方人民政府及其有关部门，应当根据重大动物疫情应急预案的要求，确保应急处理所需的疫苗、药品、设施设备和防护用品等物资的储备。

第十二条　县级以上人民政府应当建立和完善重大动物疫情监测网络和预

防控制体系，加强动物防疫基础设施和乡镇动物防疫组织建设，并保证其正常运行，提高对重大动物疫情的应急处理能力。

第十三条 县级以上地方人民政府根据重大动物疫情应急需要，可以成立应急预备队，在重大动物疫情应急指挥部的指挥下，具体承担疫情的控制和扑灭任务。

应急预备队由当地兽医行政管理人员、动物防疫工作人员、有关专家、执业兽医等组成；必要时，可以组织动员社会上有一定专业知识的人员参加。公安机关、中国人民武装警察部队应当依法协助其执行任务。

应急预备队应当定期进行技术培训和应急演练。

第十四条 县级以上人民政府及其兽医主管部门应当加强对重大动物疫情应急知识和重大动物疫病科普知识的宣传，增强全社会的重大动物疫情防范意识。

第三章 监测、报告和公布

第十五条 动物防疫监督机构负责重大动物疫情的监测，饲养、经营动物和生产、经营动物产品的单位和个人应当配合，不得拒绝和阻碍。

第十六条 从事动物隔离、疫情监测、疫病研究与诊疗、检验检疫以及动物饲养、屠宰加工、运输、经营等活动的有关单位和个人，发现动物出现群体发病或者死亡的，应当立即向所在地的县（市）动物防疫监督机构报告。

第十七条 县（市）动物防疫监督机构接到报告后，应当立即赶赴现场调查核实。初步认为属于重大动物疫情的，应当在2小时内将情况逐级报省、自治区、直辖市动物防疫监督机构，并同时报所在地人民政府兽医主管部门；兽医主管部门应当及时通报同级卫生主管部门。

省、自治区、直辖市动物防疫监督机构应当在接到报告后1小时内，向省、自治区、直辖市人民政府兽医主管部门和国务院兽医主管部门所属的动物防疫监督机构报告。

省、自治区、直辖市人民政府兽医主管部门应当在接到报告后1小时内报本级人民政府和国务院兽医主管部门。

重大动物疫情发生后，省、自治区、直辖市人民政府和国务院兽医主管部门应当在4小时内向国务院报告。

第十八条 重大动物疫情报告包括下列内容：

（一）疫情发生的时间、地点；

（二）染疫、疑似染疫动物种类和数量、同群动物数量、免疫情况、死亡数量、临床症状、病理变化、诊断情况；

（三）流行病学和疫源追踪情况；

（四）已采取的控制措施；

（五）疫情报告的单位、负责人、报告人及联系方式。

第十九条 重大动物疫情由省、自治区、直辖市人民政府兽医主管部门认定；必要时，由国务院兽医主管部门认定。

第二十条 重大动物疫情由国务院兽医主管部门按照国家规定的程序，及时准确公布；其他任何单位和个人不得公布重大动物疫情。

第二十一条 重大动物疫病应当由动物防疫监督机构采集病料，未经国务院兽医主管部门或者省、自治区、直辖市人民政府兽医主管部门批准，其他单位和个人不得擅自采集病料。

从事重大动物疫病病原分离的，应当遵守国家有关生物安全管理规定，防止病原扩散。

第二十二条 国务院兽医主管部门应当及时向国务院有关部门和军队有关部门以及各省、自治区、直辖市人民政府兽医主管部门通报重大动物疫情的发生和处理情况。

第二十三条 发生重大动物疫情可能感染人群时，卫生主管部门应当对疫区内易受感染的人群进行监测，并采取相应的预防、控制措施。卫生主管部门和兽医主管部门应当及时相互通报情况。

第二十四条 有关单位和个人对重大动物疫情不得瞒报、谎报、迟报，不得授意他人瞒报、谎报、迟报，不得阻碍他人报告。

第二十五条 在重大动物疫情报告期间，有关动物防疫监督机构应当立即采取临时隔离控制措施；必要时，当地县级以上地方人民政府可以作出封锁决定并采取扑杀、销毁等措施。有关单位和个人应当执行。

第四章 应急处理

第二十六条 重大动物疫情发生后，国务院和有关地方人民政府设立的重大动物疫情应急指挥部统一领导、指挥重大动物疫情应急工作。

第二十七条 重大动物疫情发生后，县级以上地方人民政府兽医主管部门应当立即划定疫点、疫区和受威胁区，调查疫源，向本级人民政府提出启动重大动物疫情应急指挥系统、应急预案和对疫区实行封锁的建议，有关人民政府应当立即作出决定。

疫点、疫区和受威胁区的范围应当按照不同动物疫病病种及其流行特点和危害程度划定，具体划定标准由国务院兽医主管部门制定。

第二十八条 国家对重大动物疫情应急处理实行分级管理，按照应急预案确定的疫情等级，由有关人民政府采取相应的应急控制措施。

第二十九条 对疫点应当采取下列措施：

（一）扑杀并销毁染疫动物和易感染的动物及其产品；

（二）对病死的动物、动物排泄物、被污染饲料、垫料、污水进行无害化处理；

（三）对被污染的物品、用具、动物圈舍、场地进行严格消毒。

第三十条　对疫区应当采取下列措施：

（一）在疫区周围设置警示标志，在出入疫区的交通路口设置临时动物检疫消毒站，对出入的人员和车辆进行消毒；

（二）扑杀并销毁染疫和疑似染疫动物及其同群动物，销毁染疫和疑似染疫的动物产品，对其他易感染的动物实行圈养或者在指定地点放养，役用动物限制在疫区内使役；

（三）对易感染的动物进行监测，并按照国务院兽医主管部门的规定实施紧急免疫接种，必要时对易感染的动物进行扑杀；

（四）关闭动物及动物产品交易市场，禁止动物进出疫区和动物产品运出疫区；

（五）对动物圈舍、动物排泄物、垫料、污水和其他可能受污染的物品、场地，进行消毒或者无害化处理。

第三十一条　对受威胁区应当采取下列措施：

（一）对易感染的动物进行监测；

（二）对易感染的动物根据需要实施紧急免疫接种。

第三十二条　重大动物疫情应急处理中设置临时动物检疫消毒站以及采取隔离、扑杀、销毁、消毒、紧急免疫接种等控制、扑灭措施的，由有关重大动物疫情应急指挥部决定，有关单位和个人必须服从；拒不服从的，由公安机关协助执行。

第三十三条　国家对疫区、受威胁区内易感染的动物免费实施紧急免疫接种；对因采取扑杀、销毁等措施给当事人造成的已经证实的损失，给予合理补偿。紧急免疫接种和补偿所需费用，由中央财政和地方财政分担。

第三十四条　重大动物疫情应急指挥部根据应急处理需要，有权紧急调集人员、物资、运输工具以及相关设施、设备。

单位和个人的物资、运输工具以及相关设施、设备被征集使用的，有关人民政府应当及时归还并给予合理补偿。

第三十五条　重大动物疫情发生后，县级以上人民政府兽医主管部门应当及时提出疫点、疫区、受威胁区的处理方案，加强疫情监测、流行病学调查、疫源追踪工作，对染疫和疑似染疫动物及其同群动物和其他易感染动物的扑杀、销毁进行技术指导，并组织实施检验检疫、消毒、无害化处理和紧急免疫接种。

第三十六条　重大动物疫情应急处理中，县级以上人民政府有关部门应当在各自的职责范围内，做好重大动物疫情应急所需的物资紧急调度和运输、应急经费安排、疫区群众救济、人的疫病防治、肉食品供应、动物及其产品市场监管、出入境检验检疫和社会治安维护等工作。

中国人民解放军、中国人民武装警察部队应当支持配合驻地人民政府做好重大动物疫情的应急工作。

第三十七条　重大动物疫情应急处理中，乡镇人民政府、村民委员会、居民委员会应当组织力量，向村民、居民宣传动物疫病防治的相关知识，协助做好疫情信息的收集、报告和各项应急处理措施的落实工作。

第三十八条　重大动物疫情发生地的人民政府和毗邻地区的人民政府应当通力合作，相互配合，做好重大动物疫情的控制、扑灭工作。

第三十九条　有关人民政府及其有关部门对参加重大动物疫情应急处理的人员，应当采取必要的卫生防护和技术指导等措施。

第四十条　自疫区内最后一头（只）发病动物及其同群动物处理完毕起，经过一个潜伏期以上的监测，未出现新的病例的，彻底消毒后，经上一级动物防疫监督机构验收合格，由原发布封锁令的人民政府宣布解除封锁，撤销疫区；由原批准机关撤销在该疫区设立的临时动物检疫消毒站。

第四十一条　县级以上人民政府应当将重大动物疫情确认、疫区封锁、扑杀及其补偿、消毒、无害化处理、疫源追踪、疫情监测以及应急物资储备等应急经费列入本级财政预算。

第五章　法律责任

第四十二条　违反本条例规定，兽医主管部门及其所属的动物防疫监督机构有下列行为之一的，由本级人民政府或者上级人民政府有关部门责令立即改正、通报批评、给予警告；对主要负责人、负有责任的主管人员和其他责任人员，依法给予记大过、降级、撤职直至开除的行政处分；构成犯罪的，依法追究刑事责任：

（一）不履行疫情报告职责，瞒报、谎报、迟报或者授意他人瞒报、谎报、迟报，阻碍他人报告重大动物疫情的；

（二）在重大动物疫情报告期间，不采取临时隔离控制措施，导致动物疫情扩散的；

（三）不及时划定疫点、疫区和受威胁区，不及时向本级人民政府提出应急处理建议，或者不按照规定对疫点、疫区和受威胁区采取预防、控制、扑灭措施的；

（四）不向本级人民政府提出启动应急指挥系统、应急预案和对疫区的封锁建议的；

（五）对动物扑杀、销毁不进行技术指导或者指导不力，或者不组织实施检验检疫、消毒、无害化处理和紧急免疫接种的；

（六）其他不履行本条例规定的职责，导致动物疫病传播、流行，或者对养殖业生产安全和公众身体健康与生命安全造成严重危害的。

第四十三条　违反本条例规定，县级以上人民政府有关部门不履行应急处理职责，不执行对疫点、疫区和受威胁区采取的措施，或者对上级人民政府有关部门的疫情调查不予配合或者阻碍、拒绝的，由本级人民政府或者上级人民政府有关部门责令立即改正、通报批评、给予警告；对主要负责人、负有责任的主管人员和其他责任人员，依法给予记大过、降级、撤职直至开除的行政处分；构成犯罪的，依法追究刑事责任。

第四十四条　违反本条例规定，有关地方人民政府阻碍报告重大动物疫情，不履行应急处理职责，不按照规定对疫点、疫区和受威胁区采取预防、控制、扑灭措施，或者对上级人民政府有关部门的疫情调查不予配合或者阻碍、拒绝的，由上级人民政府责令立即改正、通报批评、给予警告；对政府主要领导人依法给予记大过、降级、撤职直至开除的行政处分；构成犯罪的，依法追究刑事责任。

第四十五条　截留、挪用重大动物疫情应急经费，或者侵占、挪用应急储备物资的，按照《财政违法行为处罚处分条例》的规定处理；构成犯罪的，依法追究刑事责任。

第四十六条　违反本条例规定，拒绝、阻碍动物防疫监督机构进行重大动物疫情监测，或者发现动物出现群体发病或者死亡，不向当地动物防疫监督机构报告的，由动物防疫监督机构给予警告，并处 2 000 元以上 5 000 元以下的罚款；构成犯罪的，依法追究刑事责任。

第四十七条　违反本条例规定，擅自采集重大动物疫病病料，或者在重大动物疫病病原分离时不遵守国家有关生物安全管理规定的，由动物防疫监督机构给予警告，并处 5 000 元以下的罚款；构成犯罪的，依法追究刑事责任。

第四十八条　在重大动物疫情发生期间，哄抬物价、欺骗消费者，散布谣言、扰乱社会秩序和市场秩序的，由价格主管部门、工商行政管理部门或者公安机关依法给予行政处罚；构成犯罪的，依法追究刑事责任。

第六章　附　　则

第四十九条　本条例自公布之日起施行。

附录 3　国家突发重大动物疫情应急预案

2006 年 2 月 27 日国务院发布《国家突发重大动物疫情应急预案》，即日起施行。

1　总则

1.1　编制目的

及时、有效地预防、控制和扑灭突发重大动物疫情，最大限度地减轻突发重大动物疫情对畜牧业及公众健康造成的危害，保持经济持续稳定健康发展，保障人民身体健康安全。

1.2　编制依据

依据《中华人民共和国动物防疫法》、《中华人民共和国进出境动植物检疫法》和《国家突发公共事件总体应急预案》，制定本预案。

1.3　突发重大动物疫情分级

根据突发重大动物疫情的性质、危害程度、涉及范围，将突发重大动物疫情划分为特别重大（Ⅰ级）、重大（Ⅱ级）、较大（Ⅲ级）和一般（Ⅳ级）四级。

1.4　适用范围

本预案适用于突然发生，造成或者可能造成畜牧业生产严重损失和社会公众健康严重损害的重大动物疫情的应急处理工作。

1.5　工作原则

（1）统一领导，分级管理。各级人民政府统一领导和指挥突发重大动物疫情应急处理工作；疫情应急处理工作实行属地管理；地方各级人民政府负责扑灭本行政区域内的突发重大动物疫情，各有关部门按照预案规定，在各自的职责范围内做好疫情应急处理的有关工作。根据突发重大动物疫情的范围、性质和危害程度，对突发重大动物疫情实行分级管理。

（2）快速反应，高效运转。各级人民政府和兽医行政管理部门要依照有关法律、法规，建立和完善突发重大动物疫情应急体系、应急反应机制和应急处置制度，提高突发重大动物疫情应急处理能力；发生突发重大动物疫情时，各级人民政府要迅速做出反应，采取果断措施，及时控制和扑灭突发重大动物疫情。

（3）预防为主，群防群控。贯彻预防为主的方针，加强防疫知识的宣传，提高全社会防范突发重大动物疫情的意识；落实各项防范措施，做好人员、技术、物资和设备的应急储备工作，并根据需要定期开展技术培训和应急演练；

开展疫情监测和预警预报，对各类可能引发突发重大动物疫情的情况要及时分析、预警，做到疫情早发现、快行动、严处理。突发重大动物疫情应急处理工作要依靠群众，全民防疫，动员一切资源，做到群防群控。

2 应急组织体系及职责

2.1 应急指挥机构

农业部在国务院统一领导下，负责组织、协调全国突发重大动物疫情应急处理工作。

县级以上地方人民政府兽医行政管理部门在本级人民政府统一领导下，负责组织、协调本行政区域内突发重大动物疫情应急处理工作。

国务院和县级以上地方人民政府根据本级人民政府兽医行政管理部门的建议和实际工作需要，决定是否成立全国和地方应急指挥部。

2.1.1 全国突发重大动物疫情应急指挥部的职责

国务院主管领导担任全国突发重大动物疫情应急指挥部总指挥，国务院办公厅负责同志、农业部部长担任副总指挥，全国突发重大动物疫情应急指挥部负责对特别重大突发动物疫情应急处理的统一领导、统一指挥，作出处理突发重大动物疫情的重大决策。指挥部成员单位根据突发重大动物疫情的性质和应急处理的需要确定。

指挥部下设办公室，设在农业部。负责按照指挥部要求，具体制定防治政策，部署扑灭重大动物疫情工作，并督促各地各有关部门按要求落实各项防治措施。

2.1.2 省级突发重大动物疫情应急指挥部的职责

省级突发重大动物疫情应急指挥部由省级人民政府有关部门组成，省级人民政府主管领导担任总指挥。省级突发重大动物疫情应急指挥部统一负责对本行政区域内突发重大动物疫情应急处理的指挥，作出处理本行政区域内突发重大动物疫情的决策，决定要采取的措施。

2.2 日常管理机构

农业部负责全国突发重大动物疫情应急处理的日常管理工作。

省级人民政府兽医行政管理部门负责本行政区域内突发重大动物疫情应急的协调、管理工作。

市（地）级、县级人民政府兽医行政管理部门负责本行政区域内突发重大动物疫情应急处置的日常管理工作。

2.3 专家委员会

农业部和省级人民政府兽医行政管理部门组建突发重大动物疫情专家委员会。

市（地）级和县级人民政府兽医行政管理部门可根据需要，组建突发重大动物疫情应急处理专家委员会。

2.4 应急处理机构

2.4.1 动物防疫监督机构：主要负责突发重大动物疫情报告，现场流行病学调查，开展现场临床诊断和实验室检测，加强疫病监测，对封锁、隔离、紧急免疫、扑杀、无害化处理、消毒等措施的实施进行指导、落实和监督。

2.4.2 出入境检验检疫机构：负责加强对出入境动物及动物产品的检验检疫、疫情报告、消毒处理、流行病学调查和宣传教育等。

3 突发重大动物疫情的监测、预警与报告

3.1 监测

国家建立突发重大动物疫情监测、报告网络体系。农业部和地方各级人民政府兽医行政管理部门要加强对监测工作的管理和监督，保证监测质量。

3.2 预警

各级人民政府兽医行政管理部门根据动物防疫监督机构提供的监测信息，按照重大动物疫情的发生、发展规律和特点，分析其危害程度、可能的发展趋势，及时做出相应级别的预警，依次用红色、橙色、黄色和蓝色表示特别严重、严重、较重和一般四个预警级别。

3.3 报告

任何单位和个人有权向各级人民政府及其有关部门报告突发重大动物疫情及其隐患，有权向上级政府部门举报不履行或者不按照规定履行突发重大动物疫情应急处理职责的部门、单位及个人。

3.3.1 责任报告单位和责任报告人

（1）责任报告单位

a. 县级以上地方人民政府所属动物防疫监督机构；

b. 各动物疫病国家参考实验室和相关科研院校；

c. 出入境检验检疫机构；

d. 兽医行政管理部门；

e. 县级以上地方人民政府；

f. 有关动物饲养、经营和动物产品生产、经营的单位，各类动物诊疗机构等相关单位。

（2）责任报告人

执行职务的各级动物防疫监督机构、出入境检验检疫机构的兽医人员；各类动物诊疗机构的兽医；饲养、经营动物和生产、经营动物产品的人员。

3.3.2　报告形式

各级动物防疫监督机构应按国家有关规定报告疫情；其他责任报告单位和个人以电话或书面形式报告。

3.3.3　报告时限和程序

发现可疑动物疫情时，必须立即向当地县（市）动物防疫监督机构报告。县（市）动物防疫监督机构接到报告后，应当立即赶赴现场诊断，必要时可请省级动物防疫监督机构派人协助进行诊断，认定为疑似重大动物疫情的，应当在2小时内将疫情逐级报至省级动物防疫监督机构，并同时报所在地人民政府兽医行政管理部门。省级动物防疫监督机构应当在接到报告后1小时内，向省级兽医行政管理部门和农业部报告。省级兽医行政管理部门应当在接到报告后的1小时内报省级人民政府。特别重大、重大动物疫情发生后，省级人民政府、农业部应当在4小时内向国务院报告。

认定为疑似重大动物疫情的应立即按要求采集病料样品送省级动物防疫监督机构实验室确诊，省级动物防疫监督机构不能确诊的，送国家参考实验室确诊。确诊结果应立即报农业部，并抄送省级兽医行政管理部门。

3.3.4　报告内容

疫情发生的时间、地点、发病的动物种类和品种、动物来源、临床症状、发病数量、死亡数量、是否有人员感染、已采取的控制措施、疫情报告的单位和个人、联系方式等。

4　突发重大动物疫情的应急响应和终止

4.1　应急响应的原则

发生突发重大动物疫情时，事发地的县级、市（地）级、省级人民政府及其有关部门按照分级响应的原则作出应急响应。同时，要遵循突发重大动物疫情发生发展的客观规律，结合实际情况和预防控制工作的需要，及时调整预警和响应级别。要根据不同动物疫病的性质和特点，注重分析疫情的发展趋势，对势态和影响不断扩大的疫情，应及时升级预警和响应级别；对范围局限、不会进一步扩散的疫情，应相应降低响应级别，及时撤销预警。

突发重大动物疫情应急处理要采取边调查、边处理、边核实的方式，有效控制疫情发展。

未发生突发重大动物疫情的地方，当地人民政府兽医行政管理部门接到疫情通报后，要组织做好人员、物资等应急准备工作，采取必要的预防控制措施，防止突发重大动物疫情在本行政区域内发生，并服从上一级人民政府兽医行政管理部门的统一指挥，支援突发重大动物疫情发生地的应急处理工作。

4.2 应急响应

4.2.1 特别重大突发动物疫情（Ⅰ级）的应急响应

确认特别重大突发动物疫情后，按程序启动本预案。

（1）县级以上地方各级人民政府

a. 组织协调有关部门参与突发重大动物疫情的处理。

b. 根据突发重大动物疫情处理需要，调集本行政区域内各类人员、物资、交通工具和相关设施、设备参加应急处理工作。

c. 发布封锁令，对疫区实施封锁。

d. 在本行政区域内采取限制或者停止动物及动物产品交易、扑杀染疫或相关动物，临时征用房屋、场所、交通工具；封闭被动物疫病病原体污染的公共饮用水源等紧急措施。

e. 组织铁路、交通、民航、质检等部门依法在交通站点设置临时动物防疫监督检查站，对进出疫区、出入境的交通工具进行检查和消毒。

f. 按国家规定做好信息发布工作。

g. 组织乡镇、街道、社区以及居委会、村委会，开展群防群控。

h. 组织有关部门保障商品供应，平抑物价，严厉打击造谣传谣、制假售假等违法犯罪和扰乱社会治安的行为，维护社会稳定。

必要时，可请求中央予以支持，保证应急处理工作顺利进行。

（2）兽医行政管理部门

a. 组织动物防疫监督机构开展突发重大动物疫情的调查与处理；划定疫点、疫区、受威胁区。

b. 组织突发重大动物疫情专家委员会对突发重大动物疫情进行评估，提出启动突发重大动物疫情应急响应的级别。

c. 根据需要组织开展紧急免疫和预防用药。

d. 县级以上人民政府兽医行政管理部门负责对本行政区域内应急处理工作的督导和检查。

e. 对新发现的动物疫病，及时按照国家规定，开展有关技术标准和规范的培训工作。

f. 有针对性地开展动物防疫知识宣教，提高群众防控意识和自我防护能力。

g. 组织专家对突发重大动物疫情的处理情况进行综合评估。

（3）动物防疫监督机构

a. 县级以上动物防疫监督机构做好突发重大动物疫情的信息收集、报告与分析工作。

b. 组织疫病诊断和流行病学调查。

c. 按规定采集病料，送省级实验室或国家参考实验室确诊。

d. 承担突发重大动物疫情应急处理人员的技术培训。

（4）出入境检验检疫机构

a. 境外发生重大动物疫情时，会同有关部门停止从疫区国家或地区输入相关动物及其产品；加强对来自疫区运输工具的检疫和防疫消毒；参与打击非法走私入境动物或动物产品等违法活动。

b. 境内发生重大动物疫情时，加强出口货物的查验，会同有关部门停止疫区和受威胁区的相关动物及其产品的出口；暂停使用位于疫区内的依法设立的出入境相关动物临时隔离检疫场。

c. 出入境检验检疫工作中发现重大动物疫情或者疑似重大动物疫情时，立即向当地兽医行政管理部门报告，并协助当地动物防疫监督机构做好疫情控制和扑灭工作。

4.2.2　重大突发动物疫情（Ⅱ级）的应急响应

确认重大突发动物疫情后，按程序启动省级疫情应急响应机制。

（1）省级人民政府

省级人民政府根据省级人民政府兽医行政管理部门的建议，启动应急预案，统一领导和指挥本行政区域内突发重大动物疫情应急处理工作。组织有关部门和人员扑疫；紧急调集各种应急处理物资、交通工具和相关设施设备；发布或督导发布封锁令，对疫区实施封锁；依法设置临时动物防疫监督检查站查堵疫源；限制或停止动物及动物产品交易、扑杀染疫或相关动物；封锁被动物疫源污染的公共饮用水源等；按国家规定做好信息发布工作；组织乡镇、街道、社区及居委会、村委会，开展群防群控；组织有关部门保障商品供应，平抑物价，维护社会稳定。必要时，可请求中央予以支持，保证应急处理工作顺利进行。

（2）省级人民政府兽医行政管理部门

重大突发动物疫情确认后，向农业部报告疫情。必要时，提出省级人民政府启动应急预案的建议。同时，迅速组织有关单位开展疫情应急处置工作。组织开展突发重大动物疫情的调查与处理；划定疫点、疫区、受威胁区；组织对突发重大动物疫情应急处理的评估；负责对本行政区域内应急处理工作的督导和检查；开展有关技术培训工作；有针对性地开展动物防疫知识宣教，提高群众防控意识和自我防护能力。

（3）省级以下地方人民政府

疫情发生地人民政府及有关部门在省级人民政府或省级突发重大动物疫情应急指挥部的统一指挥下，按照要求认真履行职责，落实有关控制措施。具体组织实施突发重大动物疫情应急处理工作。

（4）农业部

加强对省级兽医行政管理部门应急处理突发重大动物疫情工作的督导，根据需要组织有关专家协助疫情应急处置；并及时向有关省份通报情况。必要时，建议国务院协调有关部门给予必要的技术和物资支持。

4.2.3　较大突发动物疫情（Ⅲ级）的应急响应

（1）市（地）级人民政府

市（地）级人民政府根据本级人民政府兽医行政管理部门的建议，启动应急预案，采取相应的综合应急措施。必要时，可向上级人民政府申请资金、物资和技术援助。

（2）市（地）级人民政府兽医行政管理部门

对较大突发动物疫情进行确认，并按照规定向当地人民政府、省级兽医行政管理部门和农业部报告调查处理情况。

（3）省级人民政府兽医行政管理部门

省级兽医行政管理部门要加强对疫情发生地疫情应急处理工作的督导，及时组织专家对地方疫情应急处理工作提供技术指导和支持，并向本省有关地区发出通报，及时采取预防控制措施，防止疫情扩散蔓延。

4.2.4　一般突发动物疫情（Ⅳ级）的应急响应

县级地方人民政府根据本级人民政府兽医行政管理部门的建议，启动应急预案，组织有关部门开展疫情应急处置工作。

县级人民政府兽医行政管理部门对一般突发重大动物疫情进行确认，并按照规定向本级人民政府和上一级兽医行政管理部门报告。

市（地）级人民政府兽医行政管理部门应组织专家对疫情应急处理进行技术指导。

省级人民政府兽医行政管理部门应根据需要提供技术支持。

4.2.5　非突发重大动物疫情发生地区的应急响应

应根据发生疫情地区的疫情性质、特点、发生区域和发展趋势，分析本地区受波及的可能性和程度，重点做好以下工作：

（1）密切保持与疫情发生地的联系，及时获取相关信息。

（2）组织做好本区域应急处理所需的人员与物资准备。

（3）开展对养殖、运输、屠宰和市场环节的动物疫情监测和防控工作，防止疫病的发生、传入和扩散。

（4）开展动物防疫知识宣传，提高公众防护能力和意识。

（5）按规定做好公路、铁路、航空、水运交通的检疫监督工作。

4.3　应急处理人员的安全防护

要确保参与疫情应急处理人员的安全。针对不同的重大动物疫病，特别是一些重大人畜共患病，应急处理人员还应采取特殊的防护措施。

4.4 突发重大动物疫情应急响应的终止

突发重大动物疫情应急响应的终止需符合以下条件：疫区内所有的动物及其产品按规定处理后，经过该疫病的至少一个最长潜伏期无新的病例出现。

特别重大突发动物疫情由农业部对疫情控制情况进行评估，提出终止应急措施的建议，按程序报批宣布。

重大突发动物疫情由省级人民政府兽医行政管理部门对疫情控制情况进行评估，提出终止应急措施的建议，按程序报批宣布，并向农业部报告。

较大突发动物疫情由市（地）级人民政府兽医行政管理部门对疫情控制情况进行评估，提出终止应急措施的建议，按程序报批宣布，并向省级人民政府兽医行政管理部门报告。

一般突发动物疫情，由县级人民政府兽医行政管理部门对疫情控制情况进行评估，提出终止应急措施的建议，按程序报批宣布，并向上一级和省级人民政府兽医行政管理部门报告。

上级人民政府兽医行政管理部门及时组织专家对突发重大动物疫情应急措施终止的评估提供技术指导和支持。

5 善后处理

5.1 后期评估

突发重大动物疫情扑灭后，各级兽医行政管理部门应在本级政府的领导下，组织有关人员对突发重大动物疫情的处理情况进行评估，提出改进建议和应对措施。

5.2 奖励

县级以上人民政府对参加突发重大动物疫情应急处理作出贡献的先进集体和个人，进行表彰；对在突发重大动物疫情应急处理工作中英勇献身的人员，按有关规定追认为烈士。

5.3 责任

对在突发重大动物疫情的预防、报告、调查、控制和处理过程中，有玩忽职守、失职、渎职等违纪违法行为的，依据有关法律法规追究当事人的责任。

5.4 灾害补偿

按照各种重大动物疫病灾害补偿的规定，确定数额等级标准，按程序进行补偿。

5.5 抚恤和补助

地方各级人民政府要组织有关部门对因参与应急处理工作致病、致残、死亡的人员，按照国家有关规定，给予相应的补助和抚恤。

5.6 恢复生产

突发重大动物疫情扑灭后，取消贸易限制及流通控制等限制性措施。根据各种重大动物疫病的特点，对疫点和疫区进行持续监测，符合要求的，方可重新引进动物，恢复畜牧业生产。

5.7 社会救助

发生重大动物疫情后，国务院民政部门应按《中华人民共和国公益事业捐赠法》和《救灾救济捐赠管理暂行办法》及国家有关政策规定，做好社会各界向疫区提供的救援物资及资金的接收，分配和使用工作。

6 突发重大动物疫情应急处置的保障

突发重大动物疫情发生后，县级以上地方人民政府应积极协调有关部门，做好突发重大动物疫情处理的应急保障工作。

6.1 通信与信息保障

县级以上指挥部应将车载电台、对讲机等通讯工具纳入紧急防疫物资储备范畴，按照规定做好储备保养工作。

根据国家有关法规对紧急情况下的电话、电报、传真、通讯频率等予以优先待遇。

6.2 应急资源与装备保障

6.2.1 应急队伍保障

县级以上各级人民政府要建立突发重大动物疫情应急处理预备队伍，具体实施扑杀、消毒、无害化处理等疫情处理工作。

6.2.2 交通运输保障

运输部门要优先安排紧急防疫物资的调运。

6.2.3 医疗卫生保障

卫生部门负责开展重大动物疫病（人畜共患病）的人间监测，作好有关预防保障工作。各级兽医行政管理部门在做好疫情处理的同时应及时通报疫情，积极配合卫生部门开展工作。

6.2.4 治安保障

公安部门、武警部队要协助做好疫区封锁和强制扑杀工作，做好疫区安全保卫和社会治安管理。

6.2.5 物资保障

各级兽医行政管理部门应按照计划建立紧急防疫物资储备库，储备足够的药品、疫苗、诊断试剂、器械、防护用品、交通及通信工具等。

6.2.6 经费保障

各级财政部门为突发重大动物疫病防治工作提供合理而充足的资金保障。

各级财政在保证防疫经费及时、足额到位的同时，要加强对防疫经费使用的管理和监督。

各级政府应积极通过国际、国内等多渠道筹集资金，用于突发重大动物疫情应急处理工作。

6.3　技术储备与保障

建立重大动物疫病防治专家委员会，负责疫病防控策略和方法的咨询，参与防控技术方案的策划、制定和执行。

设置重大动物疫病的国家参考实验室，开展动物疫病诊断技术、防治药物、疫苗等的研究，作好技术和相关储备工作。

6.4　培训和演习

各级兽医行政管理部门要对重大动物疫情处理预备队成员进行系统培训。

在没有发生突发重大动物疫情状态下，农业部每年要有计划地选择部分地区举行演练，确保预备队扑灭疫情的应急能力。地方政府可根据资金和实际需要的情况，组织训练。

6.5　社会公众的宣传教育

县级以上地方人民政府应组织有关部门利用广播、影视、报刊、互联网、手册等多种形式对社会公众广泛开展突发重大动物疫情应急知识的普及教育，宣传动物防疫科普知识，指导群众以科学的行为和方式对待突发重大动物疫情。要充分发挥有关社会团体在普及动物防疫应急知识、科普知识方面的作用。

7　各类具体工作预案的制定

农业部应根据本预案，制定各种不同重大动物疫病应急预案，并根据形势发展要求，及时进行修订。

国务院有关部门根据本预案的规定，制定本部门职责范围内的具体工作方案。

县级以上地方人民政府根据有关法律法规的规定，参照本预案并结合本地区实际情况，组织制定本地区突发重大动物疫情应急预案。

8　附则

8.1　名词术语和缩写语的定义与说明

重大动物疫情：是指陆生、水生动物突然发生重大疫病，且迅速传播，导致动物发病率或者死亡率高，给养殖业生产安全造成严重危害，或者可能对人民身体健康与生命安全造成危害的，具有重要经济社会影响和公共卫生意义。

我国尚未发现的动物疫病：是指疯牛病、非洲猪瘟、非洲马瘟等在其他国家和地区已经发现，在我国尚未发生过的动物疫病。

我国已消灭的动物疫病：是指牛瘟、牛肺疫等在我国曾发生过，但已扑灭净化的动物疫病。

暴发：是指一定区域，短时间内发生波及范围广泛、出现大量患病动物或死亡病例，其发病率远远超过常年的发病水平。

疫点：患病动物所在的地点划定为疫点，疫点一般是指患病禽类所在的禽场（户）或其他有关屠宰、经营单位。

疫区：以疫点为中心的一定范围内的区域划定为疫区，疫区划分时注意考虑当地的饲养环境、天然屏障（如河流、山脉）和交通等因素。

受威胁区：疫区外一定范围内的区域划定为受威胁区。

本预案有关数量的表述中，"以上"含本数，"以下"不含本数。

8.2 预案管理与更新

预案要定期评审，并根据突发重大动物疫情的形势变化和实施中发现的问题及时进行修订。

8.3 预案实施时间

本预案自印发之日起实施。

附录 4　病死及死因不明动物处置办法（试行）

（2005 年 10 月 21 日中华人民共和国农业部发布）

第一条　为规范病死及死因不明动物的处置，消灭传染源，防止疫情扩散，保障畜牧业生产和公共卫生安全，根据《中华人民共和国动物防疫法》等有关规定，制定本办法。

第二条　本办法适用于饲养、运输、屠宰、加工、贮存、销售及诊疗等环节发现的病死及死因不明动物的报告、诊断及处置工作。

第三条　任何单位和个人发现病死或死因不明动物时，应当立即报告当地动物防疫监督机构，并做好临时看管工作。

第四条　任何单位和个人不得随意处置及出售、转运、加工和食用病死或死因不明动物。

第五条　所在地动物防疫监督机构接到报告后，应立即派员到现场作初步诊断分析，能确定死亡病因的，应按照国家相应动物疫病防治技术规范的规定进行处理。

对非动物疫病引起死亡的动物，应在当地动物防疫监督机构指导下进行处理。

第六条　对病死但不能确定死亡病因的，当地动物防疫监督机构应立即采样送县级以上动物防疫监督机构确诊。对尸体要在动物防疫监督机构的监督下进行深埋、化制、焚烧等无害化处理。

第七条　对发病快、死亡率高等重大动物疫情，要按有关规定及时上报，对死亡动物及发病动物不得随意进行解剖，要由动物防疫监督机构采取临时性的控制措施，并采样送省级动物防疫监督机构或农业部指定的实验室进行确诊。

第八条　对怀疑是外来病，或者是国内新发疫病，应立即按规定逐级报至省级动物防疫监督机构，对动物尸体及发病动物不得随意进行解剖。经省级动物防疫监督机构初步诊断为疑似外来病，或者是国内新发疫病的，应立即报告农业部，并将病料送国家外来动物疫病诊断中心（农业部动物检疫所）或农业部指定的实验室进行诊断。

第九条　发现病死及死因不明动物所在地的县级以上动物防疫监督机构，应当及时组织开展死亡原因或流行病学调查，掌握疫情发生、发展和流行情况，为疫情的确诊、控制提供依据。

出现大批动物死亡事件或发生重大动物疫情的，由省级动物防疫监督机构组织进行死亡原因或流行病学调查；属于外来病或国内新发疫病，国家动物流行病学研究中心及农业部指定的疫病诊断实验室要派人协助进行流行病学调查工作。

第十条　除发生疫情的当地县级以上动物防疫监督机构外，任何单位和个人未经省级兽医行政主管部门批准，不得到疫区采样、分离病原、进行流行病学调查。当地动物防疫监督机构或获准到疫区采样和流行病学调查的单位和个人，未经原审批的省级兽医行政主管部门批准，不得向其他单位和个人提供所采集的病料及相关样品和资料。

第十一条　在对病死及死因不明动物采样、诊断、流行病学调查、无害化处理等过程中，要采取有效措施做好个人防护和消毒工作。

第十二条　发生动物疫情后，动物防疫监督机构应立即按规定逐级报告疫情，并依法对疫情作进一步处置，防止疫情扩散蔓延。动物疫情监测机构要按规定做好疫情监测工作。

第十三条　确诊为人畜共患疫病时，兽医行政主管部门要及时向同级卫生行政主管部门通报。

第十四条　各地应根据实际情况，建立病死及死因不明动物举报制度，并公布举报电话。对举报有功的人员，应给予适当奖励。

第十五条　对病死及死因不明动物各项处理，各级动物防疫监督机构要按规定做好相关记录、归档等工作。

第十六条　对违反规定经营病死及死因不明动物的或不按规定处理病死及

死因不明动物的单位和个人，按《动物防疫法》有关规定处理。

第十七条 各级兽医行政主管部门要采取多种形式，宣传随意处置及出售、转运、加工和食用病死或死因不明动物的危害性，提高群众防病意识和自我保护能力。

附录5 一、二、三类动物疫病病种名录

2008年12月11日中华人民共和国农业部发布第1125号公告，发布了修订后的《一、二、三类动物疫病病种名录》，自发布之日起施行。

1. 一类动物疫病（17种）

口蹄疫、猪水泡病、猪瘟、非洲猪瘟、高致病性猪蓝耳病、非洲马瘟、牛瘟、牛传染性胸膜肺炎、牛海绵状脑病、痒病、蓝舌病、小反刍兽疫、绵羊痘和山羊痘、高致病性禽流感、新城疫、鲤春病毒血症、白斑综合征。

2. 二类动物疫病（77种）

多种动物共患病（9种）：狂犬病、布鲁菌病、炭疽、伪狂犬病、魏氏梭菌病、副结核病、弓形虫病、棘球蚴病、钩端螺旋体病。

牛病（8种）：牛结核病、牛传染性鼻气管炎、牛恶性卡他热、牛白血病、牛出血性败血症、牛梨形虫病（牛焦虫病）、牛锥虫病、日本血吸虫病。

绵羊和山羊病（2种）：山羊关节炎脑炎、梅迪—维斯纳病。

猪病（12种）：猪繁殖与呼吸综合征（经典猪蓝耳病）、猪乙型脑炎、猪细小病毒病、猪丹毒、猪肺疫、猪链球菌病、猪传染性萎缩性鼻炎、猪支原体肺炎、旋毛虫病、猪囊尾蚴病、猪圆环病毒病、副猪嗜血杆菌病。

马病（5种）：马传染性贫血、马流行性淋巴管炎、马鼻疽、马巴贝斯虫病、伊氏锥虫病。

禽病（18种）：鸡传染性喉气管炎、鸡传染性支气管炎、传染性法氏囊病、马立克氏病、产蛋下降综合征、禽白血病、禽痘、鸭瘟、鸭病毒性肝炎、鸭浆膜炎、小鹅瘟、禽霍乱、鸡白痢、禽伤寒、鸡败血支原体感染、鸡球虫病、低致病性禽流感、禽网状内皮组织增殖症。

兔病（4种）：兔病毒性出血病、兔黏液瘤病、野兔热、兔球虫病。

蜜蜂病（2种）：美洲幼虫腐臭病、欧洲幼虫腐臭病。

鱼类病（11种）：草鱼出血病、传染性脾肾坏死病、锦鲤疱疹病毒病、刺激隐核虫病、淡水鱼细菌性败血症、病毒性神经坏死病、流行性造血器官坏死病、斑点叉尾鮰病毒病、传染性造血器官坏死病、病毒性出血性败血症、流行性溃疡综合征。

甲壳类病（6种）：桃拉综合征、黄头病、罗氏沼虾白尾病、对虾杆状病

毒病、传染性皮下和造血器官坏死病、传染性肌肉坏死病。

3. 三类动物疫病（63 种）

多种动物共患病（8 种）：大肠杆菌病、李氏杆菌病、类鼻疽、放线菌病、肝片吸虫病、丝虫病、附红细胞体病、Q 热。

牛病（5 种）：牛流行热、牛病毒性腹泻/黏膜病、牛生殖器弯曲杆菌病、毛滴虫病、牛皮蝇蛆病。

绵羊和山羊病（6 种）：肺腺瘤病、传染性脓疱、羊肠毒血症、干酪性淋巴结炎、绵羊疥癣、绵羊地方性流产。

马病（5 种）：马流行性感冒、马腺疫、马鼻腔肺炎、溃疡性淋巴管炎、马媾疫。

猪病（4 种）：猪传染性胃肠炎、猪流行性感冒、猪副伤寒、猪密螺旋体痢疾。

禽病（4 种）：鸡病毒性关节炎、禽传染性脑脊髓炎、传染性鼻炎、禽结核病。

蚕、蜂病（7 种）：蚕型多角体病、蚕白僵病、蜂螨病、瓦螨病、亮热厉螨病、蜜蜂孢子虫病、白垩病。

犬猫等动物病（7 种）：水貂阿留申病、水貂病毒性肠炎、犬瘟热、犬细小病毒病、犬传染性肝炎、猫泛白细胞减少症、利什曼病。

鱼类病（7 种）：鮰类肠败血症、迟缓爱德华氏菌病、小瓜虫病、黏孢子虫病、三代虫病、指环虫病、链球菌病

甲壳类病（2 种）：河蟹颤抖病、斑节对虾杆状病毒病。

贝类病（6 种）：鲍脓疱病、鲍立克次体病、鲍病毒性死亡病、包纳米虫病、折光马尔太虫病、奥尔森派琴虫病。

两栖与爬行类病（2 种）：鳖腮腺炎病、蛙脑膜炎败血金黄杆菌病。

参 考 文 献

陈溥言主编.2006.兽医传染病学（第5版）.北京：中国农业出版社.

甘孟侯等主编.2005.中国猪病学.北京：中国农业出版社.

罗满林主编.2013.动物传染病学.北京：中国林业出版社.

秦建华等主编.2009.动物寄生虫病学实验教程.北京：中国农业大学出版社.

秦建华等主编.2013.动物寄生虫病学.北京：中国农业大学出版社.

唐耀平主编.2006.重大动物疫病防治理论与实务.北京：中国农业出版社.

汪明主编.2004.兽医寄生虫学（第3版）.北京：中国农业出版社.

吴清民主编.2001.兽医传染病学.北京：中国农业大学出版社.

闫若潜等主编.2008.动物疫病防控工作指南.北京：中国农业出版社.

［美］Straw等主编.2008.赵德明等主译.猪病学(第9版).北京：中国农业大学出版社.

图书在版编目（CIP）数据

种猪的重要疫病/李继良，周双海主编．—北京：
中国农业出版社，2016.8
ISBN 978-7-109-22080-5

Ⅰ．①种… Ⅱ．①李…②周… Ⅲ．①种猪－疫病－
防疫 Ⅳ．①S858.28

中国版本图书馆 CIP 数据核字（2016）第 203379 号

中国农业出版社出版
（北京市朝阳区麦子店街 18 号楼）
（邮政编码 100125）
责任编辑 王森鹤

北京万友印刷有限公司印刷 新华书店北京发行所发行
2016 年 8 月第 1 版 2016 年 8 月北京第 1 次印刷

开本：700mm×1000mm 1/16 印张：17.5
字数：316 千字
定价：50.00 元
（凡本版图书出现印刷、装订错误，请向出版社发行部调换）